国家出版基金项目
NATIONAL PUBLICATION FOUNDATION

"十二五"国家重点图书出版规划项目

中国水产养殖区域分布与水体资源图集

安　徽

ANHUI

程家骅　主编

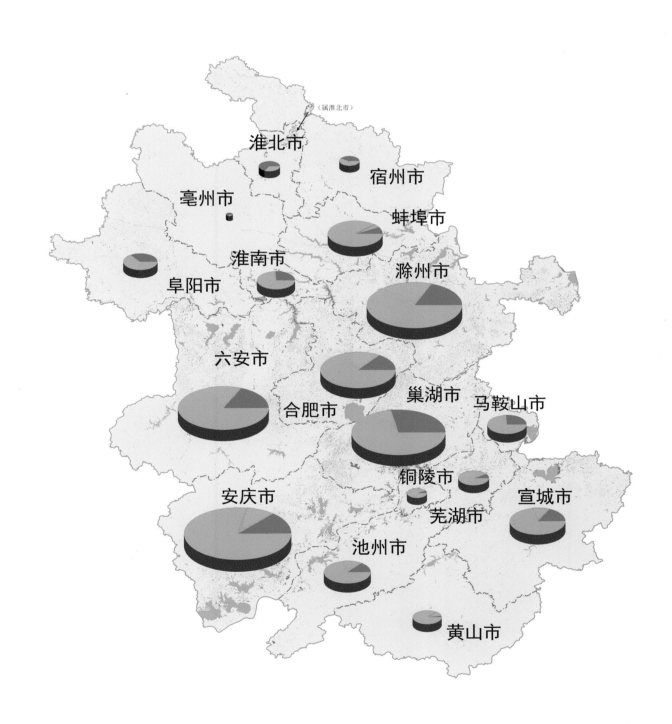

（属淮北市）

淮北市

宿州市

亳州市

蚌埠市

淮南市

滁州市

阜阳市

六安市

巢湖市　马鞍山市

合肥市

铜陵市　宣城市

安庆市

芜湖市

池州市

黄山市

上海科学技术出版社

图书在版编目 (CIP) 数据

中国水产养殖区域分布与水体资源图集·安徽 /程家骅主编.
—上海：上海科学技术出版社，2016.1
ISBN 978-7-5478-2730-7

Ⅰ.①中…　Ⅱ.①程…　Ⅲ.①水产养殖业-概况-安徽省-图集
Ⅳ.①S9-64

中国版本图书馆CIP数据核字 (2015) 第158819号

审图号：GS（2015）861号

中国水产养殖区域分布与水体资源图集·安徽

程家骅　主编

上 海 世 纪 出 版 股 份 有 限 公 司
上 海 科 学 技 术 出 版 社　出版
（上海钦州南路71号　邮政编码200235）
上海世纪出版股份有限公司发行中心发行
200001　上海福建中路193号　www.ewen.co
南京展望文化发展有限公司排版
上海雅昌艺术印刷有限公司印刷
开本 889×1194　1/8　印张 30.5　插页 4
字数 600千字
2016年1月第1版　2016年1月第1次印刷
ISBN 978-7-5478-2730-7/S·102
定价：280.00元

《中国水产养殖区域分布与水体资源图集》

编辑委员会

本卷主编、副主编、编制人员

主　　编　程家骅

副 主 编　袁晓初　张寒野　王永东　何　银　李正荣　曹红杰

编制人员　1. 中国水产科学研究院东海水产研究所

程家骅　张寒野　李圣法　刘　勇　严利平　凌建忠　李惠玉　胡　芬　李建生
袁兴伟　林　楠　姜亚洲　刘尊雷　黎雨轩　杨林林　张　辉　周荣康　凌兰英
沈　伟　黄庆洋　吴　颖　张学健　王　菲　刘楚珠　季炜炜　潘绪伟　刘志远
张　翼　郭　靖

2. 安徽省农业委员会渔业局

刘国友　张　靖　王永东　何　银　李正荣　蒋　军　胡积清　杨文侠　秦文学
李秀丽　宫　萍　韦玉琴　许蔚荣　苏长军　申学进　齐张华　王江华　王美娟
叶孝天　荣家平　陈寿文　徐建新　郭　伟　冯文和　水长军　潘忠斌　何广胜
魏　雯　孙　勇　刘　章

3. 中国测绘科学研究院

黄　洁　宫晋平

4. 北京合众思壮科技股份有限公司

曹红杰　张军锋　高　雷　董建光　吕　杰　董爱鹏　米小伶　王晓菲　贺　维
陈立威　罗丽丽　张　维　廖诗艳　冯丽萍　赵　莉　周　其　梁元波　杨小强
仝　博　慕智慧　采　博　王　超　魏　宁　杨清筱　张丽敬　黄文美　杨巧巧
胡祥丹　夏小庆

责任编辑　黄　庆　陈翰琦

装帧设计　戚永昌

序 一

改革开放以来，特别是1985年"以养为主"渔业发展方针确立后，广大群众积极发展水产养殖，使沉睡千年的内陆水域、浅海滩涂、低洼荒地等宜渔资源得到了广泛开发利用。时至今日，我国水产养殖产量占全国水产品总产量和全世界养殖水产品总产量的比例均达到了70%，我国已成为名副其实的世界第一渔业大国、第一水产养殖大国。"十二五"期间，随着我国城镇化率和人民富裕程度的提高，食品消费结构将更趋优化，作为优质动物蛋白重要来源的水产品，国内消费需求将显著增加。同时，国际水产品市场主要依靠养殖产品供给的格局将进一步强化。加快现代渔业建设、提高养殖业现代化水平已成为当前我国渔业发展的必然选择。

然而，随着生产规模的不断扩大，养殖产品、养殖方式和养殖水体类型逐步呈现多样化，养殖管理的难度也在不断加大，尤其是在深入推进水产健康养殖、有效实施水产品质量安全监管、准确进行渔业统计等方面，管理手段不足的问题已十分凸显。加快卫星遥感、移动互联网及物联网等现代信息技术手段在养殖业管理中的应用，不断提高养殖业管理信息化水平，越来越显得重要和紧迫。

为此，农业部渔业局从2008年开始，委托中国水产科学研究院东海水产研究所，开展了全国水产养殖水体资源动态监测工作。这项工作，是现代卫星遥感技术在水产养殖领域的首次应用，是继养殖水域滩涂确权、水产苗种生产许可、水产健康养殖示范等之后，水产养殖现代化管理领域的又一次重要突破。

可喜的是，经过3年的不懈努力，技术单位现已完成了对全国31个省、自治区、直辖市的水产养殖水体资源的遥感监测普查，并初步摸清了池塘、山塘、水库和大水面养殖水体资源家底与分布现状。这项成果，即将以全国水产养殖水体资源分省系列图集的方式出版，从而为我国各地区科学规划与合理布局水产养殖发展提供了扎实的基础信息，成为养殖业加强在资源区划宏观层面管理的有效工具。同时，通过进一步的努力，这项成果还可以应用到水域滩涂养殖发证确权、标准化养殖池塘改造、水产品质量安全追溯和渔业统计等工作中，在维护渔民权益、改善水产养殖基础条件、保证水产品质量安全等方面发挥重要作用。

值此《中国水产养殖区域分布与水体资源图集》出版之际，寄望全国渔业管理、生产和技术部门的同志们，进一步通力协作，在遥感普查信息成果的基础上，继续加强各地养殖管理信息与水体资源信息的整合，尽早建成我国水产养殖信息管理综合应用服务系统，为加快推动我国现代渔业建设的进程做出更大的贡献。

中华人民共和国
农业部副部长　牛盾

2012年5月16日

序 二

　　人类健康生存和发展需要优质蛋白食物，众所周知，水产养殖是人们获得优质蛋白食物的重要途径。过去30余载，13多亿中国人为提高自己的食物质量，通过各种努力，使我国水产养殖产量增加30多倍，成了一张国人满足基本需求和提高生活质量的品牌，这一成就震惊了居住着70亿人口的地球村。他们认为中国淡水渔业发展的策略与我国计划生育政策一样，为全世界做出了一项伟大贡献。但在赞扬声中，国人并没有沾沾自喜，却在冷静发问：我国在水产养殖领域经过近30年的快速发展，其水体资源潜力究竟还有多大？在高产之下，所提供的蛋白食物的质量如何？如此高速增长能否可持续？总之，我国驰骋在经济快速发展大道上的同时，人们同样担心我国水产养殖能否可持续健康发展等诸多问题。

　　为透析以上问题，以能合理规划、科学管理和有序控制我国潜在水产养殖的水体资源，2009年，农业部渔业局实施全国水产养殖水体资源的普查，"唱响"了我国摸清盘点水产养殖水体资源"家底"的重头戏。中国水产科学研究院东海水产研究所牵头担当了该项重任，同时几乎全国从事水产养殖遥感的精兵强将参与其中，竭尽所能。

　　我国多样化的水产养殖水体资源犹如星星之火，分布在960万平方千米的陆地国土上和18 000余千米的海岸线沿海海域，同时受到全球气候变化、人为活动、风、浪、流和潮沙动力以及地质地貌等环境的综合影响，呈动态变化。因此，依靠传统驱车到养殖湖泊、河口和池塘等现场调查以及驾船至沿海养殖采样调查，都很难科学宏观地摸清我国水产养殖水体资源的家底及掌握其变化态势。年轻的水产遥感科学家们创新地利用离地面800千米左右高度国产的中巴地球资源2B号（CBERSO2B）人造地球卫星上的"千里眼"，探测不同水产养殖水体的光谱。历时3年，利用高新遥感解读技术首次对全国31个省、自治区、直辖市的水体与水产关联信息进行了提取分析和综合评估，并对利用国产卫星进行遥感动态宏观监测技术做了有益的探索与研究，从而为我国有序开展水产养殖水体资源动态监测提供了一种新思路，为今后水产养殖业的宏观科学管理决策奠定了坚实的技术基础，甚是可喜可贺！

　　更可喜的是，著者集众贤之能，承实践之上，总结成果，盘点"家底"，在对全国31个省、自治区、直辖市及各县级行政区的水产养殖水体资源，以及自然水体资源、水产养殖结构与特点进行评估分析的基础上，将3年辛勤劳动成果汇编成图集分批出版。图集内容丰富、专业，图片美观，文字翔实，加之现场所拍摄的大量典型养殖类型照片，是一部十分难得的优质图集，它以丰富、宏观的卫星遥感资料，从一个侧面定量地回答了我国目前水产养殖的水体资源潜力还有多大的问题。图集不仅可供渔业和国土管理部门的相关人员在规划、管理和控制水产养殖水资源中参考，也为子孙后代留下了生动地反映21世纪我国水产养殖水体资源的历史记载。

　　该图集的出版充分展示了卫星遥感技术在水产养殖中的巨大作用，我为著者拓展了遥感应用新空间而欣喜，为我国年轻卫星渔业遥感科学工作者的茁壮成长而骄傲，祝青出于蓝胜于蓝。在此也希望他们能为我国渔业可持续发展和渔业遥感的兴盛继续添砖加瓦，更上一层楼！

中国工程院院士

2012年4月

序 三

　　30余年来,我国水产养殖产业取得了长足的发展,养殖产量由1980年的168.4万吨,增长到2010年的3 828.8万吨,增加了20余倍。丰硕的渔业产出,极大地丰富了水产品市场供给,并使我国已多年稳居世界渔业第一大国地位。

　　回顾连续6个"五年计划"期间我国水产养殖取得的辉煌成绩,一是靠国家政策引领;二是靠水产科技支撑;三是靠广大渔民辛劳。特别是水产科技的贡献作用,将我国的水产养殖业由早期以规模拓展和品种开发为主的粗放式发展模式,发展到当前以种业开发、高效生态与集约标准化养殖、病害防控、饲料营养和综合加工整个产业链全过程的体系化发展模式。但是,受养殖水体资源的客观制约,我国水产养殖业现阶段已发展到一个很高水平上的瓶颈时期,一方面科技进步仍是我国水产养殖业持续发展的主要动力源泉,另一方面管理出效益也是我国养殖业更上一个台阶的重要环节。因此,摸清水产养殖潜力家底,合理规划水产养殖布局,构建我国水产养殖信息应用服务系统,实现水产养殖产业精准数字化管理,将是进一步提高我国水产养殖综合效益和发展水平的一项基础性工作。

　　近期,喜闻国家渔业行业主管部门组织中国水产科学研究院东海水产研究所等技术单位,应用遥感信息技术手段,对水产养殖水体资源进行了一次全国性普查,并将取得的成果计划以分省养殖水体资源图集的形式出版。该图集重点介绍了我国各地级市的水资源自然条件、水产养殖方式与养殖品种结构特点等基本情况,并以县为基础空间单元,制作了县级CBERS02B影像图和水产养殖水体资源分布图,分类统计了内陆池塘、山塘水库、海水养殖和大水面4种养殖类型的水体面积。这些极具实用价值的空间基础信息,可为我国各级渔业管理部门实施当地的水产养殖高效精准管理提供有益参考。

　　数字渔业是现代渔业建设的一个重要技术环节与表征。寄望技术组在本次遥感监测普查工作的基础上,进一步加强与各级渔业管理部门的协作联合,将相关管理信息融合到现有的技术成果中,尽快构建起全国水产养殖信息应用服务系统平台,并使之早日应用于我国渔业管理实践,以整体提高我国水产养殖产出效益与管理水平,加快我国由水产养殖大国向水产强国的转变进程。

中国工程院院士

2012年3月22日于青岛

前　言

改革开放30余年来,在市场化改革导向和"以养为主"的发展方针指导下,我国水产养殖业实现了长期的快速发展。水产品养殖产量由1978年水产品市场供应严重不足、以解决城乡居民"吃鱼难"问题时期的120万吨,快速发展至2010年水产品市场极大丰富、供给种类繁多、全民高度重视食品质量安全,以提高生活质量为目的的3 828.8万吨,30余年间我国水产养殖产量增加了30余倍。中国水产养殖的发展成就正如美国著名生态经济学家莱斯特·布朗所著的震动世界的《谁来养活中国》一书中所作出的评价,淡水渔业发展与中国的计划生育政策一样,是中国对世界的伟大贡献,为人类提供了大量高效率的优质蛋白食物。

伴随着快速发展的同时,人民大众对水产品的质量也提出了更高的要求。虽然目前我国现已是世界水产养殖大国,但我们离水产养殖强国仍有较大的距离。这些制约水产养殖业可持续发展的因素主要表现在:水产养殖业发展与资源环境的矛盾进一步加剧;水产养殖病害频发已对养殖业健康发展构成重大威胁;水产品质量安全存在隐患,质量安全事件时有发生;养殖布局规划和监督管理缺乏高新技术手段支撑等。如何提高我国水产养殖业的宏观监督管理和科学规划水平,将是破解制约我国水产养殖业发展诸多难题的有效途径。因此,引入遥感监测技术,实施水产养殖业的宏观动态监测与评估,科学规划我国水产养殖业的健康发展,是党和国家提出的建设现代渔业的时代要求。

1. 加强水产养殖业遥感动态监测,是进一步摸清家底的需求

池塘养殖是我国传统的养殖方式,技术成熟,操作简便,投入适中,适合我国农村以农户承包经营的经济发展水平。池塘养殖主要利用的是农业难以利用的低洼盐碱地和荒滩荒水等国土资源。2010年渔业统计数据表明,全国池塘养殖面积279万公顷(4 186万亩)。其中,淡水池塘养殖237.67万公顷(3 565万亩),占内陆养殖面积的43%,产量1 648万吨,占全国淡水养殖总产量的70%;海水池塘养殖面积41.4万公顷(621万亩),产量198万吨,占全国海水养殖总产量的13%。但是,由于目前的统计数据是由全面统计而来,数据的精度和准确性尚难以得到较为科学的验证。因此,应用遥感手段,从养殖水域面积着手,动态监测水产养殖规模,可进一步摸清我国的水产养殖业家底。

2. 加强水产养殖业遥感动态监测,是合理布局产业发展的需求

我国幅员辽阔,养殖水体特征多样、养殖类型繁多。从水体特征上分,有热带、亚热带、温带和寒带水产养殖;从养殖类型上分,有江河、湖泊、水库、河汊和池塘等水产养殖。如何利用区位特点,合理规划全国水产养殖区域布局,形成产业优势,是科学发展水产养殖业的基本要求。因此,应用遥感手段,可快速、准确地为各级渔业行政主管部门提供相应的规划基础信息支撑。

3. 加强水产养殖业遥感动态监测,是实现精准化养殖生产的需求

推广健康养殖技术和发展生态渔业、设施渔业,促进传统养殖方式转变,提高水产品质量,是今后一段时期水产养殖业的发展目标。如何精准化配合国家实现这一发展目标,大力推进养殖区域和原良种场的标准化建设,普及健康养殖技术和生态养殖模式,发展抗风浪深水大网箱养殖,拓展深水养殖设施渔业,遥感动态监测信息应用是一种省时、省力、高效的高新技术选择。

4. 加强水产养殖业遥感动态监测,是预测调控市场供给能力的需求

应用遥感监测技术,准确评估水产养殖规模,及时调查不同养殖类型的单产能力,可实现各地水产养

殖总量和优质水源地养殖产出量的预测评估，从而进一步提高国家对水产品市场供给的宏观调控能力。

5. 加强水产养殖业遥感动态监测，是提高水产养殖管理水平的需求

开展水产养殖业遥感动态监测，及时为各级渔业行政主管部门提供大尺度的监测信息，可大大提高我国水产养殖业的监管能力。特别是对于水产养殖流行性疫病的防控和防灾减灾的处置，快速有效的遥感信息可直接应用于相应问题的管理决策指挥，增强解决问题的针对性、目的性和科学性。

6. 加强水产养殖业遥感动态监测，是建设现代渔业的时代要求

2007年中央一号文件就建设现代农业明确提出："要用现代物质条件装备农业，用现代科学技术改造农业，用现代产业体系提升农业，用现代经营形式推进农业，用现代发展理念引领农业，用培养新型农民发展农业。"结合渔业的情况，现代渔业建设应是遵循资源节约、环境友好和可持续发展理念，以现代科学技术和设施装备为支撑，运用先进的生产方式和经营管理手段，形成农工贸、产加销一体化的产业体系，实现经济、生态和社会效益和谐共赢的渔业产业形态。与传统渔业相比，现代渔业是技术密集、科技含量高、可控性强的产业，具有鲜明的规模化、集约化、标准化和产业化特征。当前中国渔业正处在从传统渔业向现代渔业的转型期。因此，开展养殖业的遥感动态监测和应用，是实现传统渔业向现代渔业跨越的时代要求。

鉴于产业管理的迫切需求和遥感监测技术的功能与作用，农业部渔业局于2008年底经过充分可行性调研，启动了"全国水产养殖面积遥感监测项目"，目的旨在通过卫星遥感监测手段，相对准确地把握我国水产养殖面积、特别是池塘养殖面积的现状，为科学制订相关水产养殖业发展战略、渔业管理措施，以及校验我国海洋捕捞产量年度统计提供技术信息支撑。项目经过近3年时间的有效组织实施，目前已经全部完成了全国31个省、自治区、直辖市的数据分析处理工作，并先后分批赴辽宁、重庆、江苏、天津和山东等省、直辖市对遥感监测结果进行了实地校验，取得了各省渔业行政管理部门的基本认可，同时也为诸多地方市县的养殖规划制订发挥了很好的基础信息支撑作用。为及时将该成果应用于全国各省、自治区、直辖市的渔业管理实践，同时也为进一步提高各省、自治区、直辖市对遥感监测手段在渔业生产与管理上的应用价值认识，促进其加紧实际校验工作的进度，农业部渔业局决定，对现已完成实际校验的省份分批进行成果编辑出版工作。

《中国水产养殖区域分布与水体资源图集·辽宁》为首卷编印的图集。图集共分3章。除编写组人员外，参与指导、编制和实际校验工作的还有中国水产学会、全国水产技术推广总站、辽宁省海洋与渔业厅、辽宁省各市县区的渔业生产管理部门、北京合众思壮科技股份有限公司等单位的领导和工作人员，对于大家热忱的帮助与支持，在此一并表示衷心的感谢。

本图集的编印旨在抛砖引玉。由于是遥感监测技术首次在水产养殖领域的应用，加之时间和水平所限，图集中的内容、结果和观点难免有不足之处，恳请业内专家和读者批评指正。

程家骅

2012年7月

图 例

水 域

■	淡水池塘	□	海水池塘
■	水库、山塘	■	大 水 面

其 他

● 地 名 ——— 水 系

目 录

第一章 原理与方法

近年来,遥感(RS)、地理信息系统(GIS)、全球卫星定位系统(GPS)等现代化信息管理手段已在我国国民经济的诸多领域得以广泛应用。本项目以RS和GIS技术手段为基础,通过遥感影像信息提取、分析、处理及数字化成图等技术,依据规定判别法则,确定研究区内水产养殖水体资源分布,并通过实地比对调查和GPS测量数据校验遥感监测结果的精度,大尺度实时监测全国水产养殖水体资源动态变化,为国家和全国各省、地、县的渔业管理提供及时信息化服务支撑。

第一节 遥感信息源与水产养殖监测可行性

1. 中巴地球资源卫星(CBERS)简介

中巴地球资源卫星是由中国和巴西联合研制的第一代传输型资源遥感卫星,它兼有SPOT-1和Landsat 4的主要功能,标志着中国航天事业民用方面取得的最高成就。CBERS-02B于2007年9月19日发射,2008年1月24日正式投入使用,目前在轨三颗卫星,已提供影像万景。02B星加载的传感器有CCD、HR和WFI,分别应用在环境监测、数据收集及不同分辨率成像方面。CCD传感器获取影像周期为26天,对于特定地区的观测,可以利用相机侧摆功能,实现每3天观测一次。CCD相机在星下点的空间分辨率为19.5米,扫描幅宽为113千米,它在可见、近红外光谱范围内有4个波段和1个全色波段。该卫星及其传感器参数如表1-1所示。中巴地球资源卫星在国内设有密云、广州、乌鲁木齐三个地面接收站,覆盖全国及周边国家和地区。目前该星在民用监测与国土资源普查工作中正发挥着越来越重要的作用。

2. 水产养殖水体资源监测普查的可行性分析

本项目制定的水产养殖面积监测目标为普查全国5亩(3 333.35平方米)以上的养殖水体资源,普查精度要求为90%~95%。

据此目标,从影像空间分辨率分析,CBERS-02B星19.5米几何空间分辨率影像完全能满足普查任务,所以本项目采用CCD传感器拍摄的19.5米多光谱影像进行养殖水体资源提取。从波谱分辨率分析,CBERS-02B星CCD

表 1-1 CBERS-02B卫星及传感器参数

02B星轨道参数	回归周期	26天
	每天运行圈数	14+9/26
	回归周期内总圈数	373
	卫星平均高度	778 km
	交点周期	100.28 min
	降交点地方时	10:30 am
	相邻轨道间距	107.4 km（赤道上）
		101.0 km（北纬20°）
	相邻轨道时间间隔	3天（东漂）
CCD相机参数	谱段（um）	0.45~0.52（B1）
		0.52~0.59（B2）
		0.63~0.69（B3）
		0.77~0.89（B4）
		0.51~0.73（B5）
	地面分辨率（m）	19.5
	地面覆盖宽度（km）	113
	量化级别	8 bits
	谱段间配准精度（像元）	0.3
	侧视能力	±32°
高分辨率相机（HR）	谱段（μm）	0.5~0.8（B6）
	地面像元分辨率（m）	2.5
	地面覆盖宽度（km）	27
宽视场成像仪（WFI）	谱段（μm）	0.63~0.69（B7）
		0.77~0.89（B8）
	地面像元分辨率（m）	258
	地面覆盖宽度（km）	890

相机可获取5个波段,包括蓝、绿、红、近红和全色波段,由于第5波段有飘逸现象,故采用1~4波段进行波段合成,多光谱合成后的彩色影像对水体反映敏感,较容易区分水体,因此从色彩判读方面满足渔业水体提取要求。从时间分辨率分析,CBERS-02B星CCD传感器获取影像周期为26天,可实现每年一次的全国水产养殖水体资源普查,能满足监测普查需求。

第二节　数据获取与管理

1. CBERS影像数据获取与管理

至2010年10月，项目组收集了2008年、2009年和2010年分辨率为19.5米的中巴资源卫星影像数据，数据量共约2.7 TB，并全部入库管理。数据完整覆盖除港澳台外的全国31个省、自治区、直辖市，且基本上每个月都有有效影像数据。

在选择使用影像资源时，项目组遵循以下几项原则：

（1）所在月份水域面积保存相对完好，无大面积干涸状况。

（2）获取时相为北方地区5~9月、南方地区4~10月影像，云雾覆盖率低，状况良好。

（3）影像质量相对较好。

用于本图文集使用的安徽省影像数据情况如表1-2和图1-1所示。

表1-2　安徽省CBERS数据选用记录表

	368	369	370	371	372	373
61				2008. 4.29	2008. 3.25	
62				2008. 4.26	2008. 3.25	2008. 5.13
63		2008. 12.19	2008. 11.20	2008. 4.26	2008. 3.25	2008. 5.13
64		2008. 2.11	2008. 11.20	2008. 4.26	2008. 11.14	2008. 5.13
65		2008. 10.2	2008. 11.20	2008. 3.2	2008. 11.14	
66	2008. 5.2	2008. 10.2	2008. 11.20	2008. 4.26	2008. 11.14	
67		2008. 10.28	2008. 11.20			

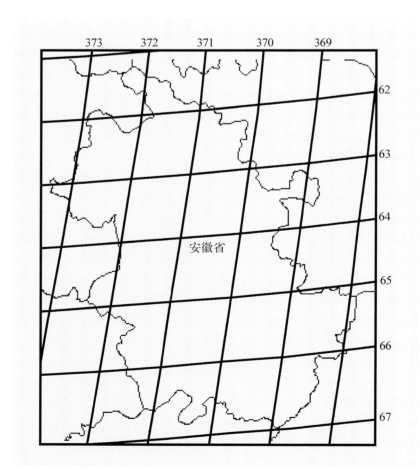

图1-1　安徽省CBERS影像覆盖示意图

2. 全国1:25万线画地图数据获取与管理

2010年经农业部计划司和渔业局支持，中国水产科学研究院东海水产研究所向国家测绘地理信息局提出了全国1:25万线画地图数据（DLG和DEM测绘成果）的使用申请。对此，国家测绘地理信息局于2010年6月1日予以"涉密基础测绘成果准予使用决定书（国测成准[2010]0363号）"批准。数据使用过程中，项目组严格按照国家测绘地理信息局关于"涉密基础测绘成果使用要求"的各条规定进行严格管理，各个过程的保密措施责任到人，生产的水产养殖水体资源分布图集纸质成果严格控制各级渔业主管部门参考使用。

3. 渔业统计数据收集与管理

项目组获取的各地水产养殖面积历史统计数据，由各级渔业行政主管部门提供，使用范围限制在项目组统计分析责任人层级。

第三节　数据处理与质量控制

为安全、规范管理自主卫星影像数据以及水产养殖水体资源本底数据及成果，科学有效地进行全国水产养殖水体资源遥感监测普查工作，进一步探索自主卫星在渔业领域的应用能力，项目组在工作流程的各个环节坚持"逐步检核，整体控制"的质量控制策略，专门制订了基于自主卫星的全国水产养殖水体资源遥感监测普查技术规程。

遥感影像处理主要包括波段合成、辐射校正、几何校正、影像镶嵌与裁剪几个技术环节。由于应用国产可见光遥感数据开展水产养殖水体资源的监测评估在我国尚属首

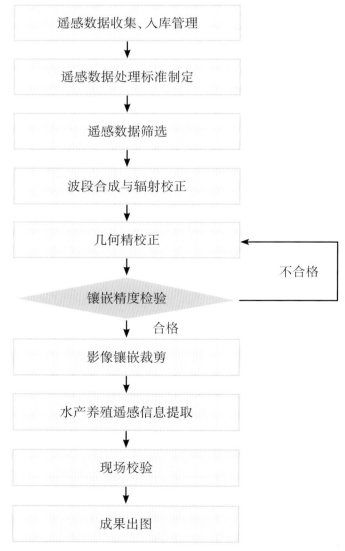

图1-2　水产养殖水体资源遥感普查技术流程图

次,因此实际工作中需经过不断尝试、探索和总结。到目前为止,结合中巴地球资源卫星影像数据的特点和遥感常用处理方法,项目组已掌握了CBERS遥感影像数据各技术流程处理工作的相关技术要领,具体为波段合成,辐射校正,几何校正,影像镶嵌,裁剪,遥感解译与校验等。具体影像处理、分析与水体资源提取及其质量控制如图1-2所示。

1. 波段合成

中巴地球资源卫星CCD传感器获得的为单波段数据,需要根据提取内容、时段信息等需求进行多波段合成。合成软件采用ERDAS进行,在后期影像处理中需要根据当地时段及波段选取情况,进行选取影像的自动、批量合成处理。

中巴地球资源卫星影像共有5个波段,经实验分析,波段5有飘逸现象,故用1~4四个波段进行合成。水产养殖面积遥感普查对象为水体,故尽可能选择能够很好反映水体状况的波段(近红外)进行合成。经过对比分析,选用2、3、4波段按标准假彩色合成时,能较好地提取水域范围的边界信息。

2. 辐射校正

传感器校正在数据获取时已由数据提供方国家资源卫星中心完成。本项目影像辐射畸变校正,采用数学(校正曲线或各种算法)方法进行空间滤波和平滑化,校正影像中存在的各种灰度失真及疵点、灰点、条纹和信号缺失等离散形式辐射误差。

3. 几何校正

利用遥感处理软件根据数据处理的具体要求,选择高精度的遥感影像或矢量数据作为校正参考,选取适量的校正点数,控制校正点的分布和各点的残差值,经过重采样得到校正后影像。

4. 影像镶嵌、裁剪

经过探索,目前可进行影像批量裁剪和批量镶嵌,影像镶嵌后整体色调和谐。

5. 养殖水体资源提取

遥感影像在进行解译前需要进行预处理,以纠正影像中的畸变,通过调整、变换影像密度或色调,用来改善影像目视质量并突出水体特征,提高影像判读性能和效果。此次全国水产养殖水体资源信息提取中,为了更好地反映水体,技术上首先选择无云地区的1~4四个波段进行合成增强;对于部分有薄云地区,采用增强4波段近红外影像来增强水体反映,减少云层引起的影像模糊情况。根据项目需求,首先选择4、2、3波段进行合成,内陆水体反映为黑色;在北方部分地区由于3波段不存在,则选用4、2、1合成,此时水体颜色呈墨绿色,不影响水体判断。不同波段合成后的养殖水体提取样图如图1-3所示。

2008年9月12日15:12
合成波段4-2-1,水体颜色呈墨绿色

时相为2008年8月
合成波段4-2-1,水体颜色呈黑色

2008年2月
合成波段为4-2-3,水体颜色呈墨绿色或暗褐色

图1-3 不同波段合成图

第四节 水产养殖水体资源提取规范

一、水体分类类型

1. 内陆养殖水体

(1)内陆池塘:单个塘体形状规则且面积大于5亩(3 333.35平方米)以上的淡水池塘或成片淡水池塘,样图如图1-4所示。类型标号为1。

图1-4 (成片)淡水池塘

3

（2）山塘水库：单个面积为5~500亩（33.33公顷）的水库或山塘、小型湖泊等天然水体，样图如图1-5所示。类型标号为3。

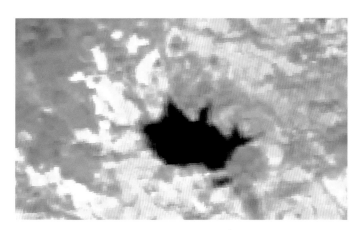

图1-5　山塘、水库

内陆池塘和山塘水库的养殖面积统计包括正用于养殖和暂未养殖的水体。

2. 海水养殖水体

（1）海水池塘：距离国家测绘地理信息局界定海岸线2千米范围内（山东沿海地区为5千米）的单个塘体形状规则且面积大于5亩以上的海水池塘或成片海水池塘，样图如图1-6所示。类型标号为2。

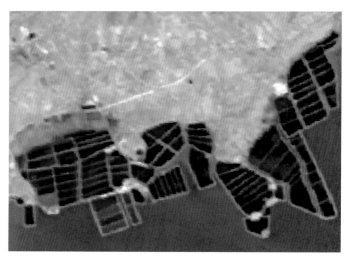

图1-6　（成片）海水池塘

（2）浅海设施养殖区：浅海海水中遥感影像能够辨别的且面积大于5亩以上成片的网箱养殖区、筏式养殖区和其他设施养殖区，样图如图1-7所示。类型标号为2。

图1-7　浅海设施养殖区

海水池塘和浅海设施养殖区的养殖面积统计包括正用于养殖和暂未养殖的水体。

3. 大水面

本书中的大水面，是指面积大于500亩（33.33公顷）

以上的天然湖泊或大型水库，样图如图1-8所示。类型标号为4。

图1-8　大型水库

4. 典型非养殖水体

（1）河流等水体：河流、进排水渠道等流动性水体及公园内观赏水体等列为典型非养殖水体，不作为养殖水体面积遥感普查的提取对象，样图如图1-9所示。

图1-9　颐和园休闲观光水域

（2）盐场等水体：沿海地区如盐场等确认为非养殖功能的水体，不作为养殖水体面积遥感普查的提取对象，样图如图1-10所示。

图1-10　盐场

二、水体面积提取规则

1. 独立水体

对单个池塘、山塘、水库和湖泊等水体面积的提取，以遥感影像中实际显示的水陆交界水线为边界，形成闭合线计算水体面积。

2. 成片池塘水体

对成片池塘养殖水体面积的提取，以成片池塘在遥感影像中实际显示的最外沿水陆交界水线为边界,形成闭合线计算其水体面积;提取面积包括成片池塘中的塘埂和未被水覆盖的斜坡面积。

若大规模成片池塘区域中存在河流和大于30米宽度的道路,按河流或道路走向将大规模成片池塘分解成若干个小型成片池塘,剔除河流和道路面积后再进行水体面积提取。

3.浅海设施养殖水体

对浅海设施养殖水体面积的提取,以遥感影像中实际显示的成片养殖区最外沿设施连线为边界,形成闭合线计算其水体面积。

第五节　水产养殖水体资源成果图制作

一、全国1:25万测绘成果的使用

全国1:25万测绘成果的主要应用图层有行政区划层、公路层、铁路层、地名层、水系层与等高线层。其中公路、铁路、地名与水系层等四项主要应用于整饰成果图件,等高线图层主要应用于辅助水产养殖水域遥感提取方面,行政

区划层主要用于分区域统计。成果图提供除经纬度之外,在叠加上道路、水系、地名与政区数据后,能够更直观的凸显养殖水域的位置信息与地理属性,显示方式更为直观。

二、成果图制作

成果图主要包括县级以上地区的遥感影像图和水产养殖水体资源分布图。影像成果图底图主要由中巴地球资源卫星影像与电子地图中的铁路、公路组成。水产养殖水体资源分布图以水产养殖水体资源数据与电子地图数据中的道路、水系、地名与政区数据共同组成。影像成果图利用的中巴影像经过假彩色合成,可以直观展示区域信息,并依据影像的颜色、形状、纹理信息来判读水域、建筑和植被等不同信息,同时通过添加标注、交通图等数据信息,显示不同目标的空间地理位置信息。水产养殖水体资源图主要包括省、市、县三级。省、市级成果图能够展示下属行政级别的区划信息以及水产养殖水体资源本底数据,市级成果图中附有养殖水体资源结构组成情况,可直观显示下属各县区不同养殖水体类型比例。县区级水产养殖水体资源分布图为最终产品图,可更为直观显示本县区范围内的各个水产养殖水体的分布位置与利用类型。

第二章　安徽省水产养殖概况及其水体资源

一、自然水资源条件

安徽省地处华东腹地,与河南、山东、江苏、浙江、江西和湖北六省接壤,淮河、长江自西向东横贯,并将全省划分为淮北、江淮和江南三大区域,国土面积139 476平方千米,其中平原占32%,水域滩涂占10%,山地占30%,丘陵岗地占28%。安徽省属暖温带与亚热带过渡地区,气候温暖湿润,四季分明,年平均降水量800~1 800毫米。全省下辖17个地级市(2008年),以淮河为界,北部为暖温带半湿润季风气候,南部为亚热带湿润季风气候。

1. 河流

安徽省境内河流密布,流域面积在100平方千米以上的河流有418条,1 000平方千米以上的河流有71条,3 000平方千米以上的河流有21条,5 000平方千米以上的河流有12条。全省平均河网密度0.4千米/平方千米。

2. 湖泊

安徽省境内湖泊众多,共有大小湖泊近百个,总面积约4 600平方千米,总库容170亿立方米。其中,淮河流域共有大小湖泊30余个,总水面面积约1 260平方千米,较大的湖泊有城西湖、城东湖、瓦埠湖、高塘湖、女山湖和七里湖等;长江流域沿江两岸有大小湖泊约60个,总水面面积约3 300平方千米,较大的湖泊有龙感湖、菜子湖、巢湖、升金湖、泊湖和南漪湖等。

3. 水库

安徽省境内有大型水库10座,分别为梅山水库、响洪甸水库、佛子岭水库、磨子潭水库、陈村水库、花凉亭水库、龙河口水库、董铺水库、黄栗树水库、沙河集水库,控制流域面积11 770平方千米,总库容124亿立方米。全省各地还零散分布着中型水库32座,控制流域面积3 108平方千米,总库容16.8亿立方米。

二、水产生物资源条件

安徽省是内陆水产大省,渔业资源丰富,发展条件优越,是全国重要的淡水水产品供应基地。全省兼跨长江、淮河、新安江三大流域,水域类型多样,水域总面积105.3余万公顷(1986年渔业区划调查),境内有长江、淮河及五大淡水湖之一的巢湖(7.5万公顷),水质优良,生态环境良好,鱼类等水生动植物资源丰富。据调查,境内鱼类资源有134种,其中经济价值较高的有青鱼、草鱼、鲢、鳙、鲤鱼、鲫鱼、鳊鱼、鳜鱼、鲌鱼、鳡鱼、黄鳝、泥鳅等50多种;虾蟹类有中华绒螯蟹、日本沼虾、秀丽白虾、克氏原螯虾等10种。此外,还有龟、鳖等6种。

三、水产养殖基本情况

据渔业统计数据,2008~2010年全省年平均水产养殖总产量为155.9万吨,养殖面积为50.4万公顷。

安徽省水产养殖主要区域为沿江、沿淮、环巢湖和江淮地区的安庆、滁州、六安、芜湖、池州、马鞍山、铜陵、合肥、宣城、阜阳、蚌埠、巢湖、淮南、亳州及宿州等市。

四、水产养殖基本特点

安徽省水产养殖类型多样,主要有池塘养殖、湖泊养殖、水库养殖、河沟养殖和稻田养殖等类型,2010年各类型的产量分别约占养殖总产量的57.4%、21.0%、8.7%、6.1%和4.5%。水产养殖生产以大宗鱼类、河蟹等为主。水产养殖主要品种有鲢、鳙、草鱼、鲫鱼、鳜鱼、鳊鱼、青鱼、鲤鱼、河蟹、克氏原螯虾和龟鳖等品种。

五、养殖水体资源遥感监测结果

项目组按照水产养殖水体资源提取规范,以2008年CBERS影像数据为主,部分地区辅以2009年和2010年影像数据,对安徽省各市县具有养殖功能的内陆养殖池塘和具有养殖功能或潜在养殖功能的水库、山塘及大于33.33公顷(500亩)以上的大水面水体进行了信息提取,结果如表2-1所示。

表2-1 安徽省各地区水产养殖水体资源遥感监测结果 （续表）

地区	地 区	内陆池塘（公顷）	水库、山塘（公顷）	大水面（公顷）	区县合计（公顷）	总计（公顷）
合肥	市辖区	291	546	5 854	6 691	
	长丰县	5 215	2 853	8 978	17 046	59 093
	肥东县	1 664	5 289	8 962	15 915	
	肥西县	1 822	3 294	14 325	19 441	
芜湖	市辖区	506	1 694	2 041	4 241	
	芜湖县	592	1 489	503	2 584	9 819
	南陵县	60	1 273	473	1 806	
	繁昌县	308	795	85	1 188	
蚌埠	市辖区	1 021	140	2 747	3 908	
	怀远县	1 330	650	10 058	12 038	31 464
	固镇县	1 577		872	2 449	
	五河县	10 036	298	2 735	13 069	
淮南	市辖区	7 585	153	1 063	8 801	15 210
	凤台县	5 378	124	907	6 409	
马鞍山	市辖区	179	136	35	350	16 152
	当涂县	14 757	316	729	15 802	
淮北	市辖区	2 399	53		2 452	4 638
	濉溪县	2 020	35	131	2 186	
铜陵	市辖区		284	183	467	4 302
	铜陵县	1 429	1 668	738	3 835	
安庆	市辖区	2 051	519	5 109	7 679	
	桐城市	6 647	1 399	2 471	10 517	
	宿松县	2 444	2 717	45 845	51 006	
	枞阳县	8 676	1 907	7 062	17 645	
	太湖县	325	883	7 750	8 958	120 268
	怀宁县	1 208	2 097	3 174	6 479	
	岳西县		66	111	177	
	望江县	3 909	1 538	11 409	16 856	
	潜山县	256	595	100	951	
黄山	市辖区	159	321	7 728	8 208	
	休宁县	47	178		225	
	歙县	23	77		100	8 822
	祁门县		57		57	
	黟县	24	76	132	232	
滁州	市辖区	2 100	2 682	3 054	7 836	
	天长市	10 845	2 515	4 532	17 892	
	明光市	19 635	855	2 079	22 569	94 673
	全椒县	1 446	5 105	2 960	9 511	
	来安县	1 223	720	2 796	4 739	
滁州	定远县	4 782	6 079	8 564	19 425	94 673
	凤阳县	6 573	2 078	4 050	12 701	
阜阳	市辖区	1 106	240		1 346	
	界首市	203	535		738	
	临泉县	336	1 161		1 497	12 383
	颍上县	3 004	310	1 749	5 063	
	阜南县	1 374	518	57	1 949	
	太和县	172	1 618		1 790	
宿州	市辖区	460	474	763	1 697	
	萧 县	635	134	42	811	
	泗 县	359	199		558	4 308
	砀山县	307	225	294	826	
	灵璧县	77	339		416	
巢湖	市辖区	3 407	915	47 012	51 334	
	含山县	940	557	850	2 347	
	无为县	12 775	825	1 578	15 178	91 660
	庐江县	6 701	3 548	8 497	18 746	
	和 县	2 964	618	473	4 055	
六安	市辖区	1 643	4 763	88	6 494	
	寿 县	5 877	2 952	17 152	25 981	
	霍山县	204	230	2 315	2 749	
	霍邱县	13 104	4 877	15 763	33 744	85 765
	舒城县	488	566	4 073	5 127	
	金寨县		512	11 158	11 670	
亳州	市辖区	104	4		108	
	利辛县	29	22		51	
	涡阳县	13			13	503
	蒙城县	180	151		331	
池州	市辖区	2 889	2 054	3 948	8 891	
	东至县	4 927	1 727	6 500	13 154	
	石台县		52		52	23 034
	青阳县	254	526	157	937	
宣城	市辖区	17 602	890	152	18 644	
	宁国市	56	206	1 983	2 245	
	广德县	77	1 371	792	2 240	
	郎溪县	6 118	1 464	991	8 573	32 374
	泾 县	28	365		393	
	旌德县		181		181	
	绩溪县		98		98	
全省总计		218 955	88 781	306 732	614 468	614 468

安徽省CBERS02B影像图

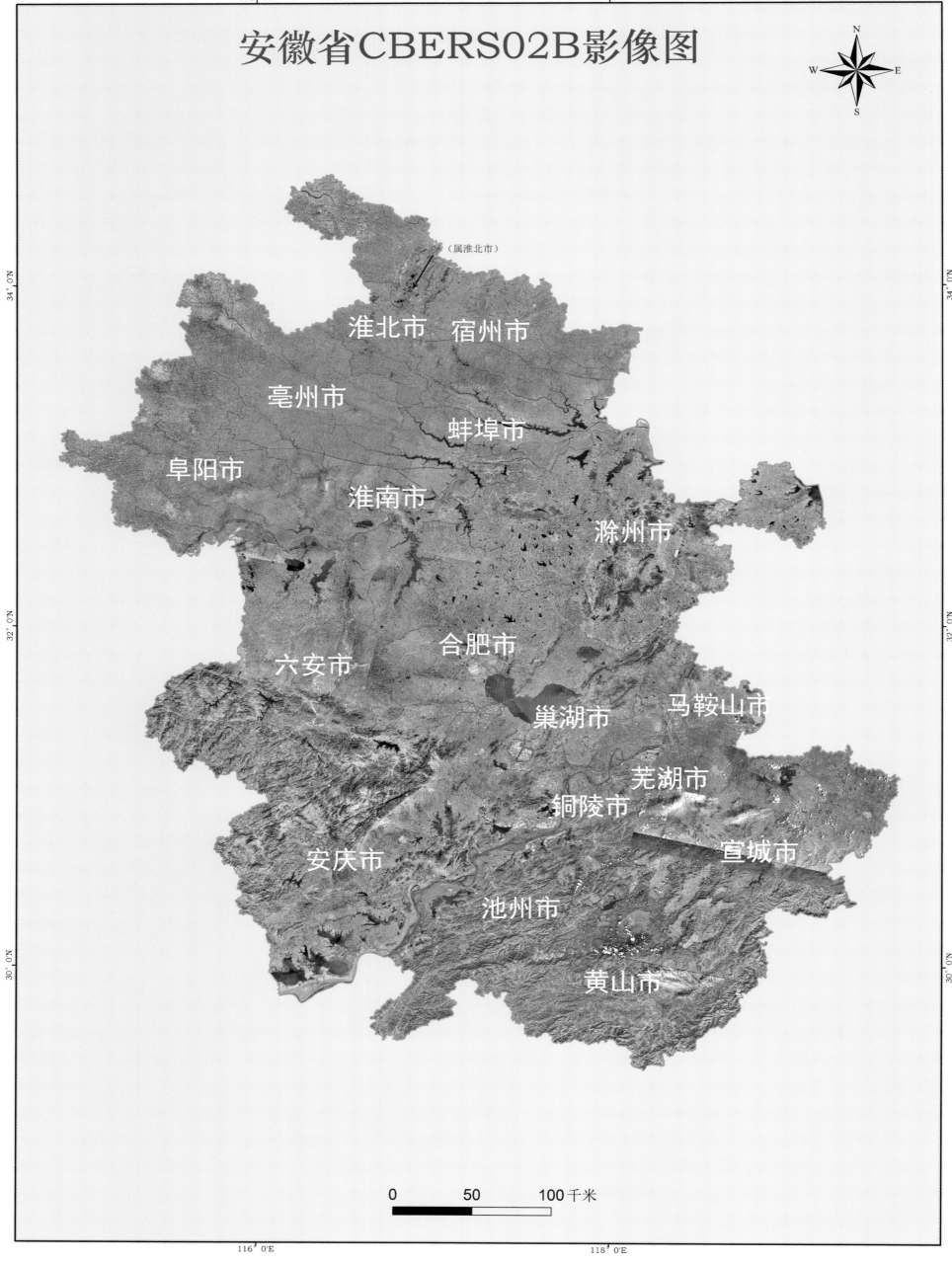

（属淮北市）

淮北市　宿州市

亳州市

蚌埠市

阜阳市

淮南市

滁州市

六安市

合肥市

巢湖市　马鞍山市

芜湖市

铜陵市

安庆市　宣城市

池州市

黄山市

0　　50　　100千米

116° 0'E　　118° 0'E

34° 0'N

32° 0'N

30° 0'N

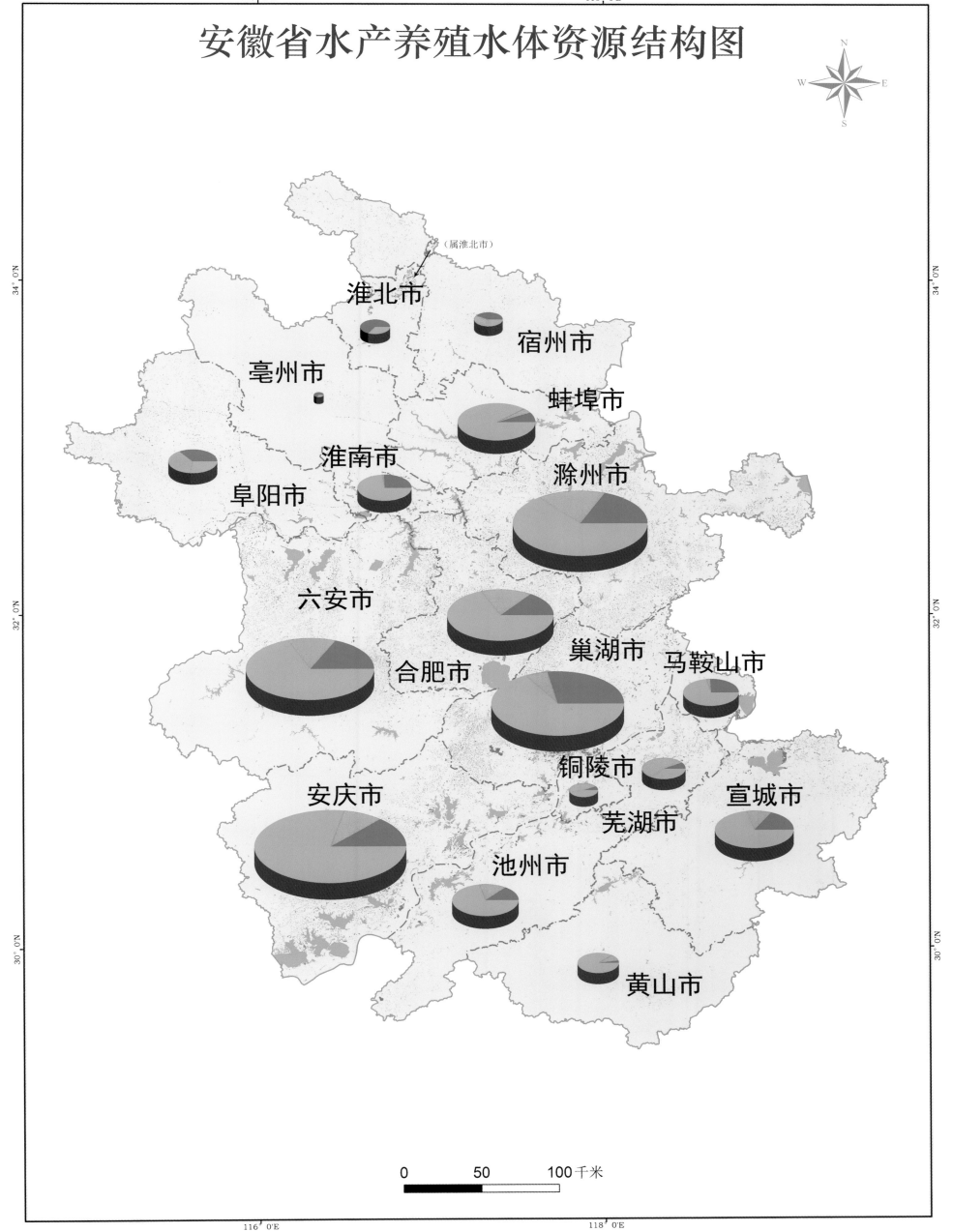

安徽省水产养殖水体资源结构图

（属淮北市）

淮北市

宿州市

亳州市

蚌埠市

淮南市

滁州市

阜阳市

六安市

巢湖市

马鞍山市

合肥市

铜陵市

安庆市

芜湖市

宣城市

池州市

黄山市

0   50   100千米

第一节 合肥市

一、自然水资源条件

合肥市是安徽省省会,位于巢湖之滨,通江达海,承东启西、贯通南北、连接中原,市域总面积7 029平方千米,下辖肥东、肥西、长丰3个县和瑶海、庐阳、蜀山、包河4个区。合肥地处亚热带季风气候区,位于江淮之间,属于暖温带向亚热带的过渡带气候类型,为亚热带湿润季风气候。其特点是四季分明,气候温和、雨量适中、春温多变、秋高气爽、梅雨显著、夏雨集中。合肥市年平均降水量900~1 100毫米,降雨丰沛,可利用水资源充裕,且成本较低,天然水资源总量为38.63亿立方米。地表水系较为发达,以江淮分水岭为界,岭北为淮河水系,岭南为长江水系。淮河水系主要有东淝河、沛河、池河等;长江水系主要有南淝河、派河、丰乐河、杭埠河、滁河、裕溪河、兆河、柘皋河、白石天河、西河等。境内巢湖是全国五大淡水湖之一,东西长54.5千米,南北宽21千米,水域面积770平方千米,当水位高程达14米时,湖水容量为63.7亿立方米。合肥全市建有大型水库2座、中型水库18座、小型水库550座,总兴利库容超过10亿立方米。

二、水产养殖基本情况

合肥市水产养殖主要以池塘精养和大水面生态养殖为主,稻田、网箱养殖为辅。据渔业统计,2008~2010年合肥市水产养殖产量分别为78 570吨、80 681吨和86 029吨,养殖面积分别为11 061公顷、14 484公顷和16 680公顷。合肥市大力实施水产跨越工程,加强水生生物资源养护,加快渔业科技创新,扎实推进生态渔业建设,以"科技进村入场到户、助推健康安全增收"为主题,组织制定了《稻田龙虾养殖技术规程》等14项水产养殖地方标准,不断加强龙虾、河蟹、鳜鱼、黄鳝、泥鳅、甲鱼6个主导品种和池塘生态健康养殖、稻田养鱼2项技术的推广示范。全市获农业部水产健康养殖示范场称号的养殖企业有24家,示范养殖面积4 667公顷,年供应优质水产品2.5万吨。巢湖白虾、巢湖银鱼获农业部地理标识登记保护;无公害、绿色、有机水产品"三品"认证数量达到120个,产地水产品检测合格率始终保持在100%。

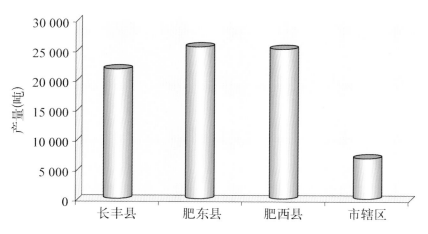

图2-1-1 2008~2010年合肥市各县(区)淡水养殖平均产量构成

合肥市淡水水产养殖主产区集中在肥东县、肥西县和长丰县。2008~2010年各县(区)淡水水产养殖产量以肥东县最高,年平均为26 133吨;其次为肥西县,为25 843吨;其余依次为长丰县和合肥市辖区,年平均产量分别为22 315吨和7 469吨。合肥市各县(区)的淡水养殖产量构成如图2-1-1所示。

三、水产养殖特点

1. 主要水产养殖类型与方式

合肥市水产养殖主要有池塘养殖、稻田养殖和水库网箱养殖等类型与方式。

(1)池塘养殖:2010年养殖面积为9 451公顷,平均单产水平约为7 000千克/公顷。

(2)稻田养殖:2010年养殖面积为5 944公顷,平均单产水平约为1 815千克/公顷。

(3)水库网箱养殖:2010年养殖面积为5 392公顷,平均单产水平约为990千克/公顷。

2. 主要养殖品种结构

水产养殖的主要品种有克氏原螯虾、鲢、鳙、草鱼、鲫鱼、鲤鱼和鳊鱼等。2010年合肥市各水产养殖品种的产量结构如图2-1-2所示。

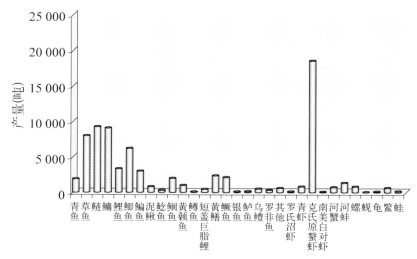

图2-1-2 2010年合肥市主要淡水养殖品种产量结构

3. 特色养殖

(1)小龙虾养殖:合肥小龙虾不仅是一道美食,而且是合肥夏季餐饮消费的一个增长点。全市有小龙虾养殖户8 000多户,近3万农民从事小龙虾养殖、捕捞、收购和运输,小龙虾养殖面积超过6 700公顷,养殖捕捞交易产量达到3.5万吨。小龙虾养殖业已成为增加农民收入的重要来源,全市渔民人均收入突破万元大关;另外,全市小龙虾餐馆近4 000家,年消费量超过2万吨,小龙虾经济总量突破20亿元。

(2)甲鱼仿野生生态养殖:仿野生甲鱼生态养殖是合肥市的又一特色。生态养殖的甲鱼品质接近野生,具有肉质好、营养丰富、价格高、养殖效益好等特点。在合肥市的黄麓镇、三河镇、丰乐镇、小庙镇等地发展迅速,养殖面积在400公顷以上,年产商品甲鱼50吨以上,纯收入75 000元/公顷以上。

四、养殖水体资源遥感监测

合肥市水产养殖水体资源遥感监测结果如表2-1-1所示。

表2-1-1　合肥市水产养殖水体资源

地 区	内陆池塘（公顷）	水库、山塘（公顷）	大水面（公顷）	区县合计（公顷）	总计（公顷）
市辖区	291	546	5 854	6 691	
长丰县	5 215	2 853	8 978	17 046	59 093
肥东县	1 664	5 289	8 962	15 915	
肥西县	1 822	3 294	14 325	19 441	

五、20公顷以上成片养殖池塘分布

合肥市20公顷以上成片养殖池塘分布如表2-1-2所示。

表2-1-2　合肥市20公顷以上成片池塘分布情况

地 区	数量（片）	面积（公顷）	全市总计（公顷）
市辖区	1	20	
长丰县	9	1 912	2 149
肥东县	3	113	
肥西县	4	104	

图2-1-3　鱼苗投放

图2-1-4　池塘养殖

图2-1-5　小龙虾养殖

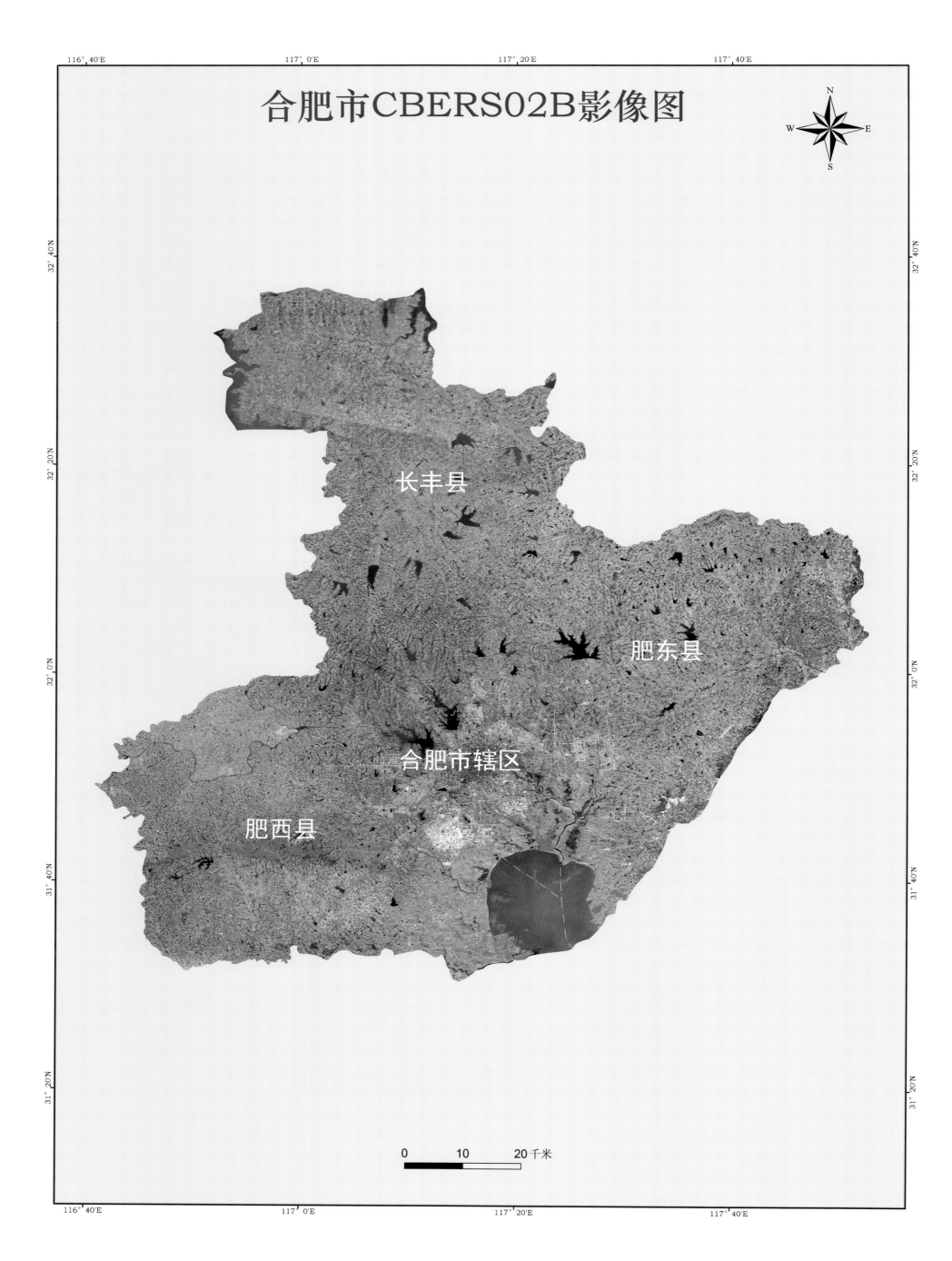

合肥市CBERS02B影像图

长丰县

肥东县

合肥市辖区

肥西县

0   10   20千米

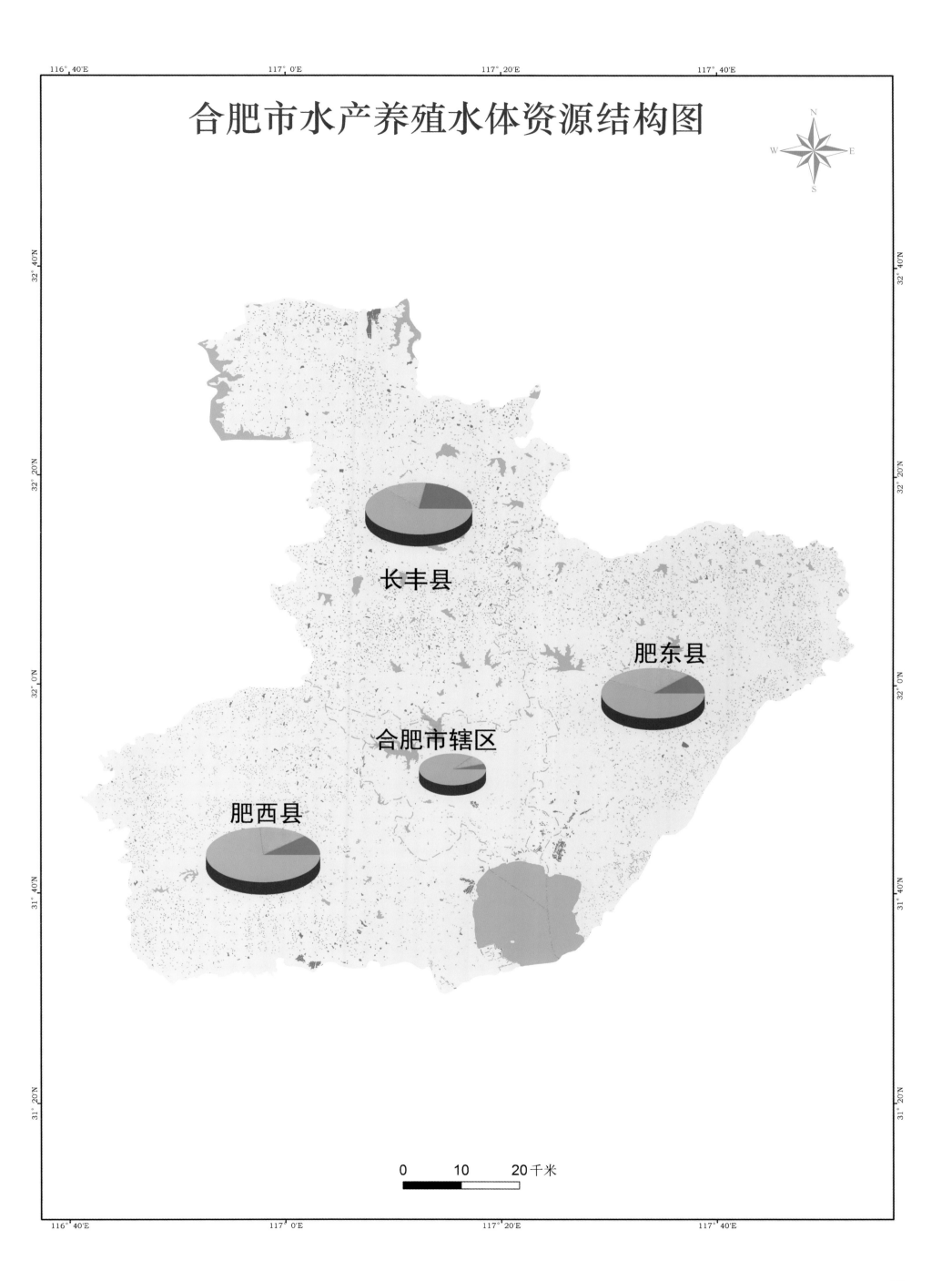

合肥市水产养殖水体资源结构图

0   10   20千米

合肥市辖区CBERS02B影像图

0   4   8千米

14

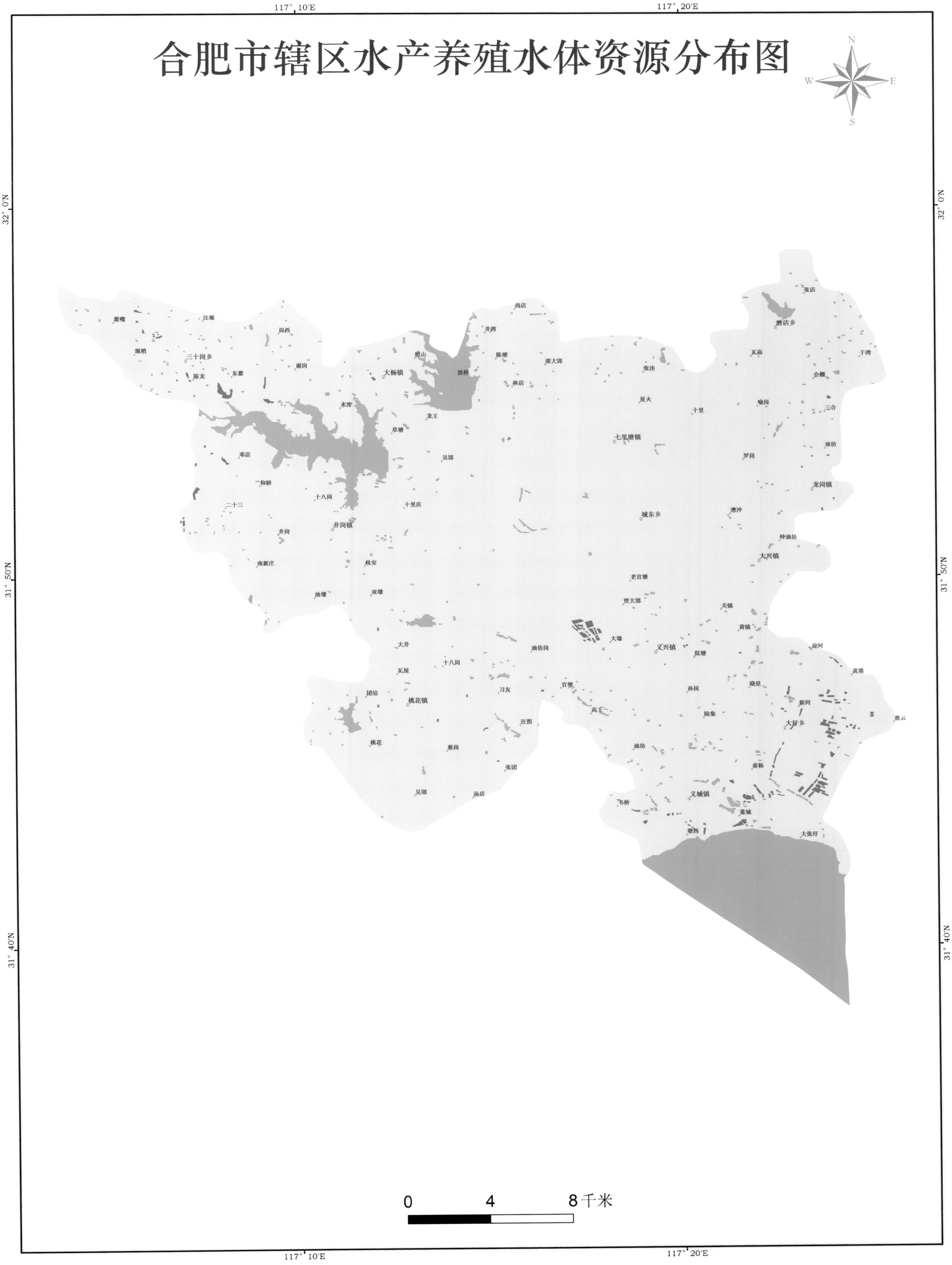

合肥市辖区水产养殖水体资源分布图

117°10'E   117°20'E

32°0'N

31°50'N

31°40'N

汪堰
雁嘴
颜粉
岗西
三十岗乡
陈龙   东瞿
谢岗
水库
草塘
大杨镇
磨山
淝桥
陈塘
林店
尚店
共湾
邵大郢
屋火
七里塘镇
张洼
十里
朱店
磨店乡
瓦庙
于湾
会栅
喻岗
三合
油坊
罗岗
龙岗镇
郭店
一炉桥
二十三
井岗
十八岗
井岗镇
鼓安
油墩
双墩
吴郢
龙王
十里店
城东乡
潘冲
钟油坊
大兴镇
老官塘
贾大郢
大井
瓦屋
十八岗
油坊岗
大塘
义兴镇
院塘
关镇
黄镇
撞星
新河
大圩乡
黑云
黄港
团结
桃花镇
习友
官塘
高王
外岗
陆集
蟆桥
汪拐
桃花
蔡岗
张郢
吴郢
汤店
油坊
义城镇
飞桥
葛城
翠西
大张圩

0   4   8千米

15

长丰县CBERS02B影像图

117° 0'E 117° 10'E 117° 20'E

32° 40'N 32° 30'N 32° 20'N 32° 10'N 32° 0'N 31° 50'N

0   5   10千米

16

长丰县水产养殖水体资源分布图

17

肥东县CBERS02B影像图

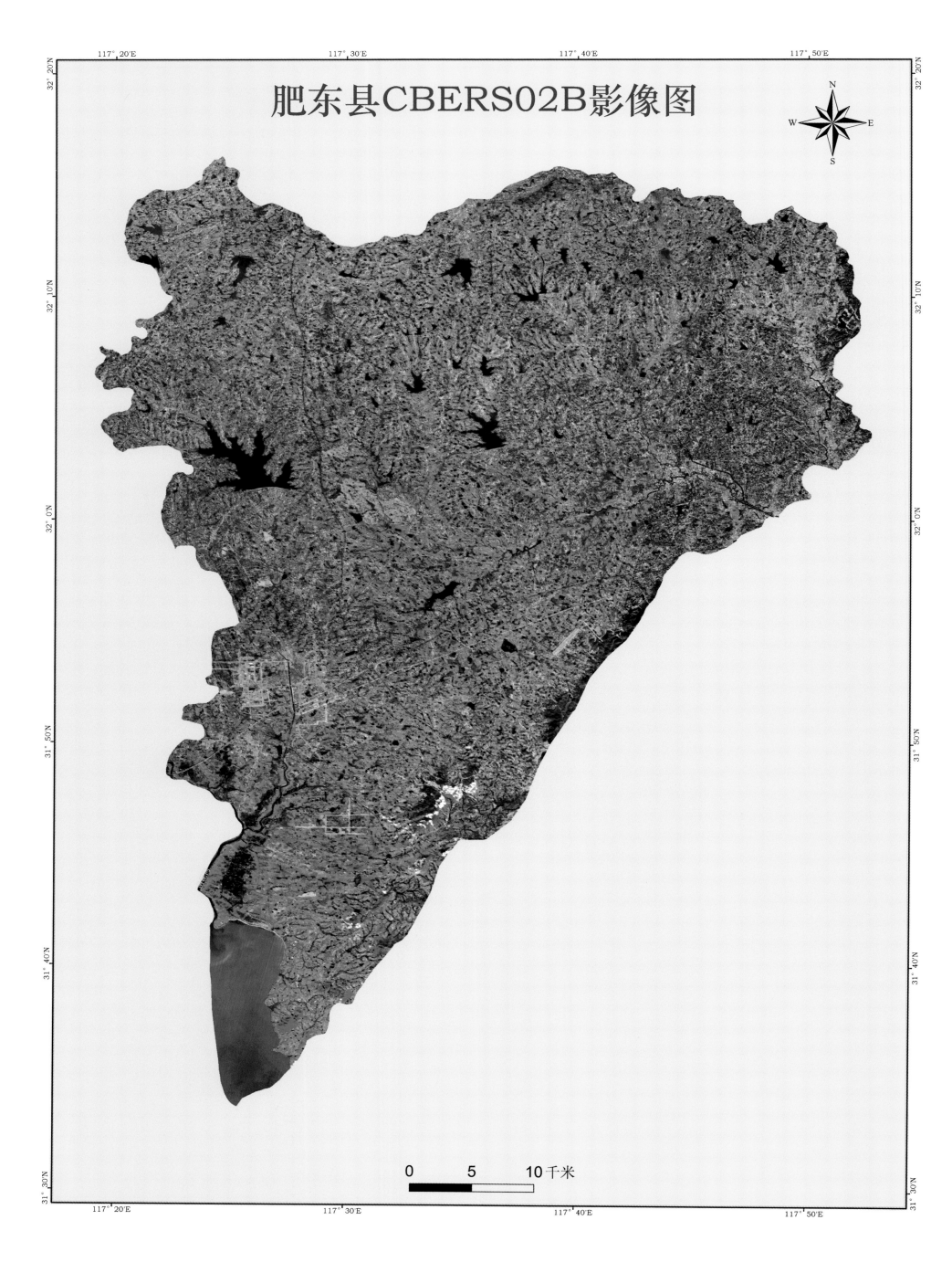

0　　5　　10千米

肥东县水产养殖水体资源分布图

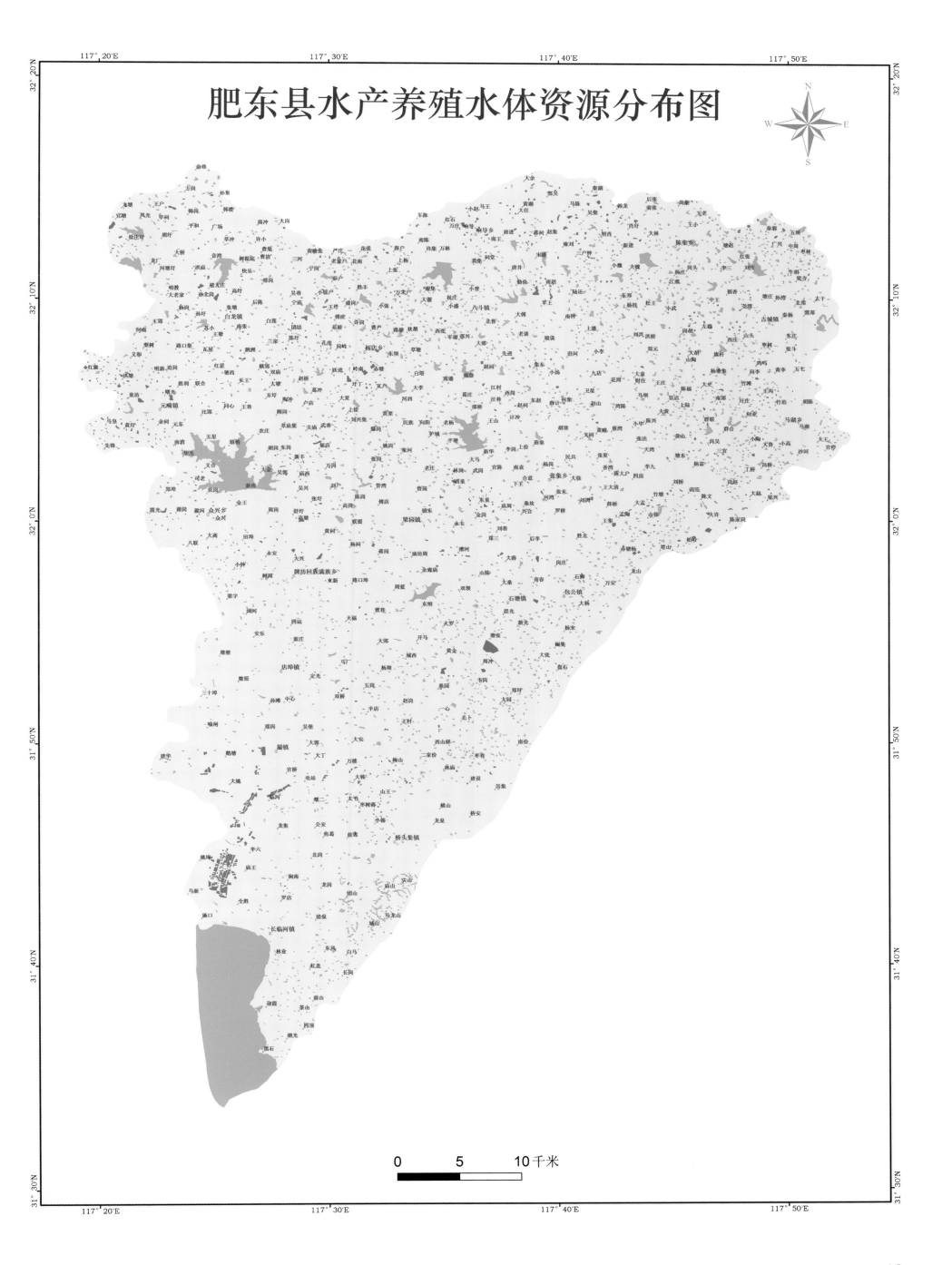

0   5   10千米

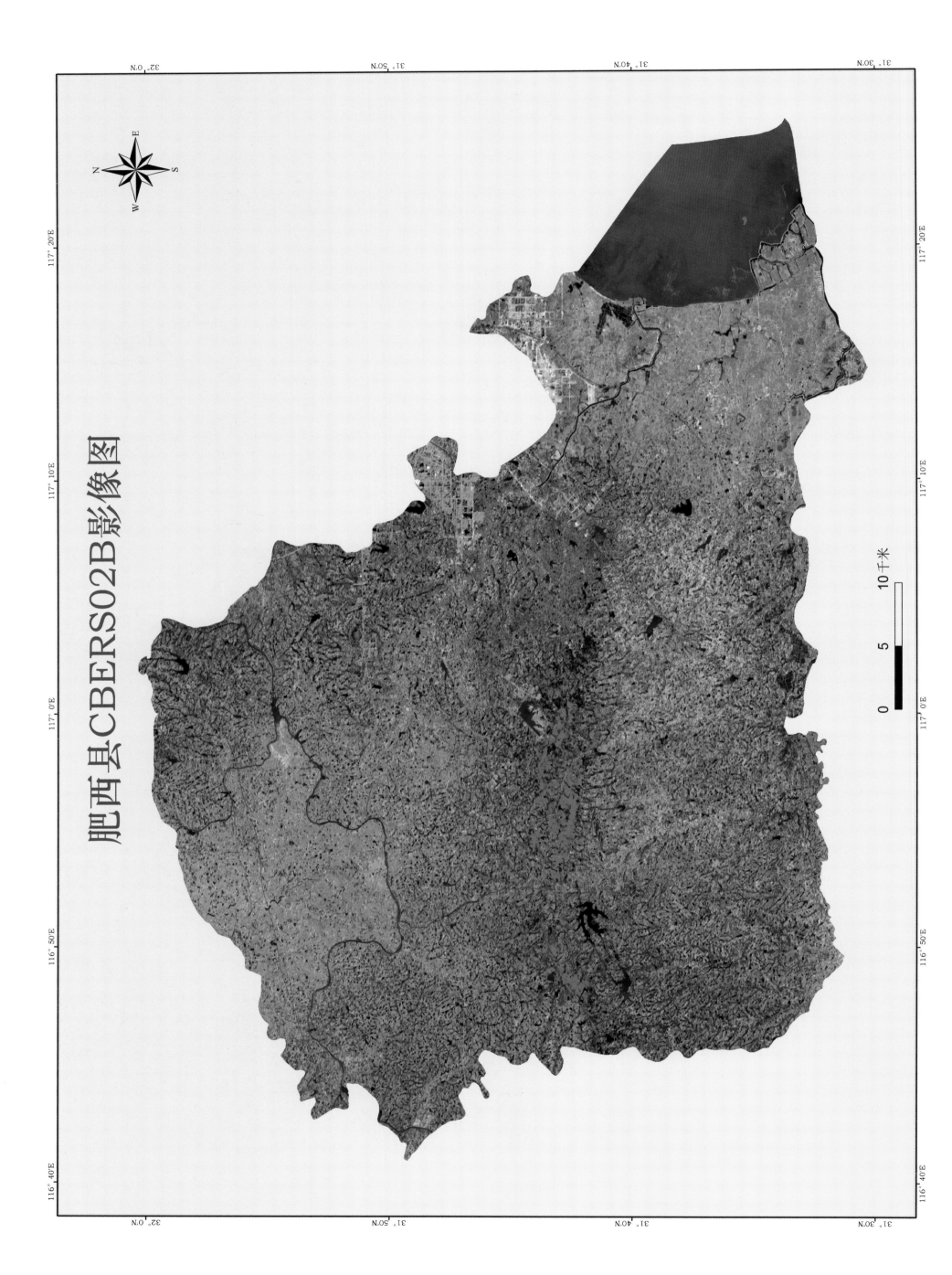

肥西县CBERS02B影像图

20

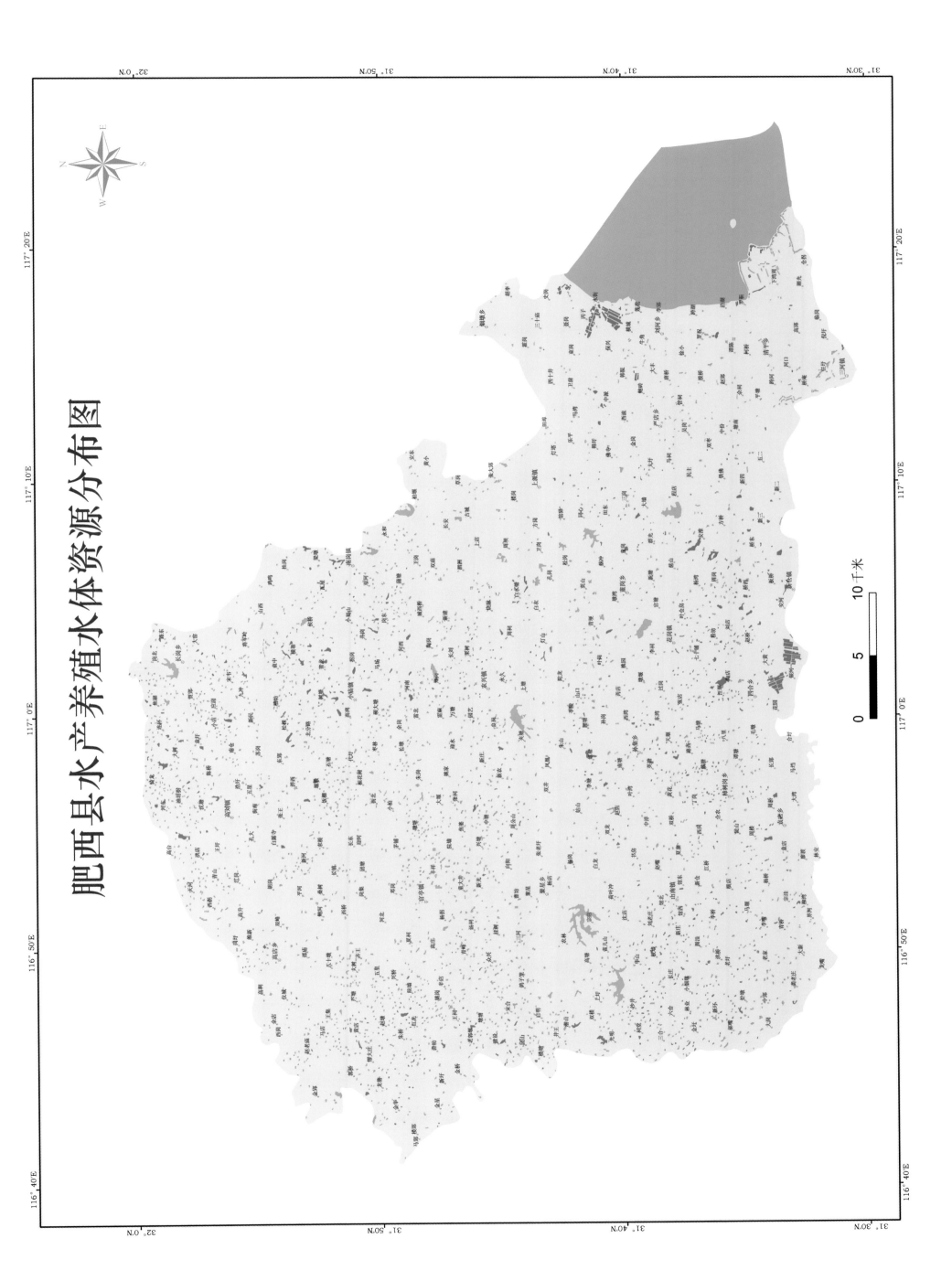

肥西县水产养殖水体资源分布图

0　　　　5　　　　10千米

21

第二节　芜湖市

一、自然水资源条件

芜湖市位于安徽省东南部,地处长江下游,属亚热带湿润季风气候,气候温和,雨量充沛,四季分明,年平均降水量1 200~1 400毫米,市域面积3 317平方千米,下辖芜湖、繁昌、南陵3个县和镜湖、新芜、马塘、鸠江4个区。芜湖水域资源丰富,长江从其西缘流经,水域岸线113千米。境内有裕溪河、青弋江、水阳江、漳河、荆山河、赵义河、裘公河、扬青河、永安河、西河、花渡河等水系约658千米;黑沙湖、龙窝湖、奎湖散布其间,全市水域面积达478平方千米,占总面积的14.4%。

芜湖市渔业水域资源充足,河沟湖库水域未受污染,理化性稳定,水体pH一般在6.3~7.9,透明度在1~3.6之间,溶解氧为7.0毫克/升,水质清新,营养盐类丰富,饵料生物充足,生态环境良好,适宜鱼类生长和发育,有利于发展名特优和大宗水产品养殖。芜湖市水生动植物资源丰富,水产品种类繁多,并素有"鱼米之乡"之称。据调查,境内鱼类资源共有78种,其中经济价值较高的有35种,历史上鲥鱼、刀鱼和螃蟹被誉为芜湖著名"三鲜"。

二、水产养殖基本情况

芜湖市水产养殖主要以淡水池塘养殖为主,主要精养青虾、河蟹、龟鳖、黄鳝等品种,套养鲢、黄颡鱼、鳜鱼、鳊鱼等品种;大水面主要养殖大宗淡水鱼类。全市精养池塘面积占总池塘面积的67.8%。据渔业统计,2008~2010年芜湖市淡水养殖产量分别为7.7万吨、8万吨、8.1万吨,养殖面积分别为2.2万公顷、2.3万公顷、2.3万公顷。

2008~2010年主要养殖区域在芜湖县、南陵县,年均产量分布为2.6万吨、2.58万吨,其次为市辖区,为1.67万吨;繁昌县为1.09万吨。芜湖市各县(区)养殖产量如图2-2-1所示。

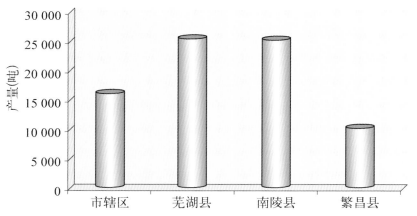

图2-2-1　2008~2010年芜湖市各县(区)淡水养殖平均产量构成

三、水产养殖特点

1. 主要水产养殖类型及方式

芜湖市水产养殖主要包括池塘养殖、湖泊养殖、水库养殖、围栏养殖、网箱养殖、工厂化养殖等类型与方式。

(1) **池塘养殖**:2010年养殖面积为25 270公顷,平均单产水平约为3 966千克/公顷。

(2) **湖泊养殖**:2010年养殖面积为6 342公顷,平均单产水平约为1 926千克/公顷。

(3) **水库养殖**:2010年养殖面积为886公顷,平均单产水平约为1 995千克/公顷。

(4) **围栏养殖**:2010年养殖面积为2 906公顷,平均单产水平约为1 900千克/公顷。

(5) **网箱养殖**:2010年养殖面积为510公顷,平均单产水平约为16 000千克/公顷。

(6) **工厂化养殖**:2010年养殖水体为5 000立方米,每立方米水体产量约为21千克。

2. 主要养殖品种结构

芜湖市养殖鱼类品种主要有青鱼、草鱼、鲢、鳙、鲤鱼、鲫鱼、鳊鱼等大宗淡水鱼类和黄鳝、鳜鱼、泥鳅、黄颡鱼、鲶鱼、鲴鱼、乌鳢等名优鱼类,养殖虾蟹类主要有青虾、罗氏沼虾、南美白对虾、淡水小龙虾和河蟹。芜湖市各水产养殖品种的产量结构如图2-2-2所示。

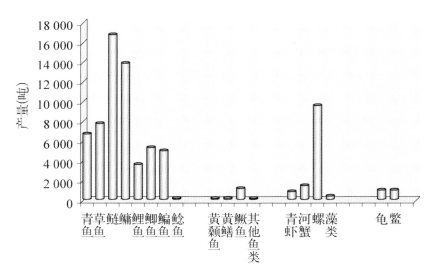

图2-2-2　2010年芜湖市主要淡水养殖品种产量结构

3. 特色养殖

(1) **休闲观光养殖基地**:无为县以泥汊高沟为中心的沿江休闲渔业,重点打造渡江宴休闲渔业基地、香泉谷生态渔业基地。南陵县沿205国道打造大浦乡村世界、芜湖雨田农业科技等观光渔业。芜湖县以湾沚镇为中心,重点发展城郊型休闲、垂钓和农家乐观光渔业,加大引进社会资本投入力度,创建了红杨镇怡龙山庄、六郎镇扬子江等休闲观光渔业基地11处,面积达800公顷。

(2) **标准化池塘养殖**:芜湖市为充分挖掘水产养殖生产潜力,转变渔业经济发展方式,积极推进规模化、标准化特色渔业样板基地建设。以"沿江渔业经济带"和"沿河渔业发展带"为重点,应用"生态养蟹"、"网箱生态养鳝"、"蟹鳜套养"、"鱼虾混养"等模式,建立并发展了一批河蟹、龟鳖、青虾、珍珠、鳜鱼等优质水产品养殖基地。其中,"芜湖泉塘镇螃蟹健康养殖基地"、"渡江宴鱼蟹养殖基地"、"芜湖有贤龟鳖养殖基地"、"安徽长江水生动物保护研究中心"等养殖场获得农业部水产健康养殖示范区称号;创建部级标准化健康养殖示范基地12个;建立有机、绿色、无公害水产品生产基地3 467公顷;泉塘养殖基地面积已发展到2 667公顷。

(3) **特色品种养殖**:芜湖市已形成了沿江渔业经济带,

芜屯路沿线池塘养蟹,湾石路沿线青虾养殖,芜南路沿线珍珠、牛蛙、甲鱼养殖,芜铜路沿线河蟹养殖等五个特色区域。特色品种有河蟹、细鳞斜颌鲴、龟鳖、珍珠、黄鳝、虾类、鳜鱼等。其中,河蟹已形成苗种培育、成蟹养殖、品牌营销、渔需服务、暂养储运等环节完善的产业链,成为主导养殖品种,养殖单产和亩均效益位居全国前列;龟鳖养殖已形成完整的龟蛋孵化、苗种培育、成龟养殖、产品加工等产业链;"水韵青虾"已获农产品地理标志。

四、养殖水体资源遥感监测

芜湖市水产养殖水体资源遥感监测结果如表2-2-1所示。

表2-2-1 芜湖市水产养殖水体资源

地 区	内陆池塘（公顷）	水库、山塘（公顷）	大水面（公顷）	区县合计（公顷）	总计（公顷）
市辖区	506	1 694	2 041	4 241	9 819
芜湖县	592	1 489	503	2 584	

（续表）

地 区	内陆池塘（公顷）	水库、山塘（公顷）	大水面（公顷）	区县合计（公顷）	总计（公顷）
南陵县	60	1 273	473	1 806	9 819
繁昌县	308	795	85	1 188	

五、20公顷以上成片养殖池塘分布

芜湖市20公顷以上成片养殖池塘分布如表2-2-2所示。

表2-2-2 芜湖市20公顷以上成片池塘分布情况

地 区	数量（片）	面积（公顷）	全市合计（公顷）
市辖区	4	268	729
芜湖县	5	320	
南陵县			
繁昌县	3	141	

图2-2-3 工厂化养殖

图2-2-4 网箱养殖

图2-2-5 池塘养殖

芜湖市CBERS02B影像图

芜湖市辖区

芜湖县

繁昌县

南陵县

0   5   10千米

芜湖市水产养殖水体资源结构图

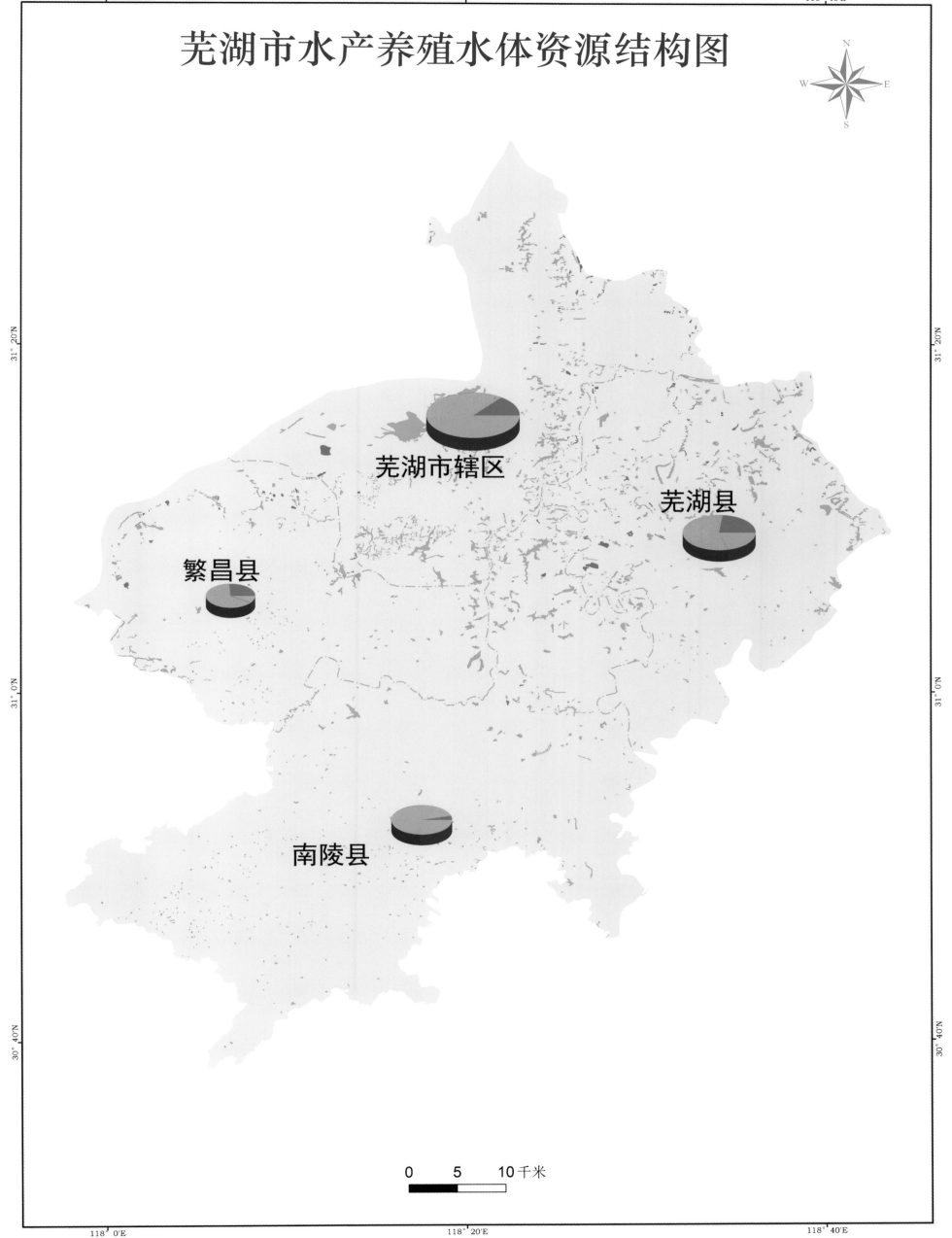

0　　5　　10千米

芜湖市辖区CBERS02B影像图

10千米

0   5

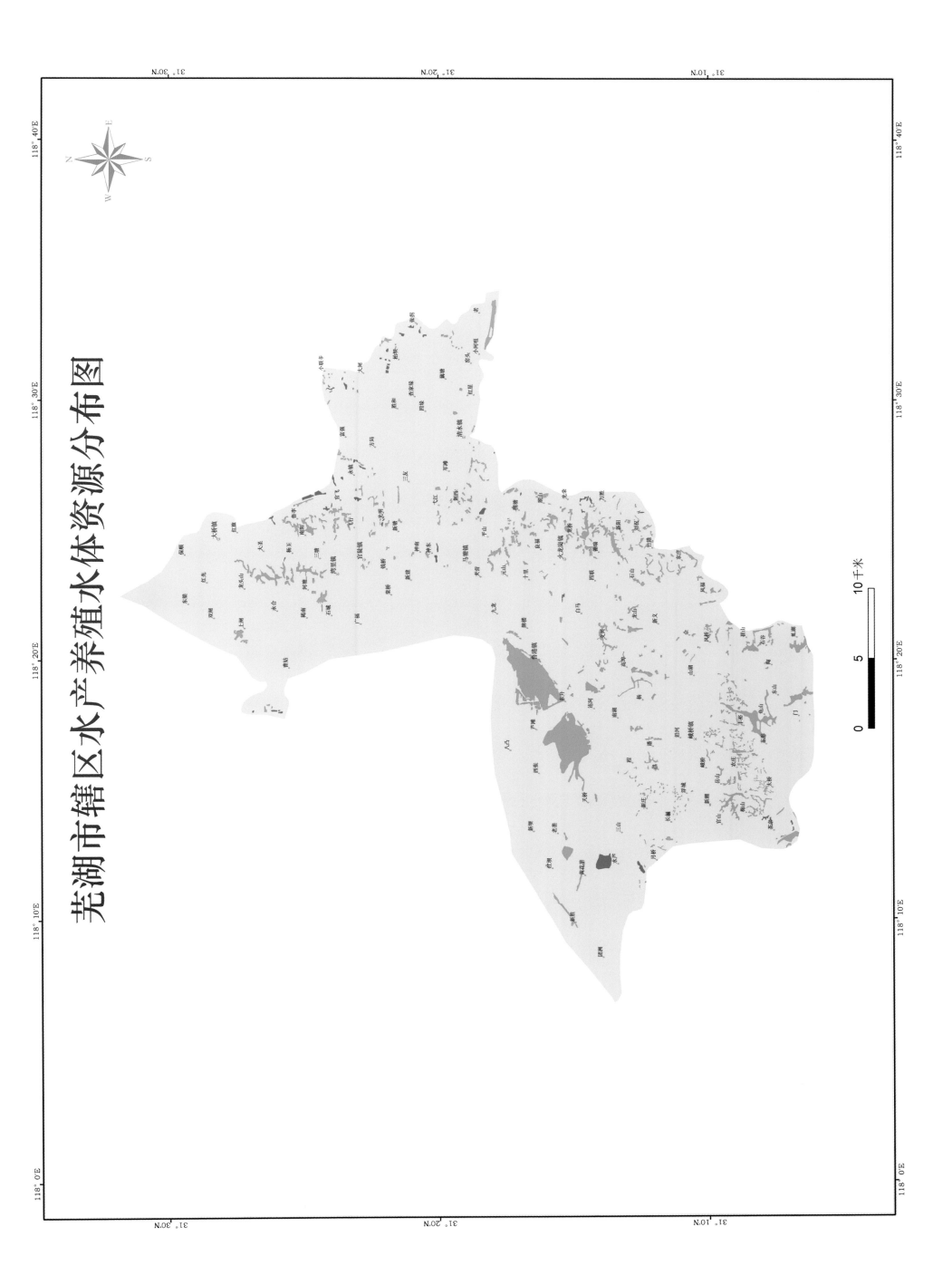

芜湖市辖区水产养殖水体资源分布图

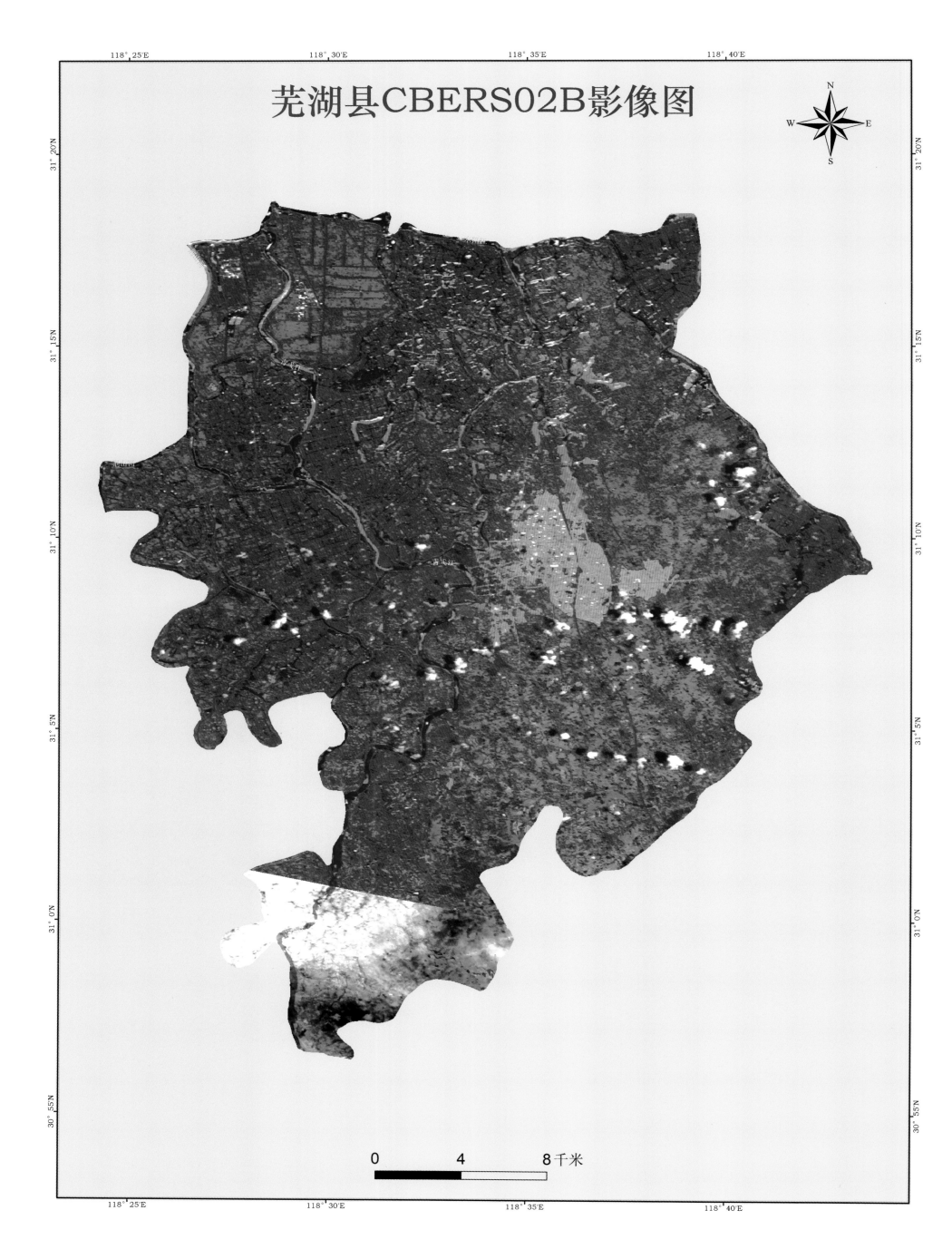

芜湖县CBERS02B影像图

芜湖县水产养殖水体资源分布图

0   4   8千米

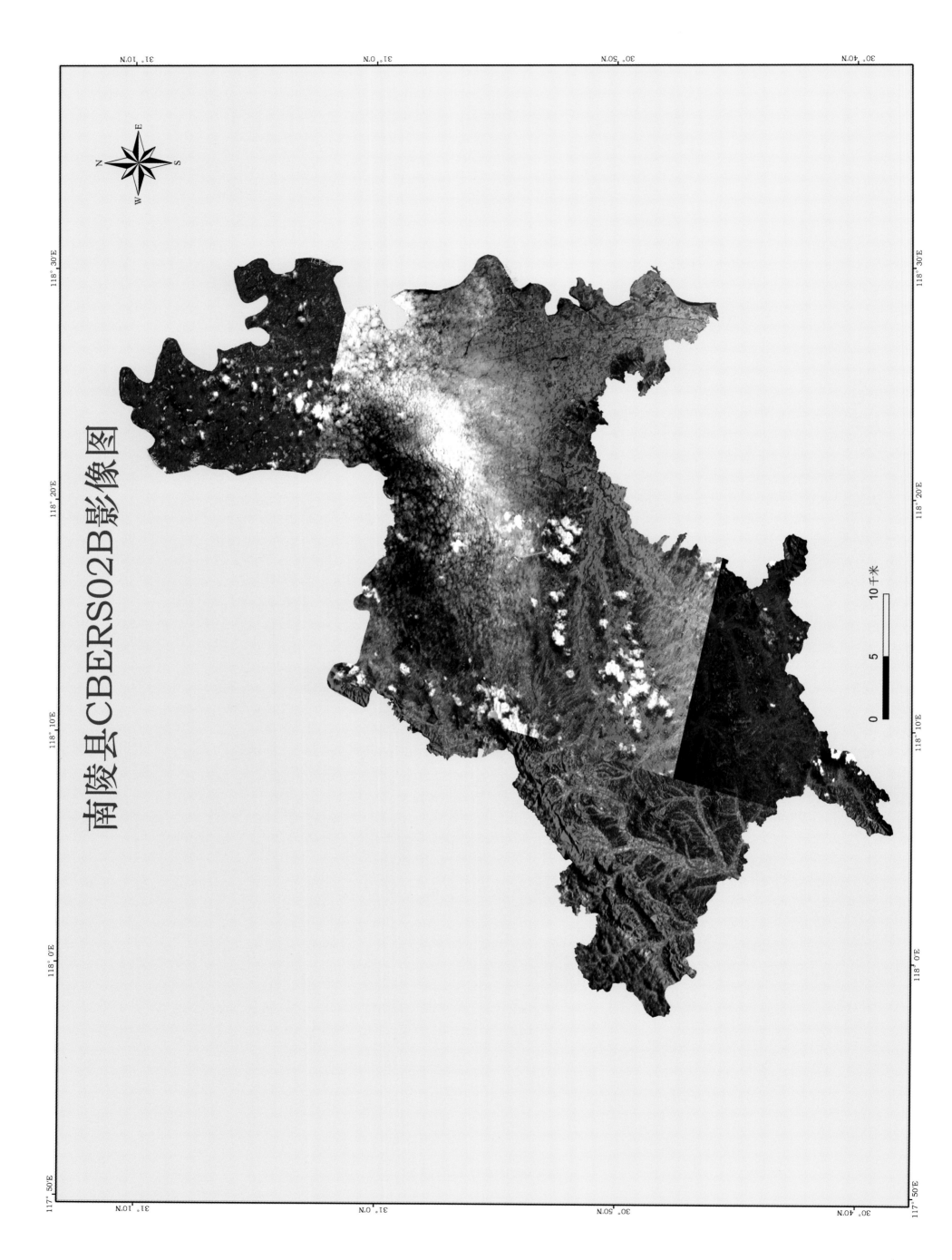

南陵县CBERS02B影像图

10千米
5
0

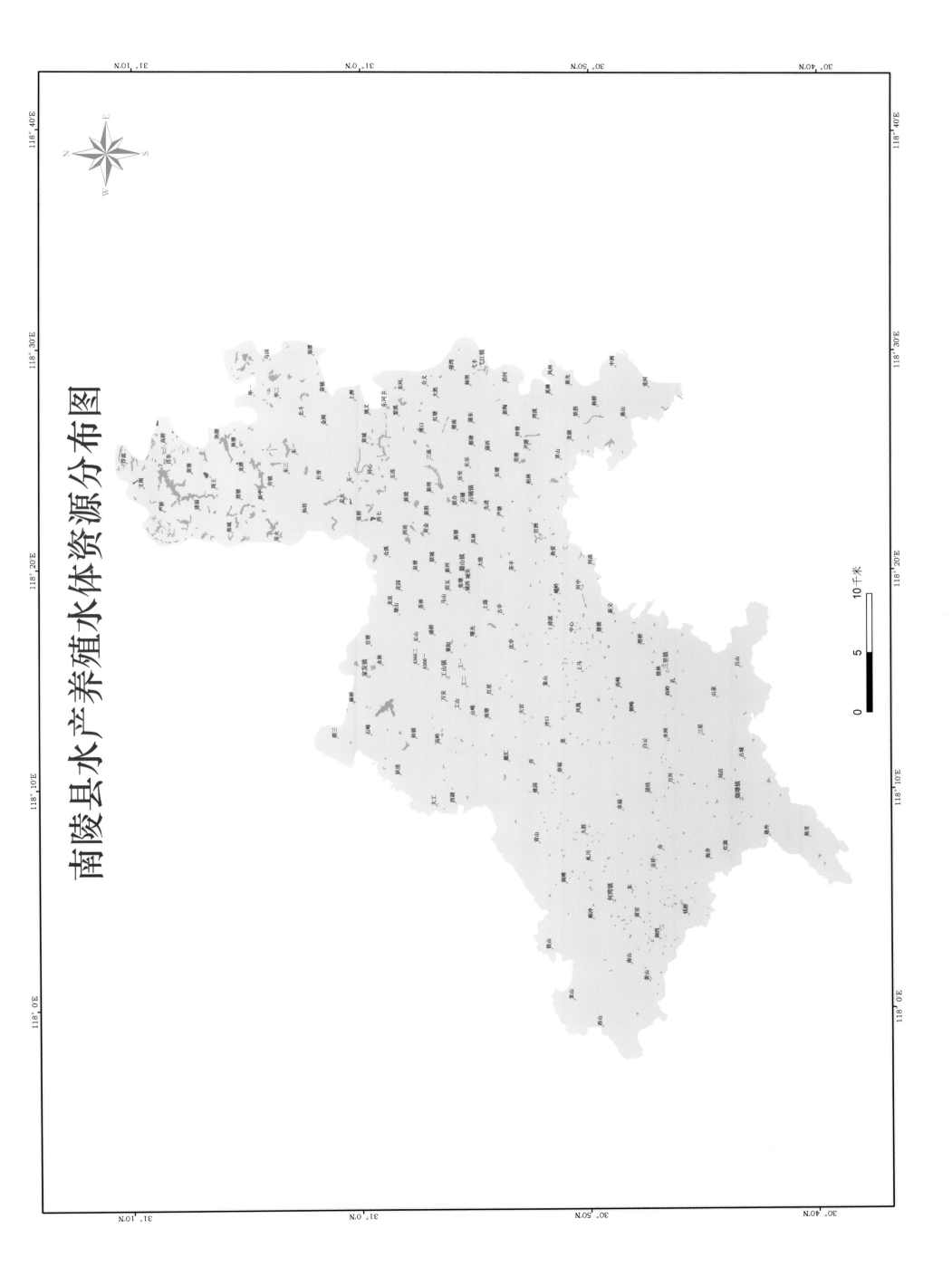

南陵县水产养殖水体资源分布图

31

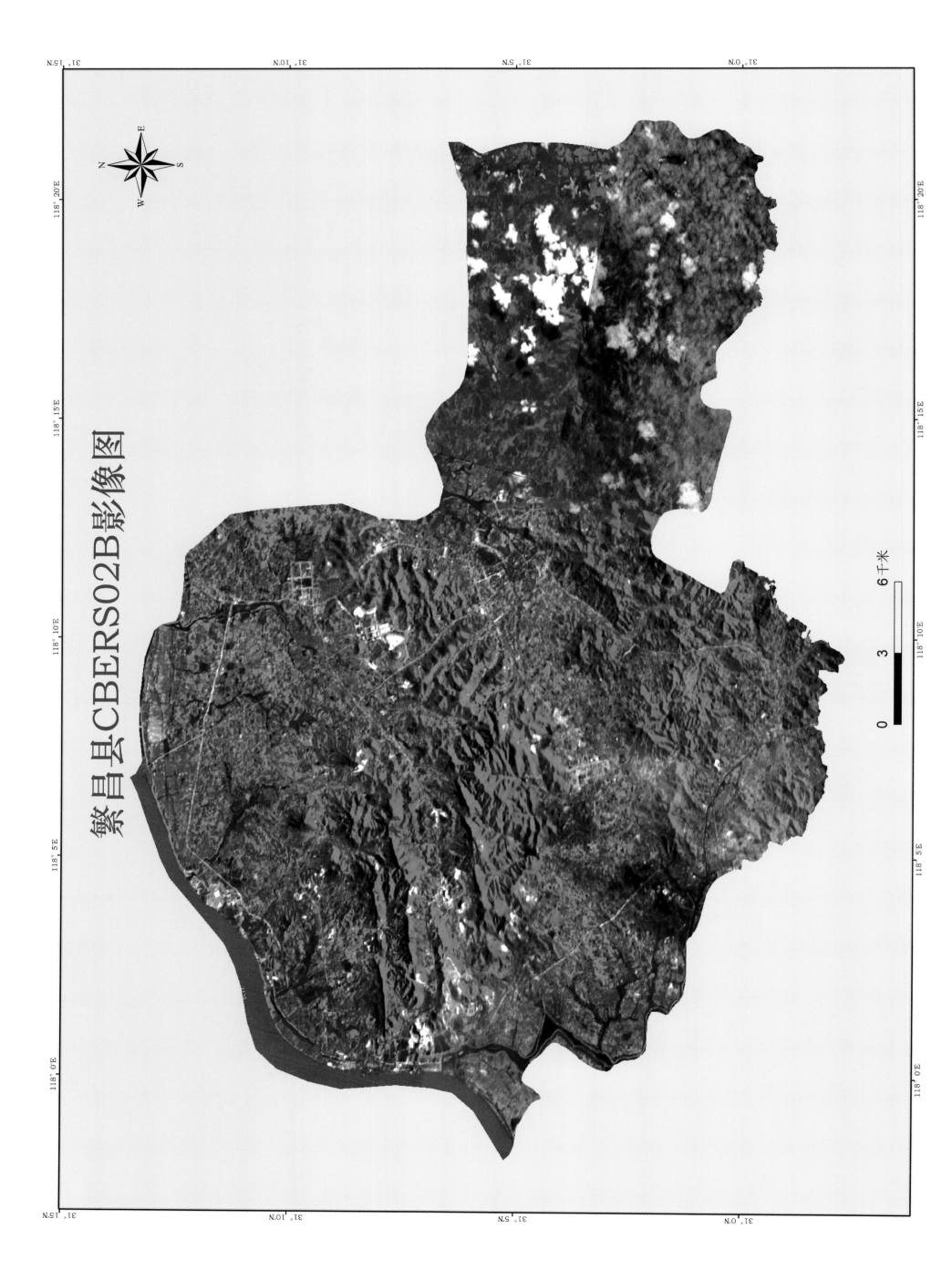

繁昌县CBERS02B影像图

0　3　6千米

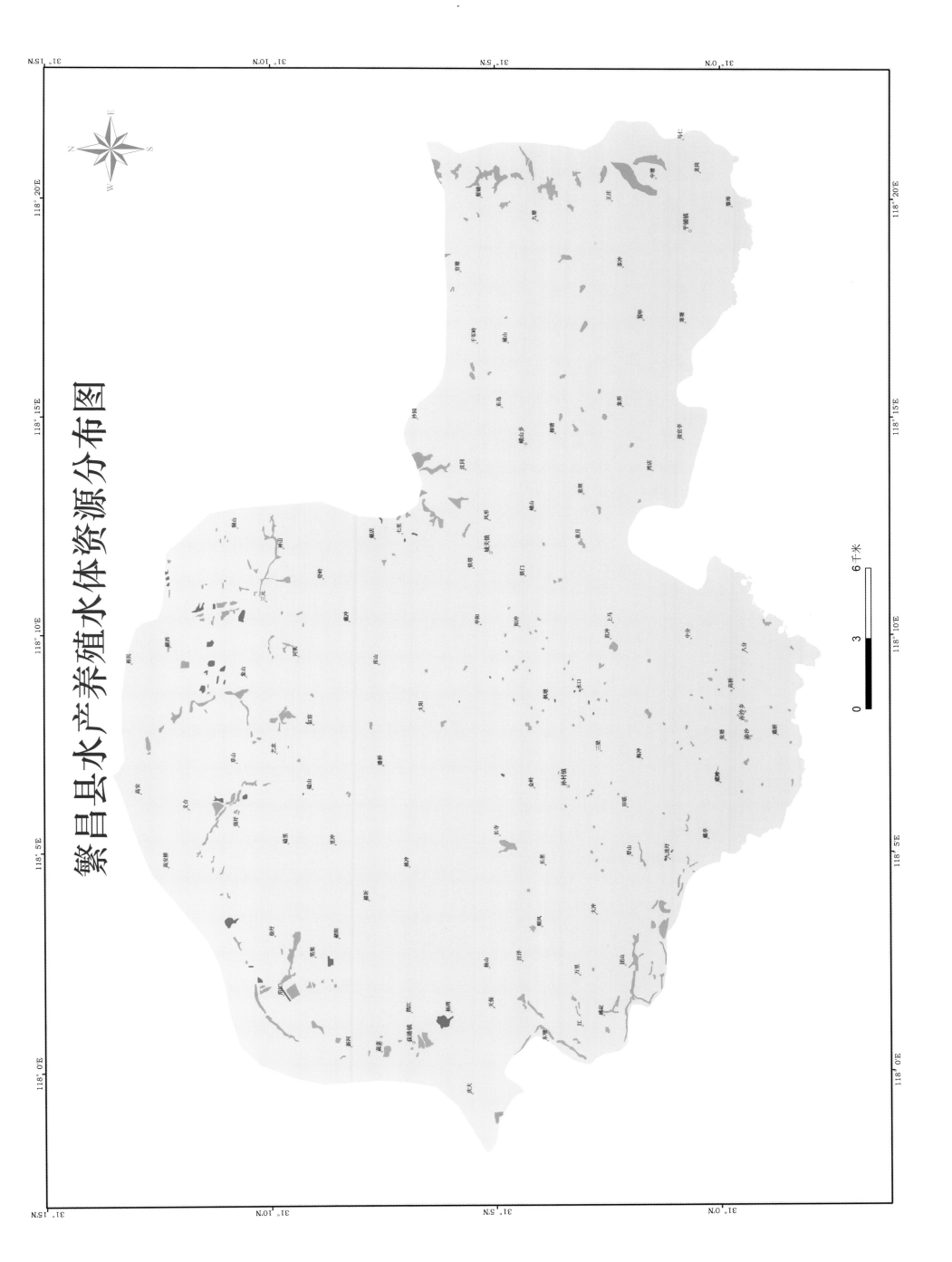

繁昌县水产养殖水体资源分布图

第三节　蚌埠市

一、自然水资源条件

蚌埠市位于安徽省东北部，淮北平原南部，境内总面积5 950平方千米，下辖6个区和3个县，属暖温带半湿润季风气候区，四季分明，气候温和，雨量适中，雨季显著，多年平均降水量约910毫米。蚌埠因古代盛产河蚌而得名，有"珍珠城"的美誉。蚌埠市属淮河流域，境内河流、湖泊众多，分属淮河干流水系和怀洪新河水系。其中，淮河干流水系境内流域面积为2 120平方千米，主要河流有淮河及左岸汇入的泥黑河、茨淮新河、芡河、涡河等支流，右岸汇入的独山河、天河、八里沟、席家沟和龙子河等支流；主要湖泊有芡河洼、天河洼、龙子湖等。怀洪新河水系境内流域面积为3 832平方千米，约占总流域面积的30%，主要河流有怀洪新河及北淝河中游、北淝河下游、澥河、包浍河、沱河、石梁河等，主要湖鱼泊有四方湖、澥河洼湖、香涧湖、张家湖、沱湖、天鱼井湖、钓鱼台湖、三叉河等。全市有水库44处，其中中型水库有1处，小型水库有43处，总库容达3 884.8万立方米。境内生物资源丰富多样，主要水生经济动物有青鱼、草鱼、鲢、鳙、鲤鱼、鲫鱼、鳊鱼、鲂鱼、乌鳢、黄颡鱼、黄鳝、鳜鱼、银鱼、长吻鮠、河蟹、青虾、克氏螯虾、中华鳖、三角帆蚌等30余种，水环境质量常年达到Ⅲ类标准，适合大力发展现代渔业。

二、水产养殖基本情况

据渔业统计，2008~2010年蚌埠市淡水养殖产量分别为62 679吨、66 309吨、71 990吨，养殖面积分别为16 221公顷、18 266公顷、18 812公顷。蚌埠市结合辖区水域特点，重点打造"一带十区"特色养殖，即沿淮百公里特色水产养殖带、中华鳖生态养殖区、鳅稻兼作养殖区、河蟹生态修复功能区、黑鱼庭院养殖区、水产良种繁育区、水产品加工区、渔业种质资源保护区、休闲渔业观光区、水产品交易区。

蚌埠市淡水养殖主产区主要集中在五河县和怀远县。2008~2010年各县（区）淡水养殖产量以五河县最高，年平均为29 672吨；其余依次为怀远县、市辖区和固镇县，年平均产量分别为25 939吨、6 540吨和6 174吨。蚌埠市各县（区）的淡水养殖产量构成如图2-3-1所示。

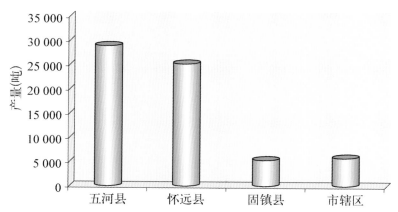

图2-3-1　2008~2010年蚌埠市各县（区）淡水养殖平均产量构成

三、水产养殖特点

1. 主要水产养殖类型与方式

蚌埠市水产养殖类式多样，且呈逐步优化的趋势。淡水养殖主要有湖泊养殖、池塘养殖、河沟养殖、稻田养殖等类型与方式。

（1）湖泊养殖：2010年养殖面积为9 824公顷，平均单产水平约为2 850千克/公顷。

（2）池塘养殖：2010年养殖面积为5 642公顷，平均单产水平约为5 520千克/公顷。

（3）河沟养殖：2010年养殖面积为3 108公顷，平均单产水平约为2 235千克/公顷。

（4）稻田养殖：2010年稻田养殖面积为2 738公顷，平均单产水平约为1 635千克/公顷。

2. 主要养殖品种结构

蚌埠市水产养殖品种主要有草鱼、鲢、鳙、鲤鱼、鲫鱼、乌鳢、河蟹等。蚌埠市淡水养殖品种的产量结构如图2-3-2所示。

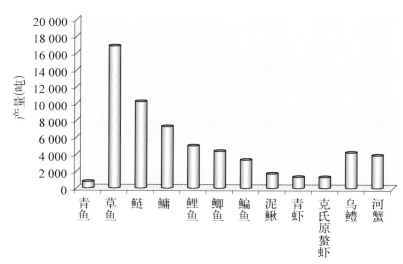

图2-3-2　2008~2010年蚌埠市主要养殖品种产量结构

四、养殖水体资源遥感监测

蚌埠市水产养殖水体资源遥感监测结果如表2-3-1所示。

表2-3-1　蚌埠市水产养殖水体资源

地 区	内陆池塘（公顷）	水库、山塘（公顷）	大水面（公顷）	区县合计（公顷）	总计（公顷）
市辖区	1 021	140	2 747	3 908	
怀远县	1 330	650	10 058	12 038	31 464
固镇县	1 577		872	2 449	
五河县	10 036	298	2 735	13 069	

五、20公顷以上成片养殖池塘分布

蚌埠市20公顷以上成片养殖池塘分布如表2-3-2所示。

表2-3-2　蚌埠市20公顷以上成片池塘分布情况

地 区	数量（片）	面积（公顷）	全市总计（公顷）
市辖区	5	413	
怀远县	8	989	12 327
固镇县	10	1 430	
五河县	15	9 495	

图 2-3-3　中华鳖亲鳖池及工程化温室

图 2-3-4　名优鱼类养殖池塘

图 2-3-5　大水体围栏网养殖

图 2-3-6　池塘集约化高效泥鳅养殖基地

图 2-3-7　河蟹围栏网养殖

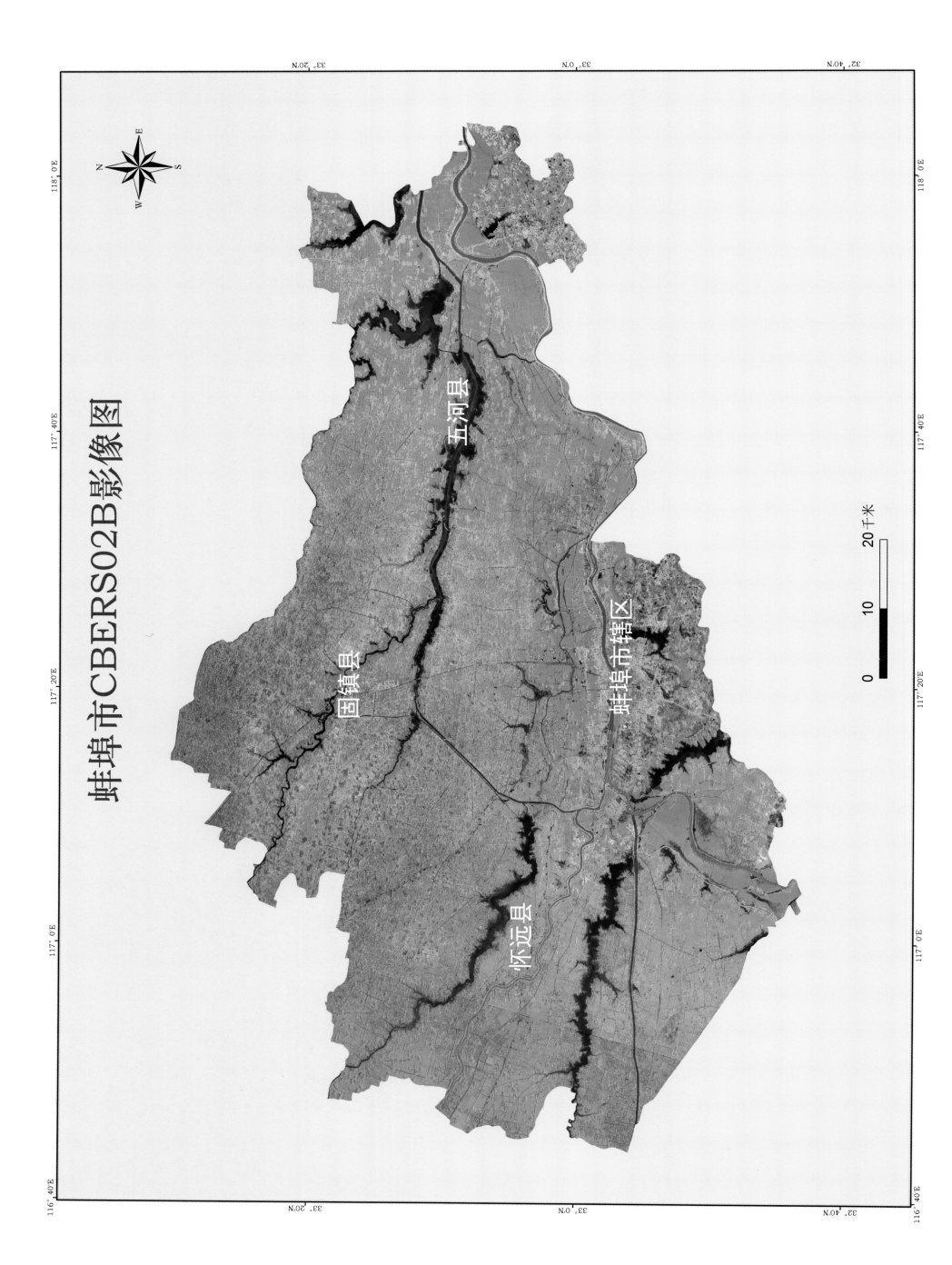

蚌埠市CBERS02B影像图

五河县

固镇县

蚌埠市辖区

怀远县

N E S W

0　　　　10　　　　20千米

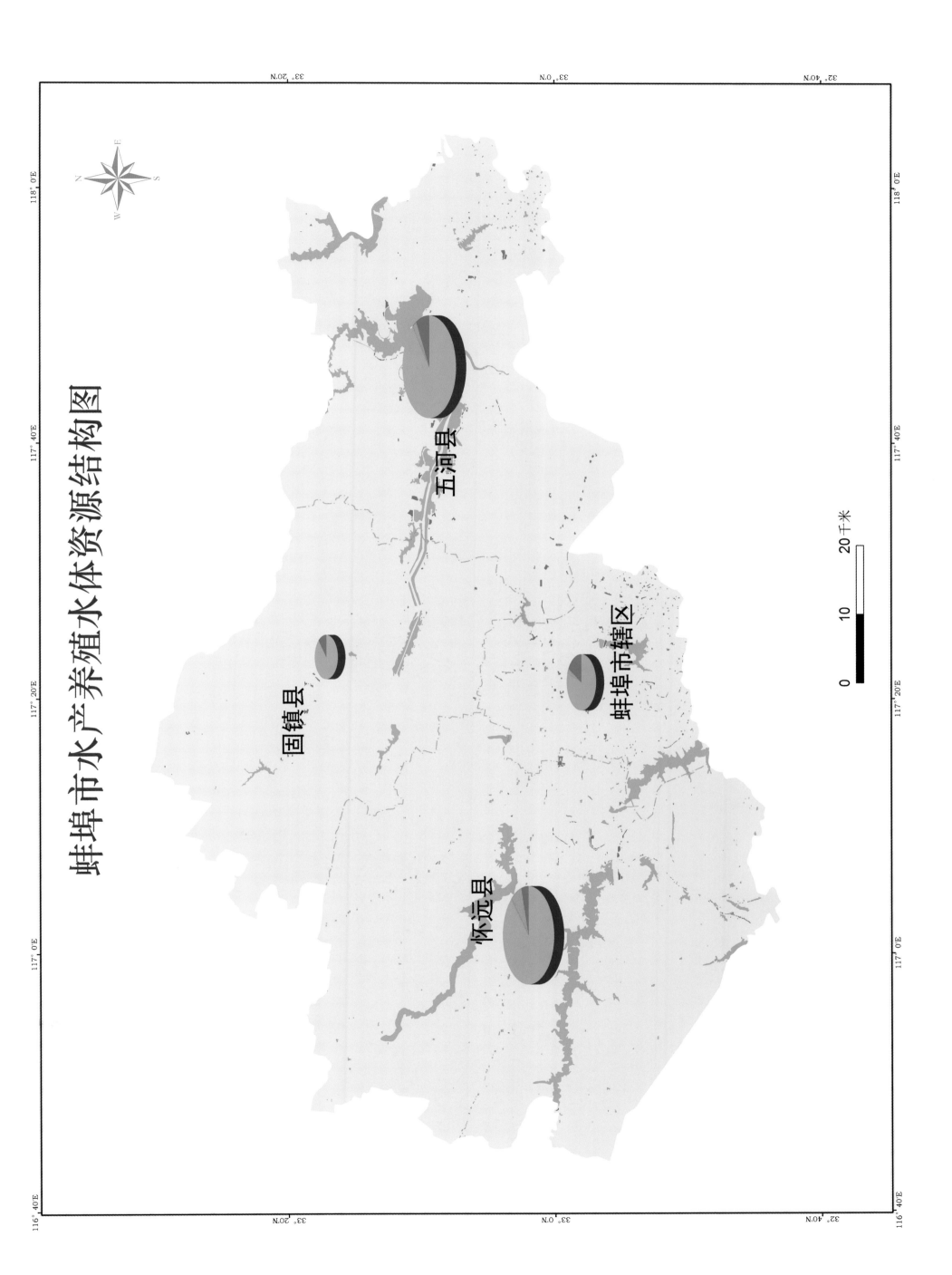

蚌埠市水产养殖水体资源结构图

37

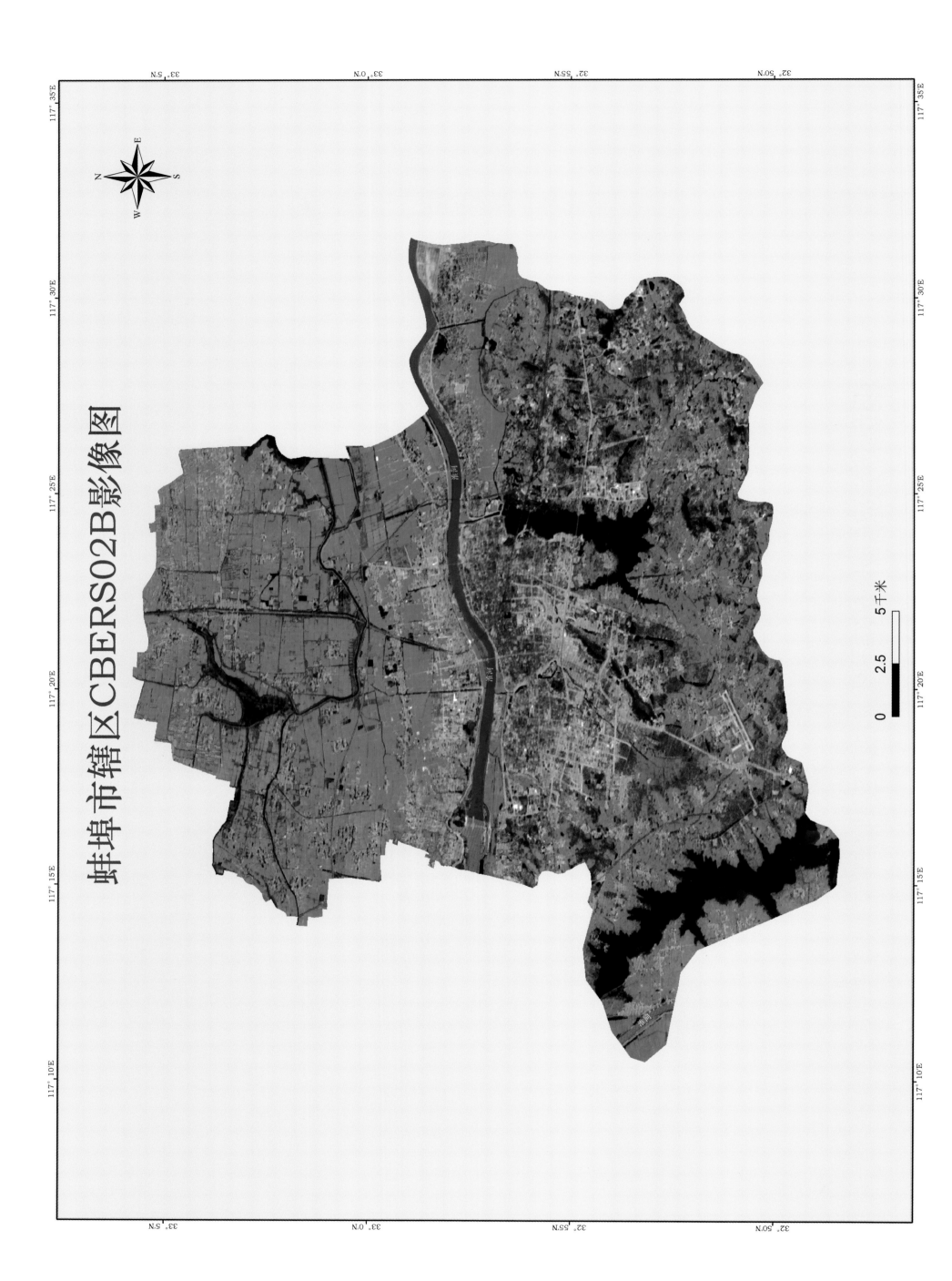

蚌埠市辖区CBERS02B影像图

0 2.5 5千米

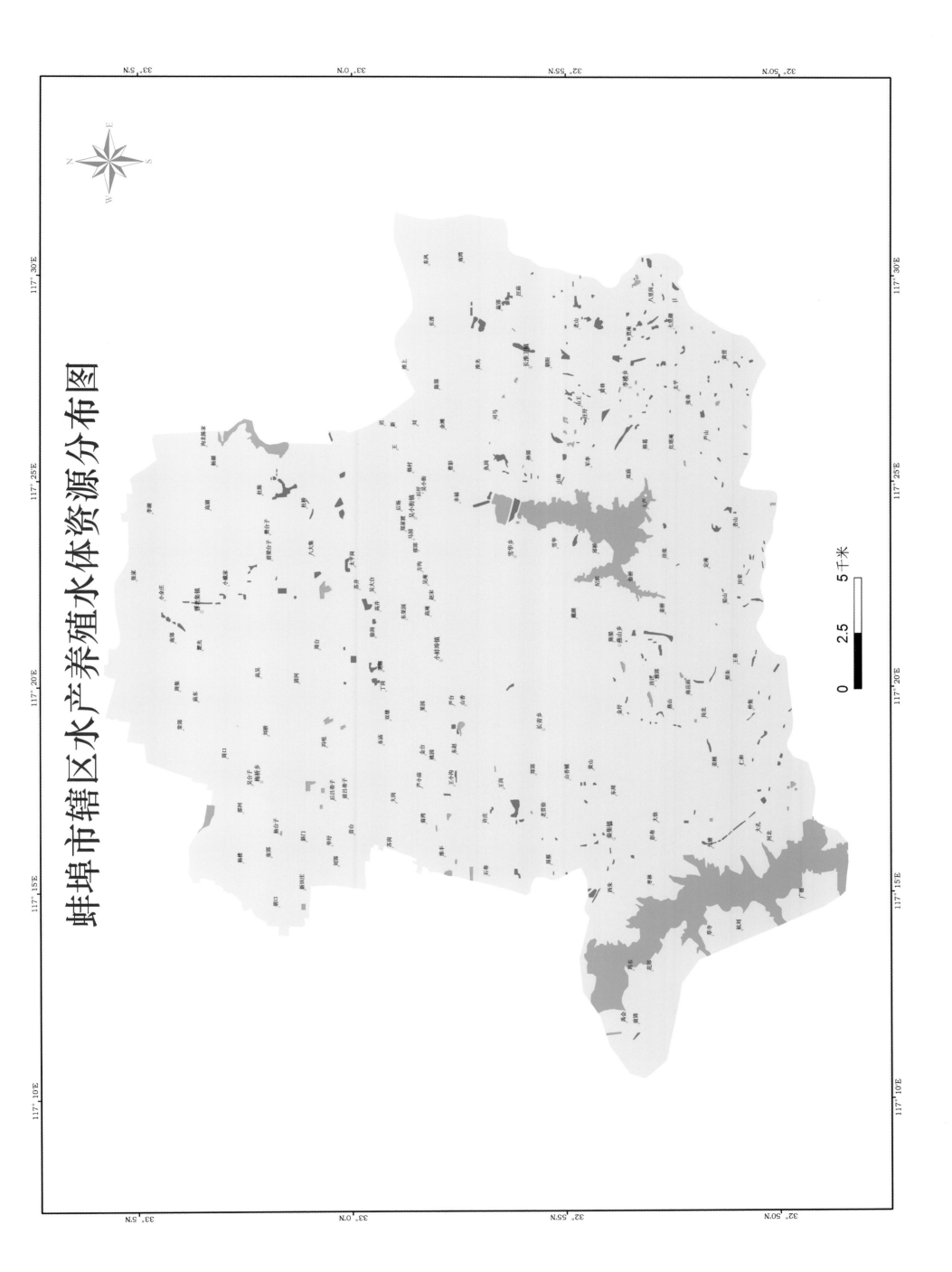

蚌埠市辖区水产养殖水体资源分布图

0 2.5 5千米

怀远县CBERS02B影像图

0 5 10千米

怀远县水产养殖水体资源分布图

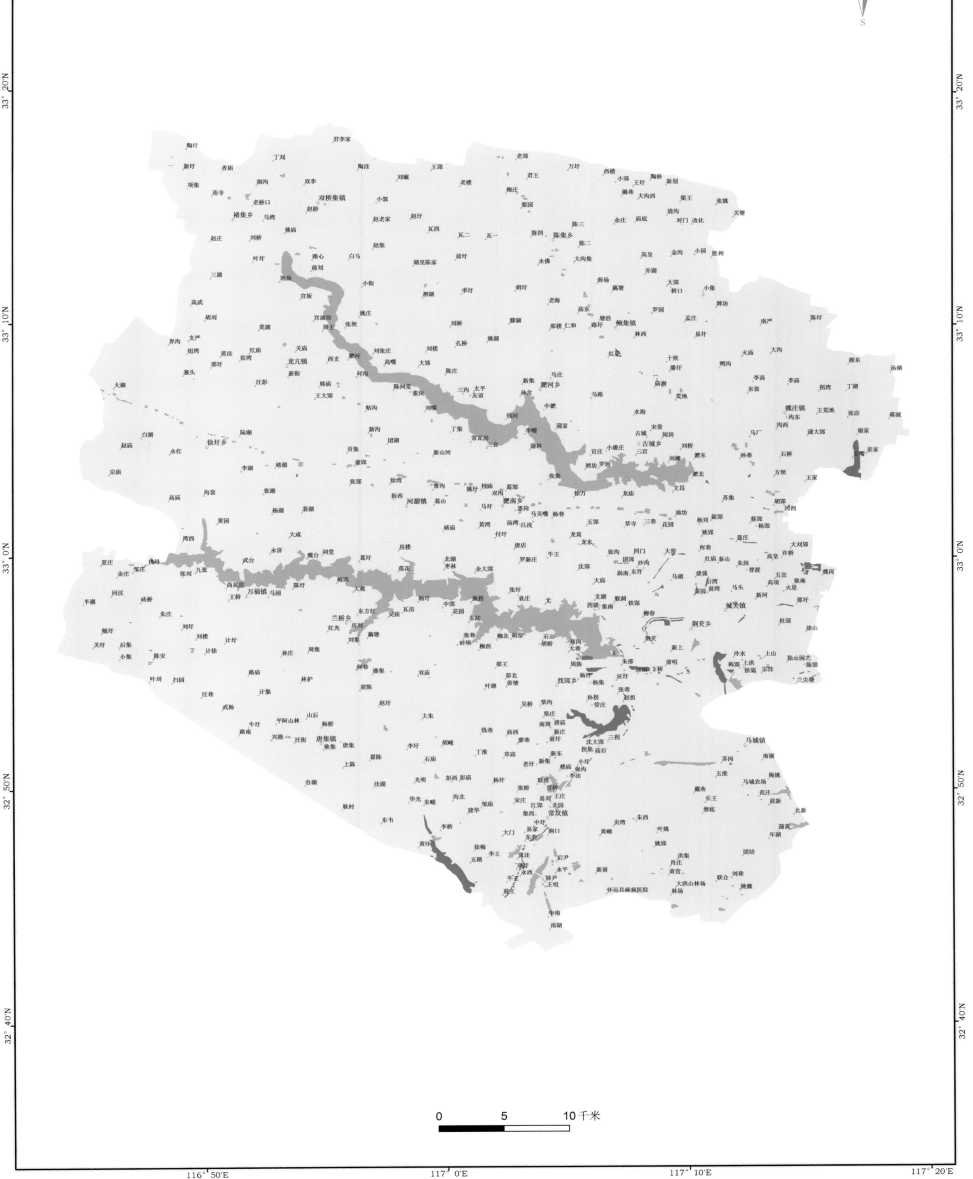

0 5 10千米

固镇县CBERS02B影像图

42

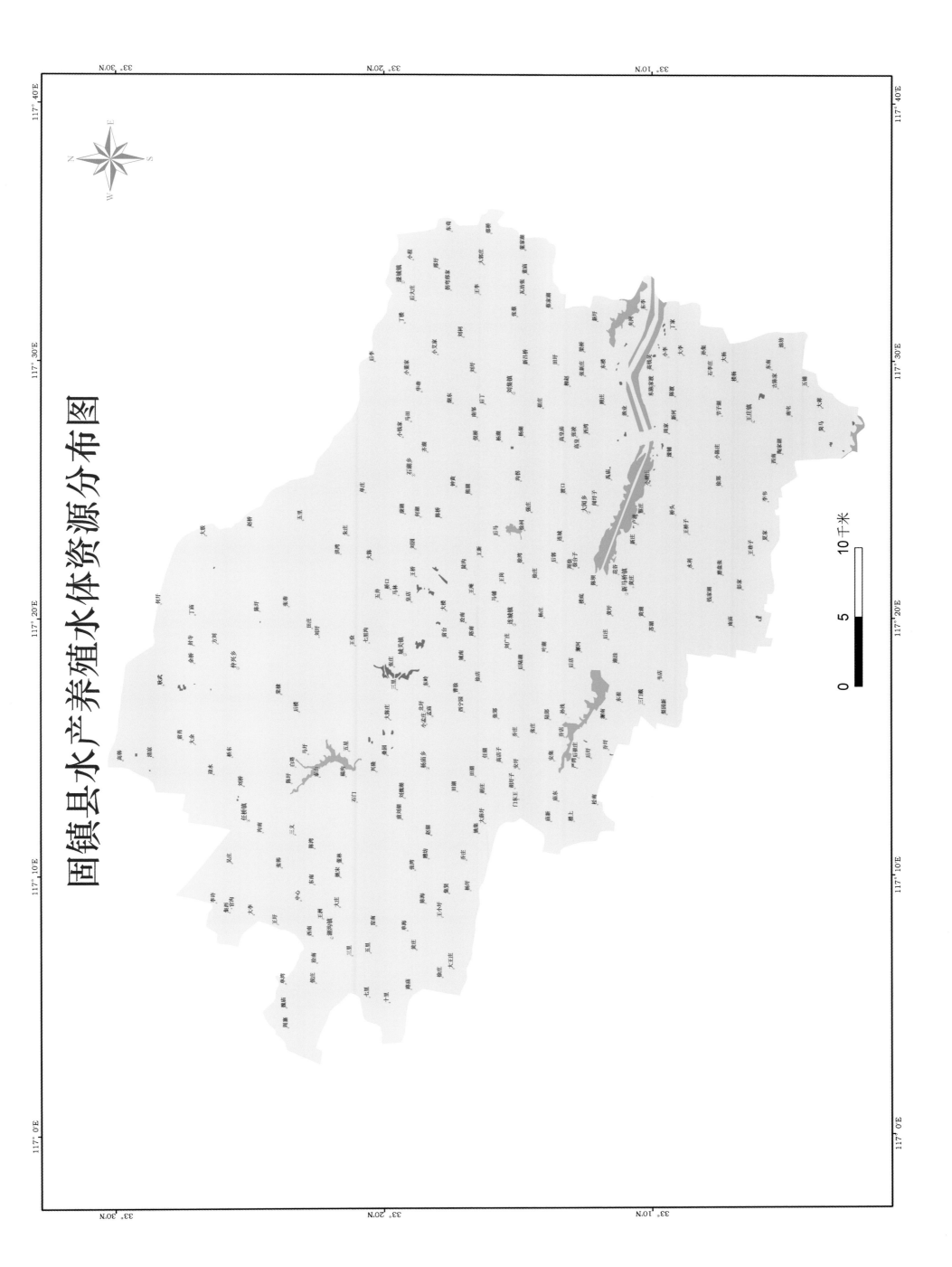

固镇县水产养殖水体资源分布图

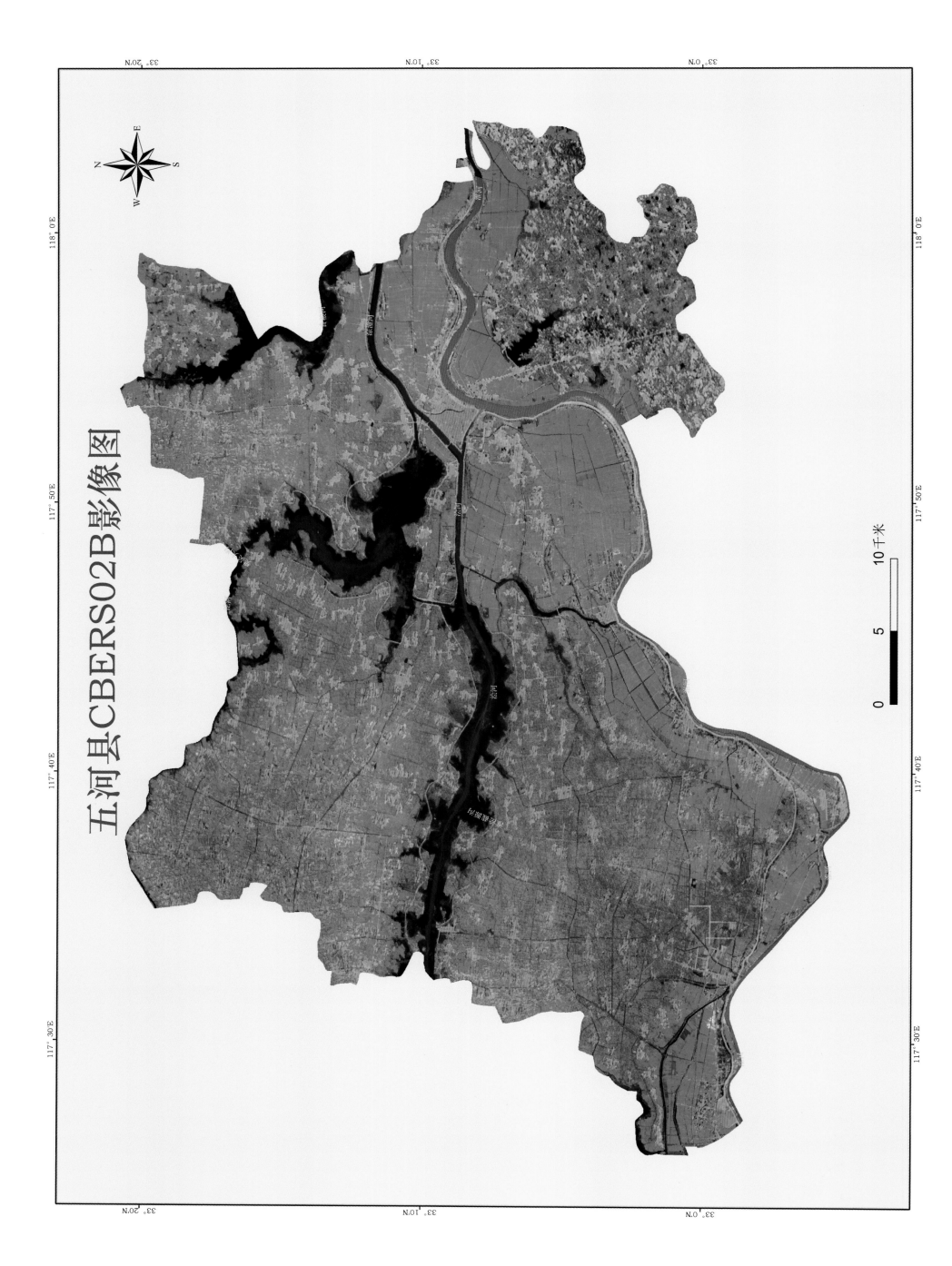

五河县CBERS02B影像图

10千米

5

0

44

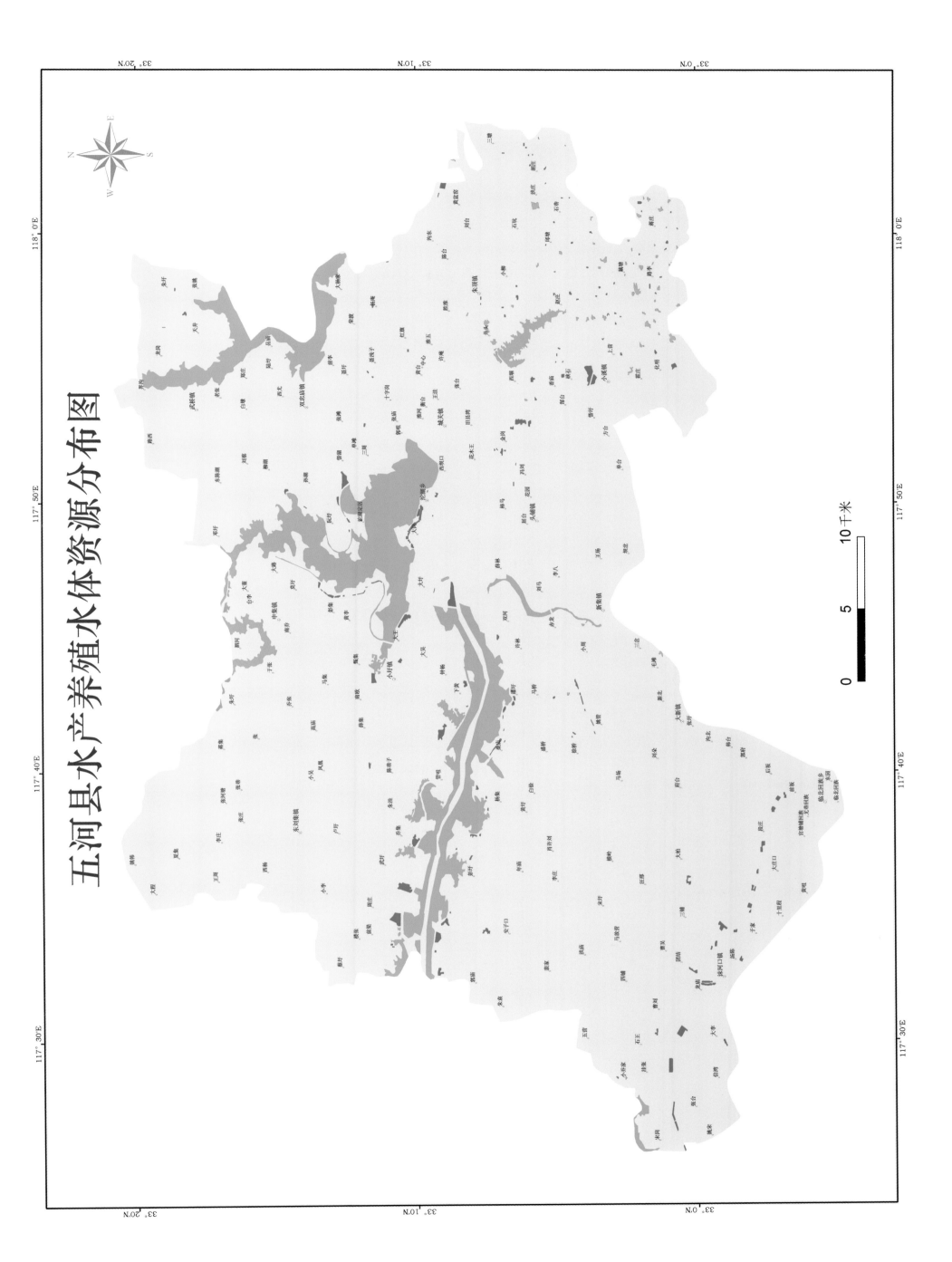

五河县水产养殖水体资源分布图

第四节　淮南市

一、自然水资源条件

淮南市位于淮河中游，皖境中部偏北，地处亚热带与温暖带过渡区，属温暖带半湿润季风气候，日照充足，气候温和，四季分明，年平均降水量约900毫米。全市总面积2 596.4平方千米，下辖5个区、1个县、1个社会发展综合实验区和1个经济技术开发区。全市水域面积4.6万公顷，水面面积3.34万公顷。水域类型主要分为四大类，即湖泊（18 933公顷）、河流（9 067公顷）、池塘（5 467公顷）、水库（419公顷），其中6 400公顷为采矿沉陷区水面。市境位于淮河流域，最大的地表水为淮河。

1. 河流

淮南市境内主要河流有淮河、西淝河、港河、永幸河、泥河、柳河、黑河、尹河、茨淮新河、顾高新河、利民新河等。其中淮河境内流长87千米，主要支流有东淝河、窑河、泥黑河、架河、西淝河、花家湖、焦岗湖等。

2. 湖泊

全市主要湖泊有高塘湖、焦岗湖、瓦埠湖、姬沟湖、花家湖、城北湖、十涧湖、戴家湖、芦沟湖等，还有采煤沉陷区积水而成的湖泊。其中高塘湖，淮南市辖3 584公顷；焦岗湖，淮南市辖6 670公顷；瓦埠湖，淮南市辖5 460公顷。

3. 水库

全市有丁山、南塘、罗山、乳山、许桥、泉山、姚皋、毛洼、杨塘、滚庄、蔡城塘、马厂等26座水库，分别隶属于淮南市四区，总面积419公顷，最大面积80公顷，最小面积1公顷。

淮南市境内鱼类组成属中国平原区系复合体，全市共有自然鱼类53种以上，鲤科鱼类占较大部分，其次是鲿科、鳅科。

二、水产养殖基本情况

据渔业统计，2008~2010年淮南市水产养殖产量分别为43 497吨、47 439吨和47 432吨，养殖面积分别为14 190公顷、15 743公顷和16 357公顷。

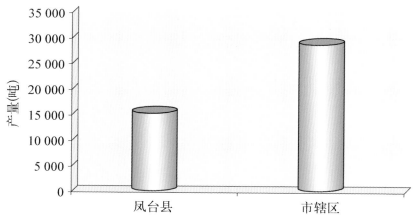

图2-4-1　2008~2010年淮南市各县（区）淡水养殖平均产量构成

淮南市水产养殖主产区主要集中在淮南市（市辖区）。2008~2010年各县（区）淡水养殖产量以淮南市（市辖区）为高，年平均为29 752吨，凤台县为16 370吨。淮南市各县（区）的水产养殖产量构成如图2-4-1所示。

三、水产养殖特点

淮南市拥有3个省级农业（水产）产业化龙头企业、3个省级水产良种场、4个省级农业（水产）科技示范园、6个农业部健康养殖示范场。特色渔业有窑河黄颡鱼和大湖生态鱼、焦岗湖沟鲶和生态鱼、施家湖大闸蟹、蔡城塘热带鱼、丰华小龙虾、瓦埠湖三秀。

1. 主要水产养殖类型与方式

淮南市水产养殖主要类型为池塘养殖和湖泊养殖，主要养殖方式为围栏养殖。

（1）池塘养殖：2010年池塘养殖面积为4 917公顷，平均单产水平约为4 380千克/公顷。

（2）湖泊养殖：2010年湖泊养殖面积为7 950公顷，平均单产水平约为2 055千克/公顷。

（3）围栏养殖：2010年围栏养殖面积为6 660公顷，平均单产水平约为2 000千克/公顷。

2. 主要养殖品种结构

淮南市水产养殖品种主要有鲢、草鱼、鳙、鲤鱼、鲫鱼和青鱼等。2010年具体各水产养殖品种的产量结构如图2-4-2所示。

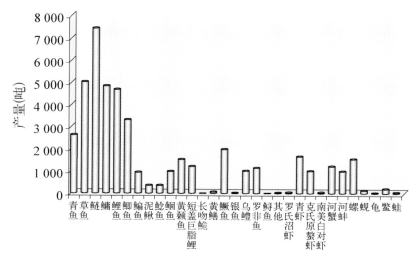

图2-4-2　2010年淮南市主要养殖品种产量结构

四、养殖水体资源遥感监测

淮南市水产养殖水体资源遥感监测结果如表2-4-1所示。

表2-4-1　淮南市水产养殖水体资源

地　区	内陆池塘（公顷）	水库、山塘（公顷）	大水面（公顷）	区县合计（公顷）	总计（公顷）
市辖区	7 585	153	1 063	8 801	15 210
凤台县	5 378	124	907	6 409	

五、20公顷以上成片养殖池塘分布

淮南市20公顷以上成片养殖池塘分布如表2-4-2所示。

表2-4-2　淮南市20公顷以上成片池塘分布情况

地　区	数量（片）	面积（公顷）	全市总计（公顷）
市辖区	34	6 486	11 092
凤台县	24	4 606	

图2-4-3　城北湖大规格苗种培育池

图2-4-4　池塘生态养殖

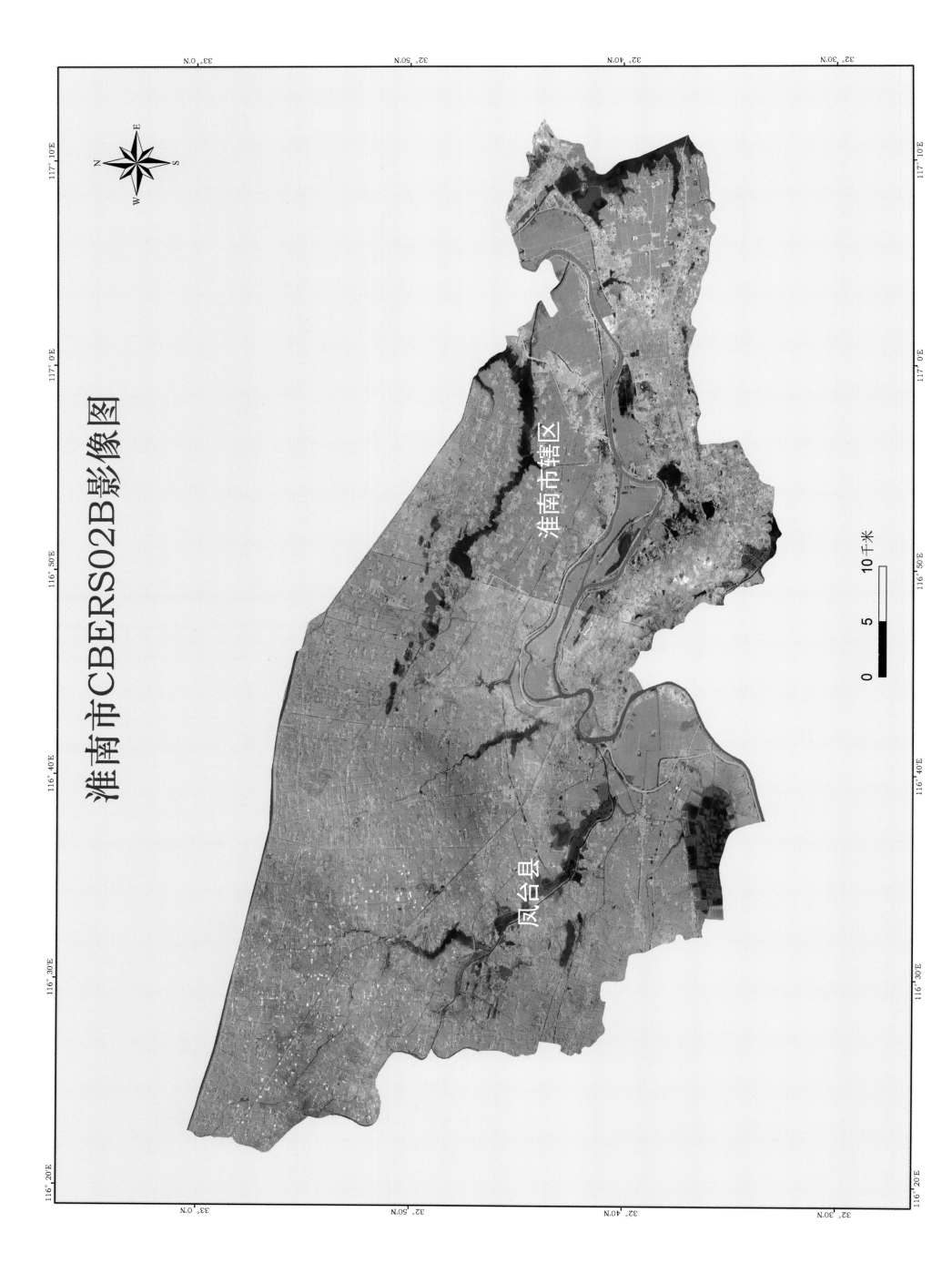

淮南市CBERS02B影像图

凤台县

淮南市辖区

0　　5　　10千米

48

淮南市水产养殖水体资源结构图

淮南市辖区

凤台县

0   5   10千米

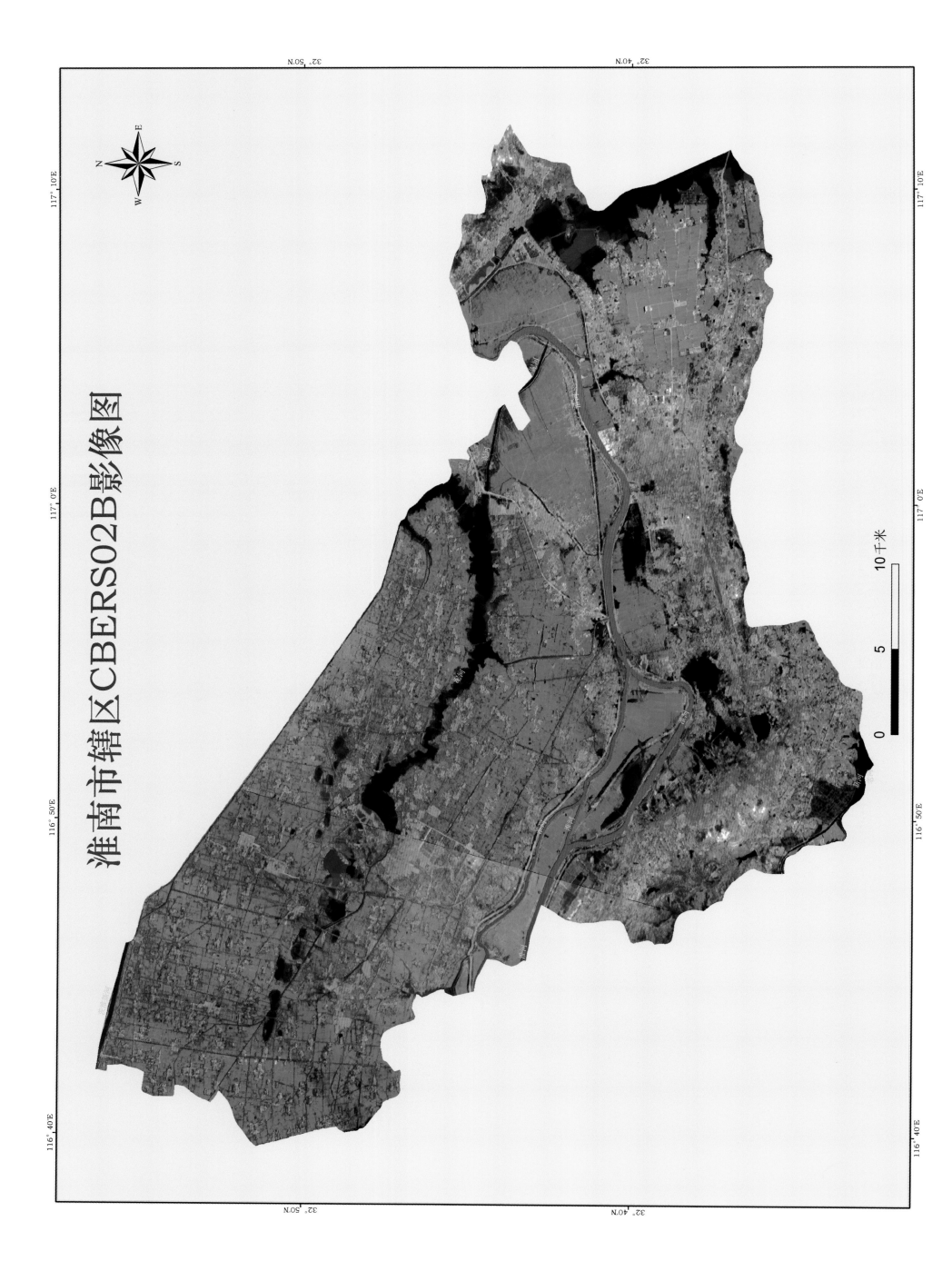

淮南市辖区CBERS02B影像图

10千米

50

淮南市辖区水产养殖水体资源分布图

51

凤台县CBERS02B影像图

116°30'E   116°40'E

33°0'N

32°50'N

32°40'N

32°30'N

0   5   10千米

凤台县水产养殖水体资源分布图

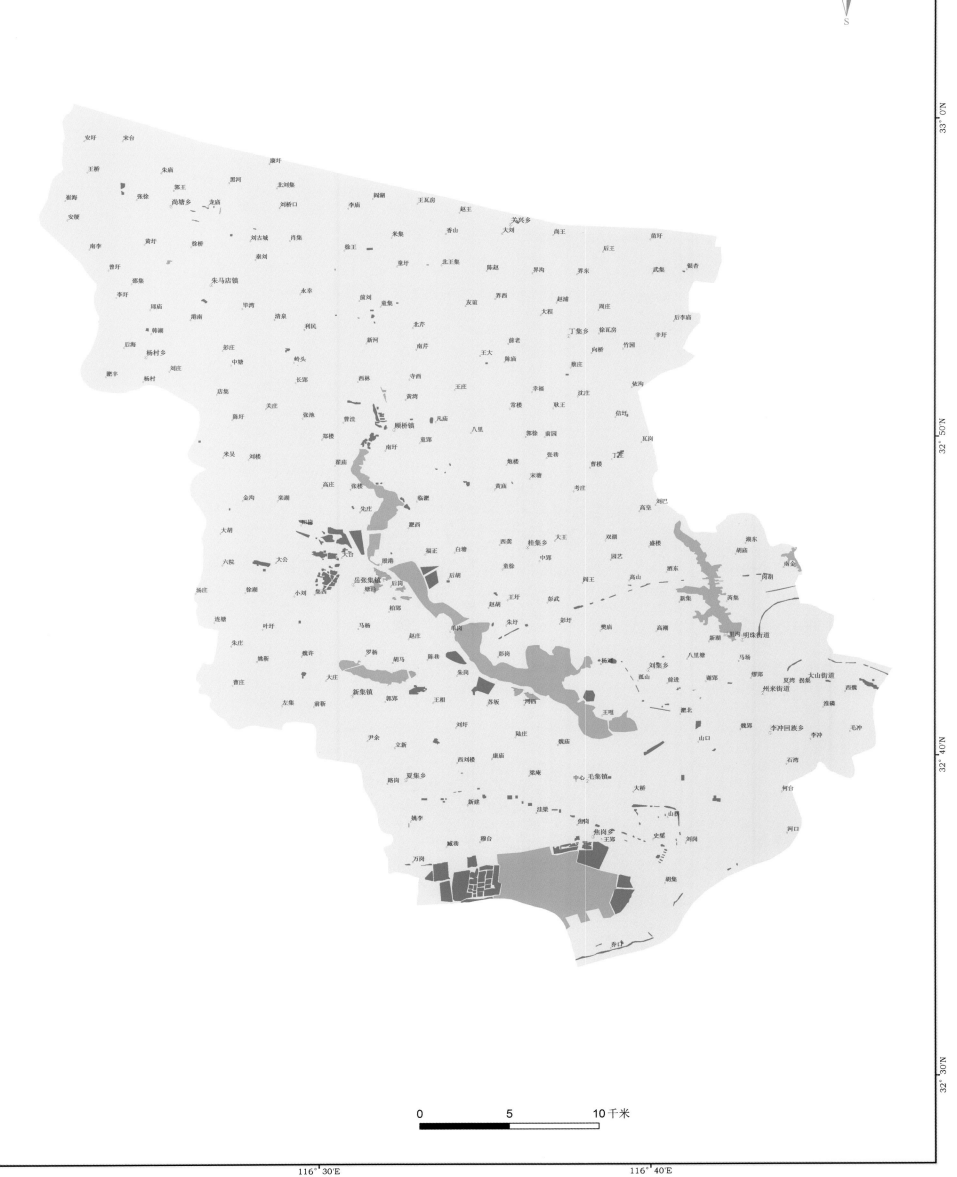

0　　　5　　　10千米

第五节　马鞍山市

一、自然水资源条件

马鞍山市地处安徽省东部，属北亚热带季风气候，具有温和湿润、雨量充足、四季分明、季风明显、无霜期长等特点，年平均降水量为1060毫米。全市下辖3个区和3个县，总面积4049平方千米。境内除长江自南向北、偏西流经马鞍山过境外，市辖区主要河流有慈湖河、采石河、雨山河等，含山县境内主要河流有裕溪河、牛屯河、清溪河、得胜河、滁河等，和县境内主要河流有牛屯河、姥下河、太阳河、得胜河、石跋河、双桥河、滁河等，当涂县境内主要河流有姑溪河、青山河、黄池河、运粮河、襄城河等，河流总长467.9千米。境内主要湖泊为石臼湖，总面积约200平方千米，其中马鞍山市占有约100平方千米。全市有水库164座，其中中型水库有6座，小型水库有158座。中型水库分别为含山县的东山水库、长山水库、和平水库、韶关水库，和县的戎桥水库、夹山关水库，总库容量为16476.8万立方米。

二、水产养殖基本情况

据渔业统计，2008~2010年马鞍山市淡水养殖产量分别为60102吨、61134吨、61527吨；养殖面积分别为13800公顷、13938公顷、13686公顷。

马鞍山市淡水养殖主产区主要集中在当涂县。2008~2010年各县（区）平均淡水养殖产量以当涂县最高，为58641吨；其次为市辖区，为2280吨。马鞍山市各县（区）的淡水养殖产量构成如图2-5-1所示。

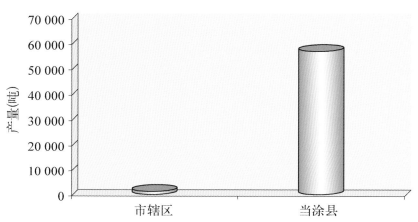

图2-5-1　2008~2010年马鞍山市各县（区）淡水养殖平均产量构成

三、水产养殖特点

1. 主要水产养殖类型与方式

马鞍山市淡水养殖主要为池塘养殖、湖泊养殖、水库养殖、河沟养殖、稻田养殖等类型。

（1）池塘养殖：2010年养殖面积为8594公顷，平均单产水平约为3580千克/公顷。

（2）湖泊养殖：2010年养殖面积为2267公顷，平均单产水平约为1620千克/公顷。

（3）水库养殖：2010年养殖面积为182公顷，平均单产水平约为2070千克/公顷。

（4）河沟养殖：2010年养殖面积为2133公顷，平均单产水平约为3130千克/公顷。

（5）稻田养殖：2010年养殖面积为9192公顷，平均单产水平约为2130千克/公顷。

2. 主要养殖品种结构

马鞍山市主要养殖品种有青鱼、草鱼、鲢、鳙、鲤鱼、鲫鱼、鳊鱼、泥鳅、鮰鱼、黄颡鱼、黄鳝、鳜鱼、乌鳢、青虾等。马鞍山市各养殖品种的产量结构如图2-5-2所示。

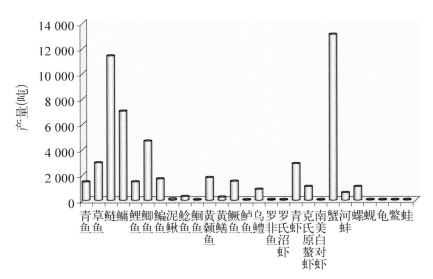

图2-5-2　2010年马鞍山市主要淡水养殖品种产量结构

3. 特色养殖

马鞍山市地处沿江江南，水域面积广阔。其中当涂县一直以来是安徽省水产重点大县，其水产品生产基地主要位于湖阳、南北圩、大公圩等优势产区。以大水面湖泊、河沟和宜渔稻田为重点养殖水域，积极推广虾蟹混养、蟹鳜混养、蟹塘鳢混养3大混养技术；以河蟹为主要养殖对象，主推以"种草、投螺、稀放、配养"为核心的生态健康养殖技术。马鞍山市建有农业部水产健康养殖示范场7家；"三品"认证企业7家，累计认证产品32种，认证面积4400公顷；当涂县2009年被中国渔业协会授予"中国生态养蟹第一县"称号，其下辖的大陇、乌溪、塘南、湖阳等乡镇分别被中国渔业协会河蟹分会授予"中国河蟹之乡"、"中国优质河蟹苗种第一镇"、"中国河蟹产业第一镇"、"中国贡蟹之乡"等称号。

四、养殖水体资源遥感监测

马鞍山市水产养殖水体资源遥感监测结果如表2-5-1所示。

表2-5-1　马鞍山市水产养殖水体资源

地　区	内陆池塘（公顷）	水库、山塘（公顷）	大水面（公顷）	区县合计（公顷）	总计（公顷）
市辖区	179	136	35	350	16 152
当涂县	14 757	316	729	15 802	

五、20公顷以上成片养殖池塘分布

马鞍山市20公顷以上成片养殖池塘分布如表2-5-2所示。

表2-5-2 马鞍山市20公顷以上成片池塘分布情况

地 区	数量 （片）	面积 （公顷）	全市总计 （公顷）
市辖区	1	27	13 090
当涂县	59	13 063	

图2-5-3 河蟹池塘生态养殖

图2-5-4 河蟹河沟生态养殖

图2-5-5 河蟹湖泊围网生态养殖

马鞍山市CBERS02B影像图

马鞍山市辖区

当涂县

0 5 10千米

56

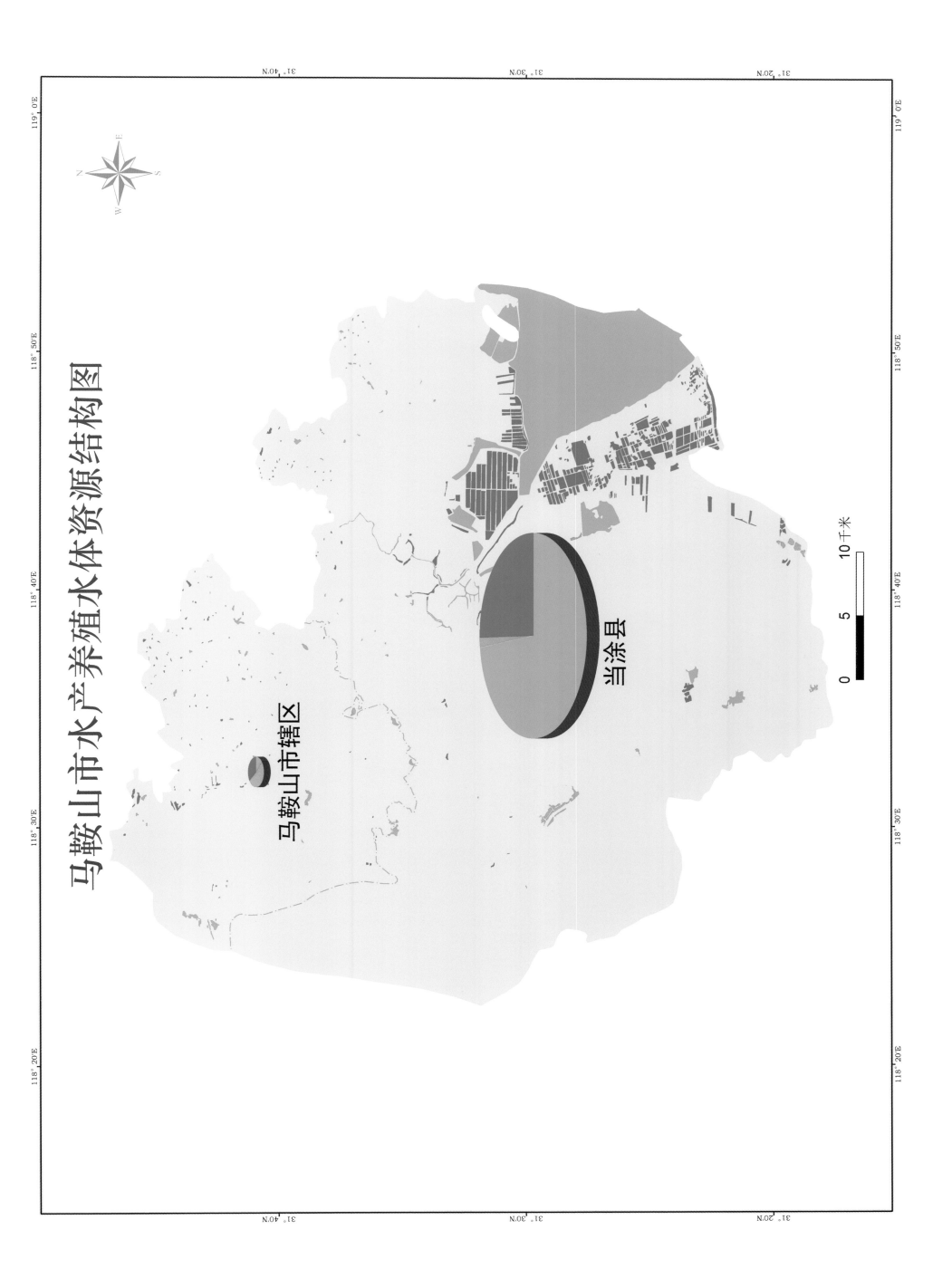

马鞍山市水产养殖水体资源结构图

当涂县

马鞍山市辖区

0   5   10 千米

马鞍山市辖区CBERS02B影像图

58

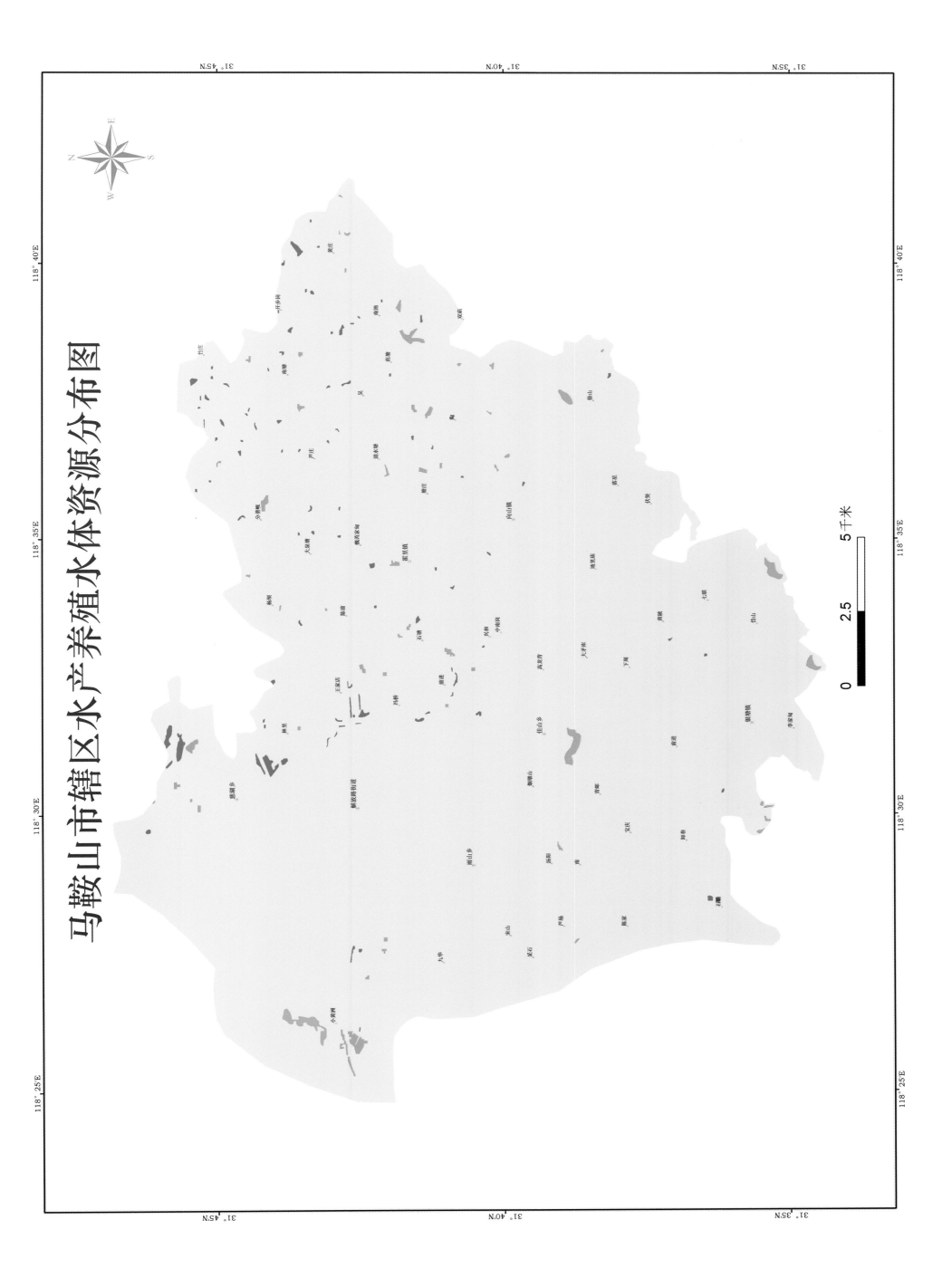

马鞍山市辖区水产养殖水体资源分布图

5千米

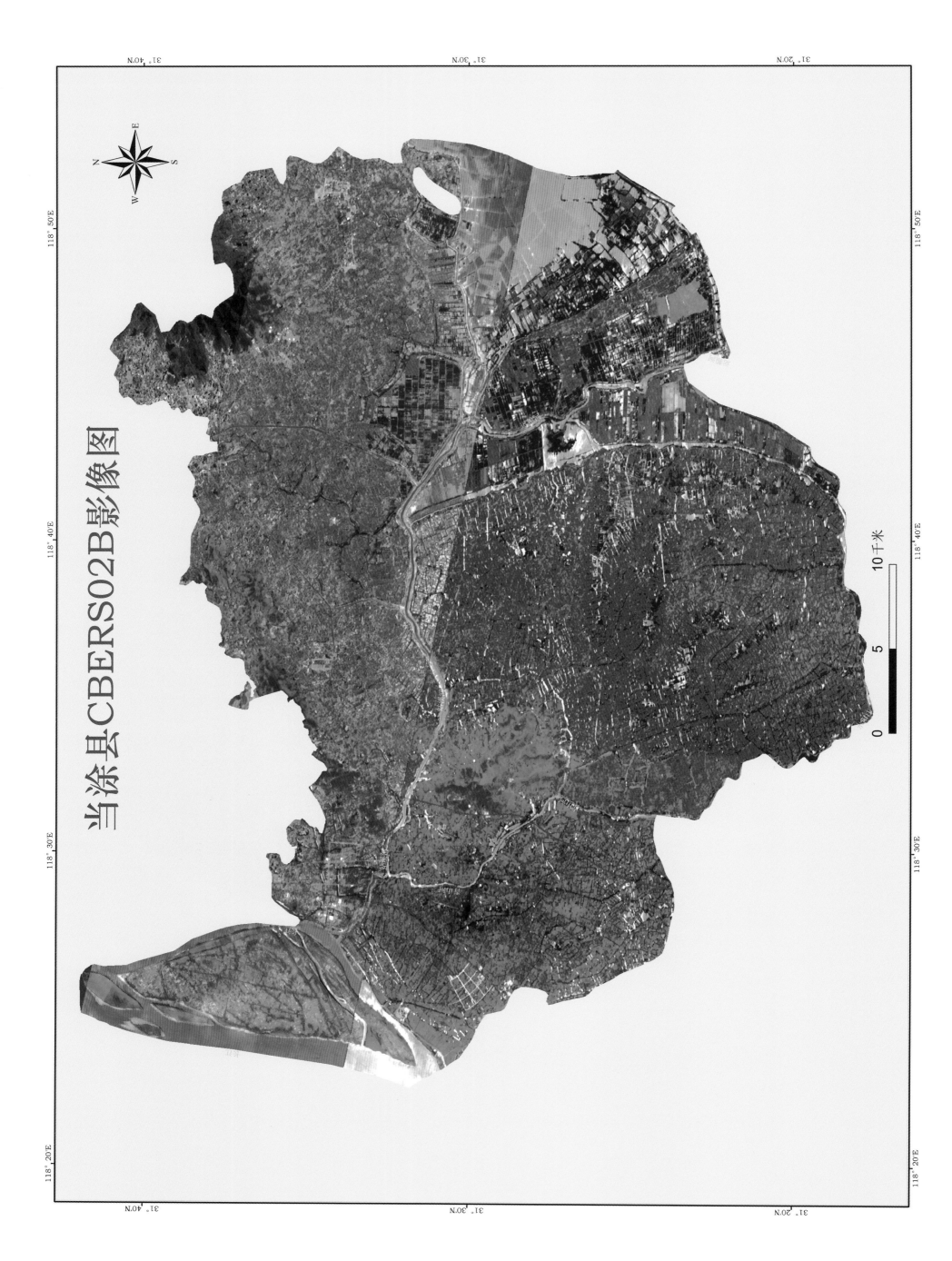

当涂县CBERS02B影像图

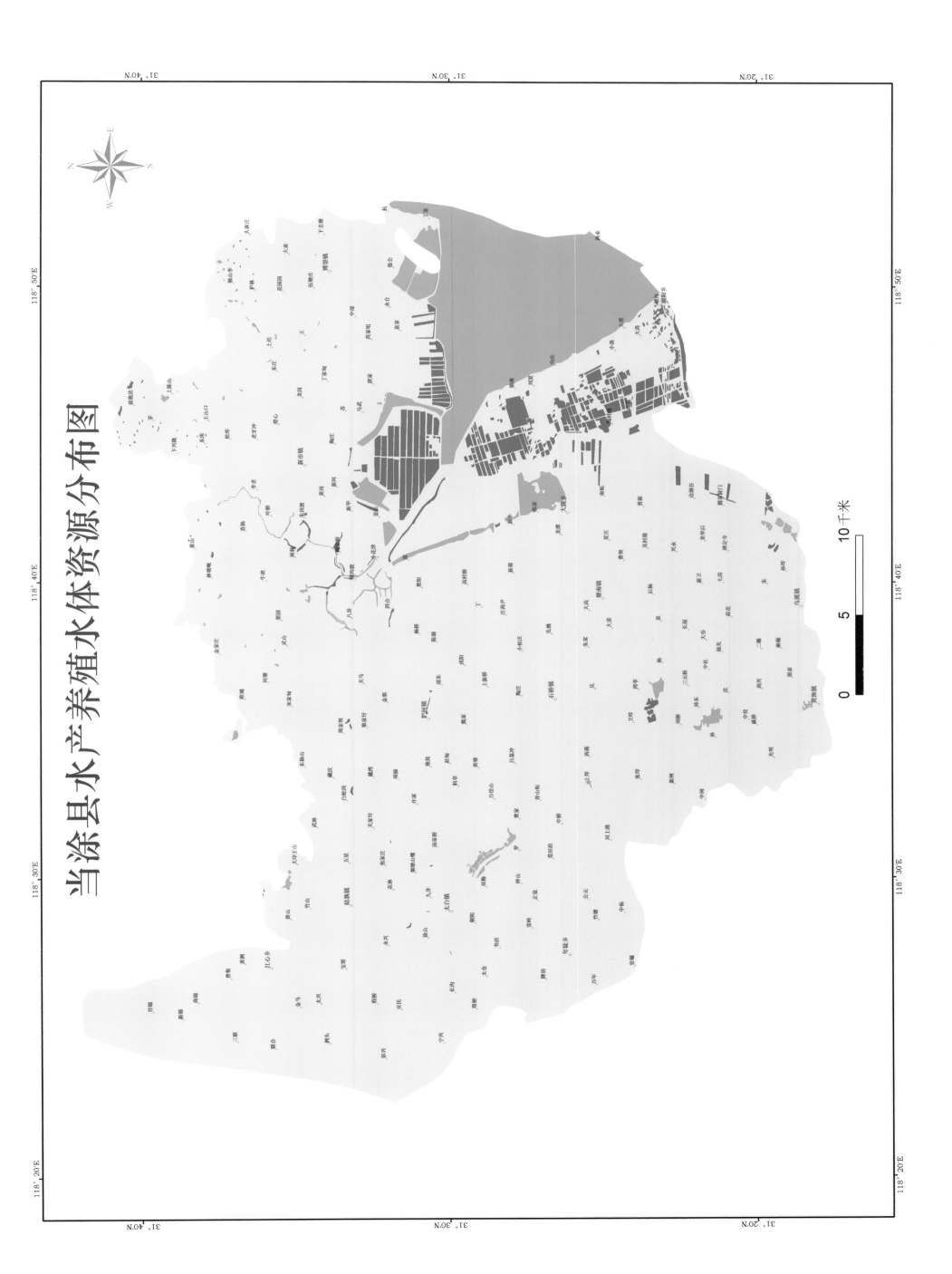

当涂县水产养殖水体资源分布图

第六节　淮北市

一、自然水资源条件

淮北市位于安徽省北部，下辖1个县、3个区，市域面积2 725平方千米。境内气候温和，雨水适中，年平均降水量831.5毫米。全市主要河流有7条、140多条支流干渠、4座中小型水库、18处深层塌陷区，经多年开发已形成塌陷水域1万公顷。淮北市境内水质清新，水产资源丰富。其中，鱼类资源有草鱼、鲢、鳙、鲤鱼、鲫鱼、鲂鱼、乌鳢、泥鳅、黄鳝、黄颡鱼、银鱼、鳜鱼、鲶鱼、虾、蟹、鳖等20余种，均具较高的经济价值；水生植物有80余种；底栖动物有9种。

二、水产养殖基本情况

淮北市水产养殖主要以塌陷水域养殖为主。据渔业统计，2008~2010年淮北市水产养殖产量分别为22 420吨、23 271吨和23 943吨，养殖面积分别为3 079公顷、3 235公顷和3 599公顷。

淮北市水产主产区主要集中在淮北市市辖区。2008~2010年各县（区）水产养殖产量以市辖区为高，年平均产量15 038吨；濉溪县为8 173吨。淮北市各县（区）的水产养殖产量构成如图2-6-1所示。

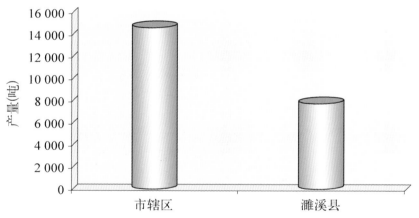

图2-6-1　2008~2010年淮北市各县（区）淡水养殖平均产量构成

三、水产养殖特点

1. 主要水产养殖类型与方式

淮北市水产养殖主要有池塘养殖和湖泊养殖等类型，主要养殖方式为网箱养殖。

（1）池塘养殖：2010年池塘养殖面积为1 434公顷，平均单产水平约为10 000千克/公顷。

（2）湖泊养殖：2010年湖泊养殖面积为1 511公顷，平均单产水平约为4 290千克/公顷。

（3）网箱养殖：2010年网箱养殖面积为99 390平方米，平均单位水体养殖水平约为21.9千克/立方米水体。

2. 主要养殖品种结构

淮北市水产养殖品种主要有鲢、鲤鱼、草鱼、鲫鱼、鳙、

鳊鱼等。2010年淮北市各水产养殖品种的产量结构如图2-6-2所示。

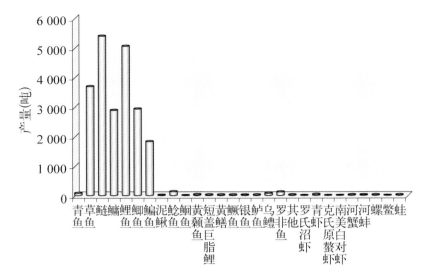

图2-6-2　2010年淮北市主要养殖品种产量结构

3. 特色养殖

（1）休闲渔业：全市休闲渔业水面积约1 000公顷，有大型休闲渔业基地11家，休闲渔业专业户323个，形成以垂钓、休闲、观光、餐饮、旅游为一体的休闲渔业基地，年接待游客10万人次，总营业额5 000万元。

（2）标准化池塘养殖：淮北市已建成标准化水产养殖示范区10个，养殖水面约为1 667公顷，其中农业部水产健康示范场1家，市级水产健康养殖示范区5个。全市认定水产无公害产地2处，养殖面积333公顷，认证产品11个。

四、养殖水体资源遥感监测

淮北市水产养殖水体资源遥感监测结果如表2-6-1所示。

表2-6-1　淮北市水产养殖水体资源

地　区	内陆池塘（公顷）	水库、山塘（公顷）	大水面（公顷）	区县合计（公顷）	总计（公顷）
市辖区	2 399	53		2 452	4 638
濉溪县	2 020	35	131	2 186	

五、20公顷以上成片养殖池塘分布

淮北市20公顷以上成片养殖池塘分布如表2-6-2所示。

表2-6-2　淮北市20公顷以上成片池塘分布情况

地　区	数量（片）	面积（公顷）	全市总计（公顷）
市辖区	21	1 334	2 451
濉溪县	15	1 117	

图 2-6-3　网箱养殖

图 2-6-4　大水面精养

图 2-6-5　标准化池塘养殖

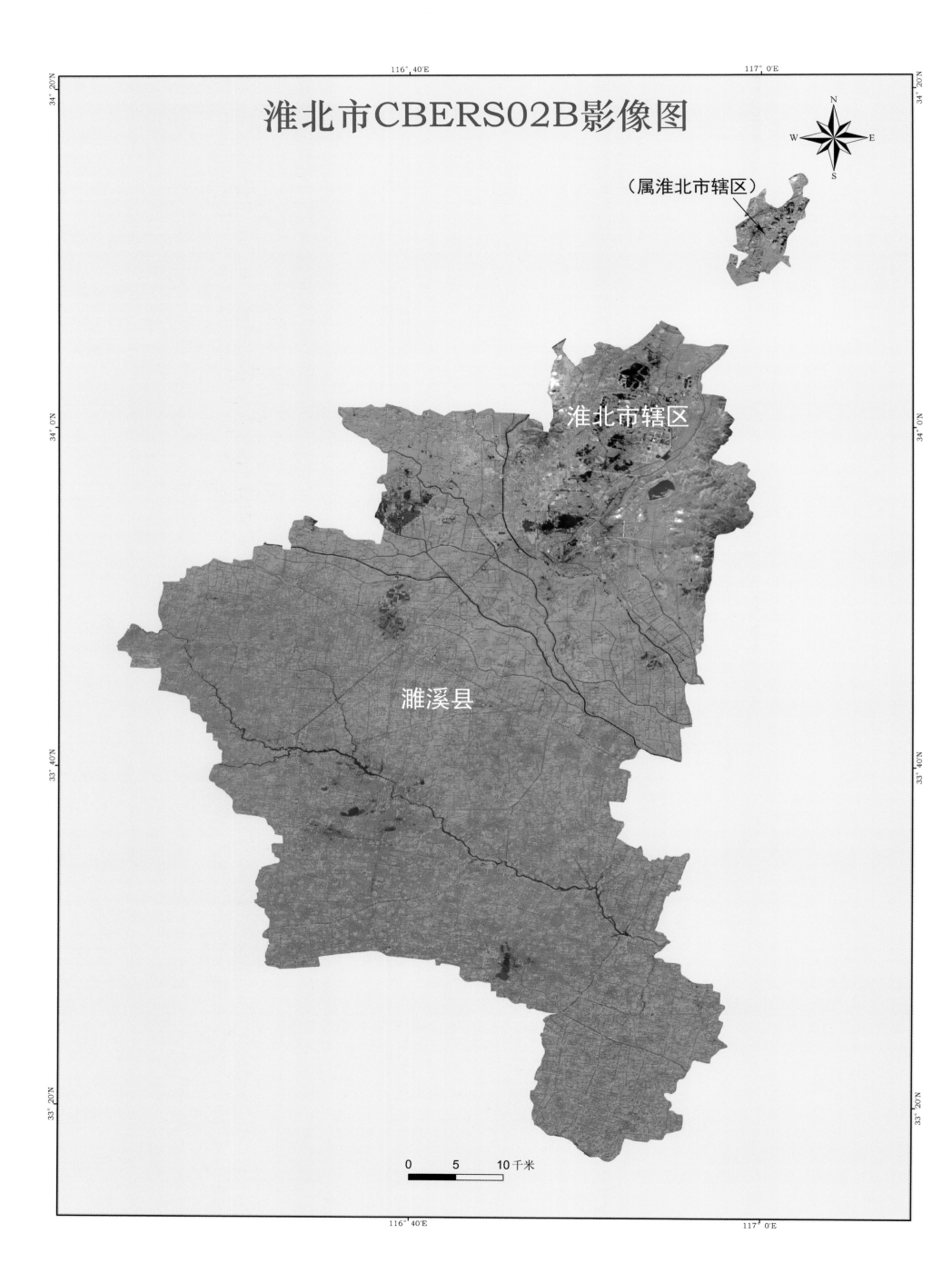

淮北市CBERS02B影像图

（属淮北市辖区）

淮北市辖区

濉溪县

0　5　10千米

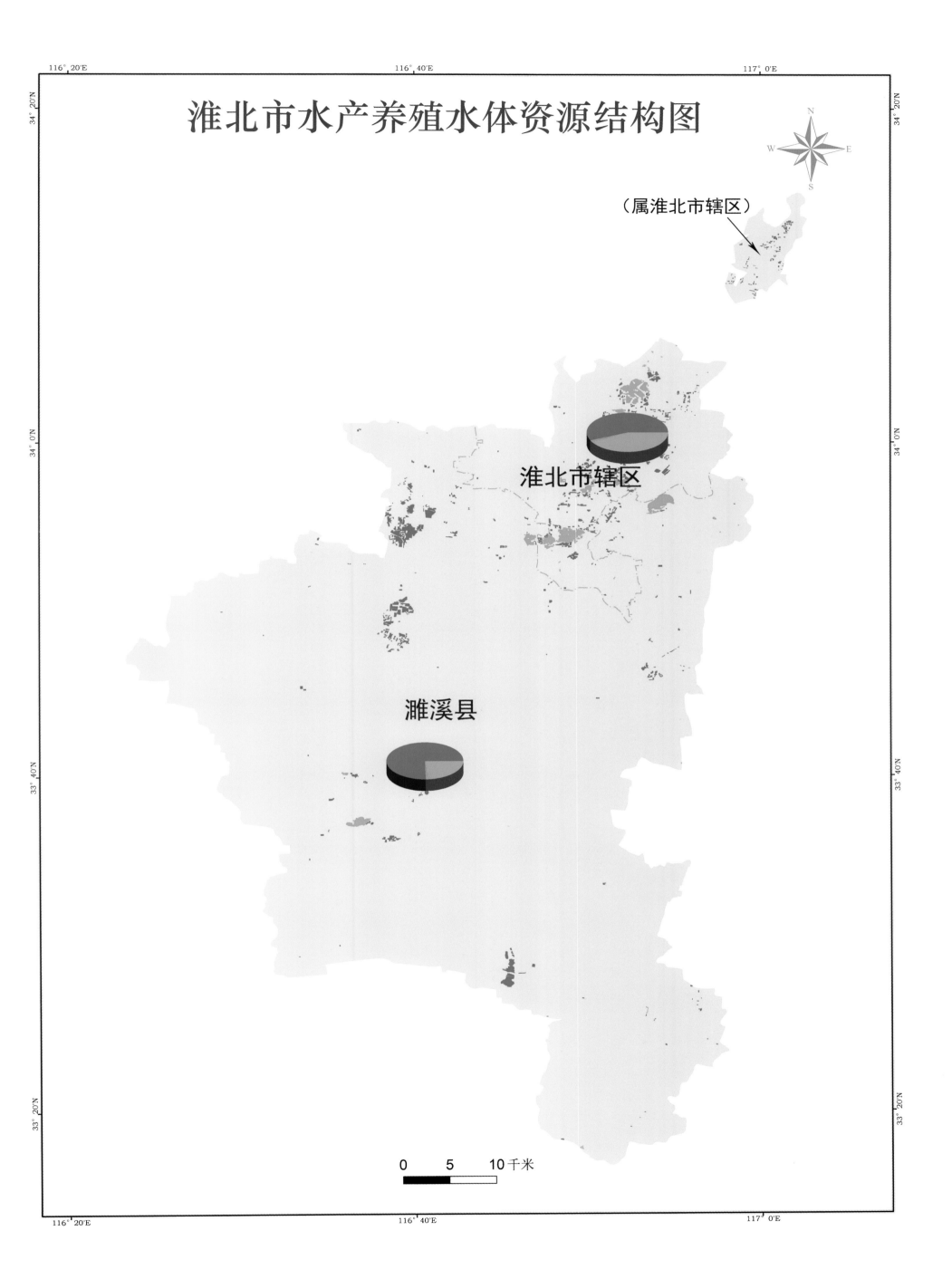

淮北市水产养殖水体资源结构图

（属淮北市辖区）

淮北市辖区

濉溪县

0   5   10千米

65

淮北市辖区CBERS02B影像图

0   4   8千米

淮北市辖区水产养殖水体资源分布图

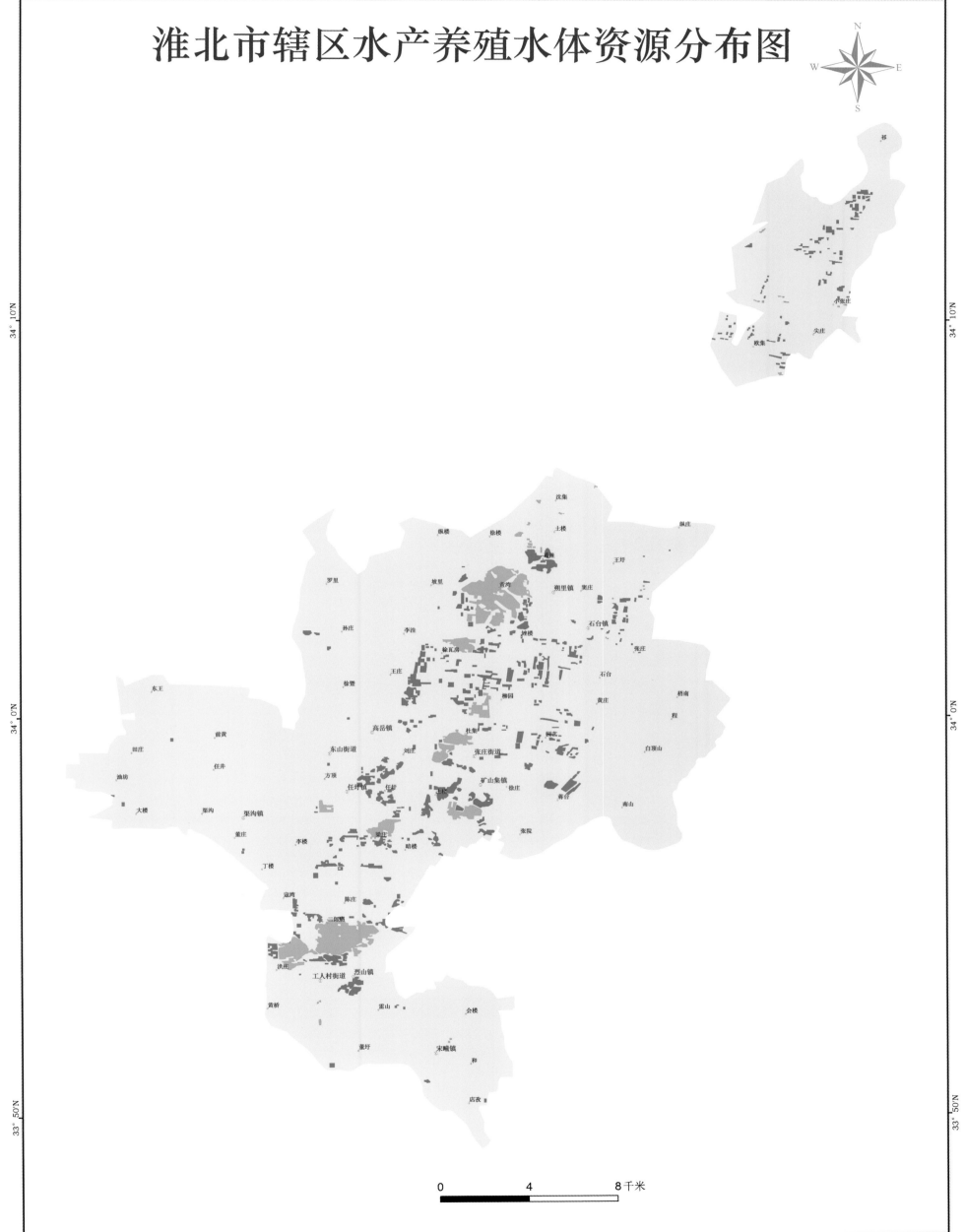

濉溪县CBERS02B影像图

0   5   10千米

濉溪县水产养殖水体资源分布图

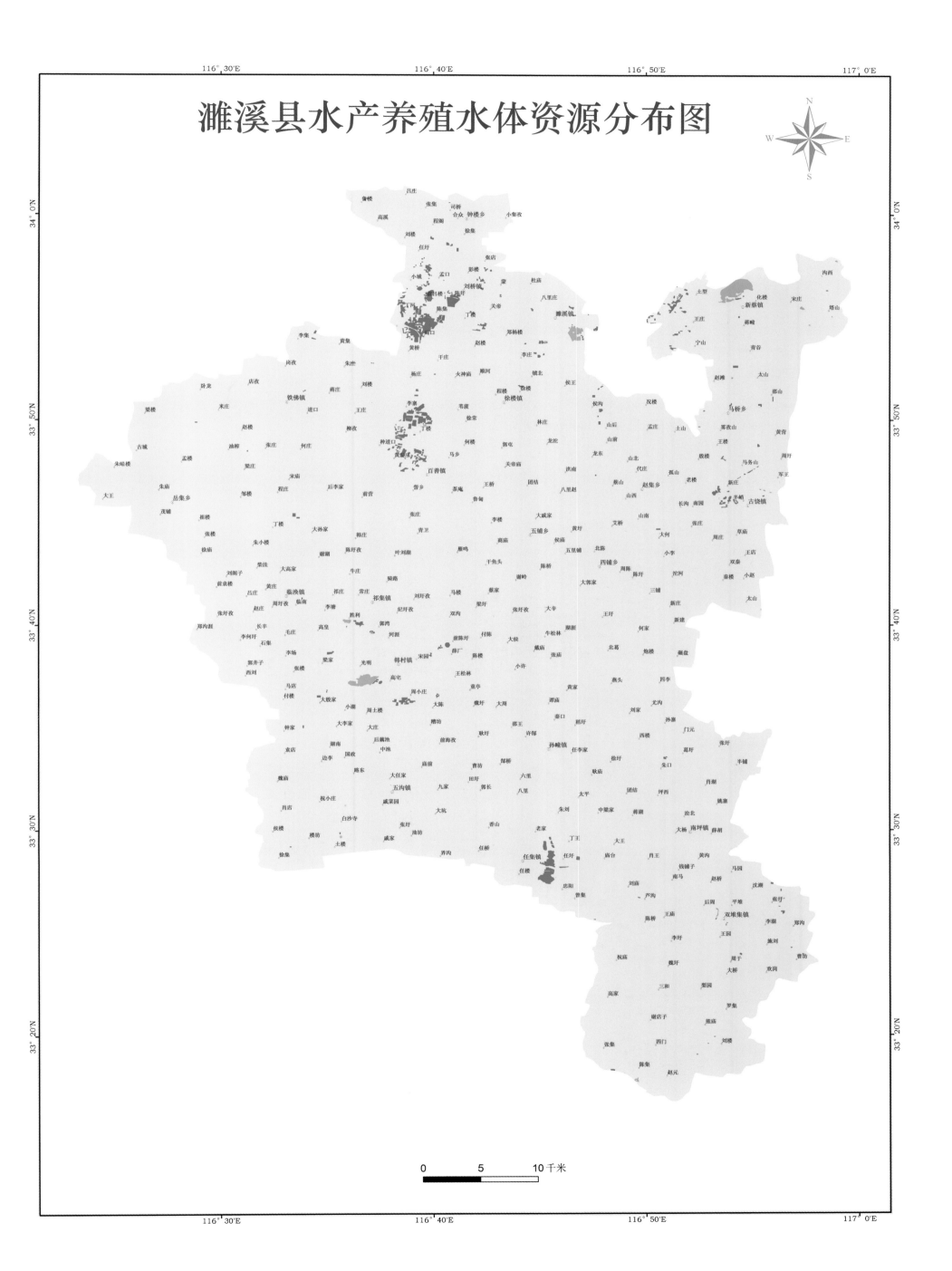

0   5   10千米

第七节　铜陵市

一、自然水资源条件

铜陵市位于安徽省中南部，长江中下游南岸，属亚热带湿润季风性气候，春夏多雨，盛夏炎热，秋冬干旱，冬季温和，无霜期长，年均降水量1 370毫米；下辖3个区、1个县，总面积1 113平方千米。铜陵市环山襟江含湖，自然环境优美，境内长江铜陵段约为60千米，河流均属长江水系，主要有北部的钟仓河和东部的顺安河、钟鸣河、朱村河、新桥河、羊河等支流。在这些网状河系中，还分布有众多的湖泊和人工水库，其中东湖和西湖最大。此外，山丘区在册水库有40多座，水质较好，无污染。

铜陵市境内鱼类资源丰富，广泛分布于江河湖泊及塘库中。据调查，全市鱼类资源有8目15科45种。其中，鲤形目3科30种，鲶形目2科3种，鲈形目4科5种，鲱形目2科3种，颌针目、合鳃目、鳗形目和鲽形目均为1科1种。主要经济鱼类有鲢、鳙、青鱼、草鱼、鲤鱼、鲫鱼、鲂鱼、鳜鱼、鳊鱼、鲌鱼、鳡鱼、鲶鱼、鲖鱼、黄颡鱼、黄鳝、铜鱼等；主要甲壳类有河蟹、青虾、克氏原螯虾等；珍稀水生动物有江豚、中华鲟、白鳍豚等；其他水生经济动物有鳖、龟等。

至2010年，全市总水面积1.68万公顷，已养水面面积4 924公顷。

二、水产养殖基本情况

据渔业统计，2008~2010年铜陵市淡水养殖产量分别为18 025吨、18 716吨、18 672吨；养殖面积分别为5 042公顷、5 081公顷、4 924公顷。

铜陵市水产养殖主产区主要集中在铜陵县，2008~2010年年平均养殖产量为13 027吨；其次为市辖区，为5 444吨。铜陵市各县（区）养殖产量构成如图2-7-1所示。

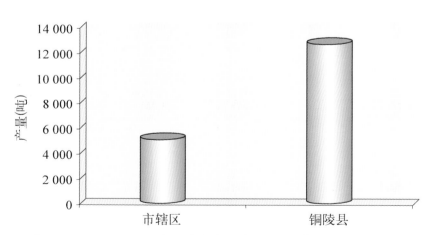

图2-7-1　2008~2010年铜陵市各县（区）淡水养殖平均产量构成

三、水产养殖特点

1. 主要水产养殖类型与方式

铜陵市水产养殖主要有池塘养殖、湖泊养殖、水库养殖、河沟养殖、稻田养殖等类型。

（1）**池塘养殖**：2010年养殖面积为2 644公顷，平均单产水平约为5 354千克/公顷。

（2）**湖泊养殖**：2010年养殖面积为1 538公顷，平均单产水平约为1 766千克/公顷。

（3）**水库养殖**：2010年养殖面积为117公顷，平均单产水平约为1 658千克/公顷。

（4）**河沟养殖**：2010年养殖面积为612公顷，平均单产水平约为1 824千克/公顷。

（5）**稻田养殖**：2010年养殖面积为375公顷，平均单产水平约为1 040千克/公顷。

2. 主要养殖品种结构

铜陵市主要养殖品种有青鱼、草鱼、鲢、鳙、鲤鱼、鲫鱼、鳊鱼、泥鳅、鲶鱼、鲖鱼、黄颡鱼、短盖巨脂鲤、黄鳝、鳜鱼、乌鳢、克氏原螯虾等。铜陵市各主要水产养殖品种的产量结构如图2-7-2所示。

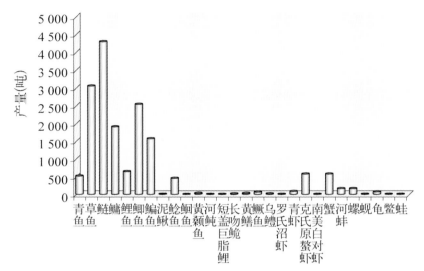

图2-7-2　2010年铜陵市主要水产养殖品种产量结构

3. 特色养殖

（1）**名特优水产品养殖**：除常规的经济水产品种外，铜陵市先后引进团头鲂、大阪鲫（日本白鲫）、罗非鱼、淡水白鲳、异育银鲫、革胡子鲶、加州鲈、罗氏沼虾、南美白对虾、沟鲶、彭泽鲫、锦鲤、巴西鲷、云斑鮰、三峡红鮰、湘云鲫、匙吻鲟、牛蛙、美蛙、巴西龟、大鳄龟、小鳄龟、日本鳖等名优品种养殖。至2010年，全市名特优品种养殖面积约为3 000公顷，占养殖总面积的60%以上，名特优水产品产量达10 580吨，占总产量的50.2%。

（2）**标准化池塘养殖**：至2010年年底，全市水产品标准化健康养殖示范场已达15家，建成龙虾、河蟹、龟鳖等12个市级标准化养殖示范区。

四、养殖水体资源遥感监测

铜陵市水产养殖水体资源遥感监测结果如表2-7-1所示。

表2-7-1　铜陵市水产养殖水体资源

地　区	内陆池塘（公顷）	水库、山塘（公顷）	大水面（公顷）	区县合计（公顷）	总计（公顷）
市辖区		284	183	467	4 302
铜陵县	1 429	1 668	738	3 835	

五、20公顷以上成片养殖池塘分布

铜陵市20公顷以上成片养殖池塘分布如表2-7-2所示。

表2-7-2　铜陵市20公顷以上成片池塘分布情况

地　区	数量（片）	面积（公顷）	全市总计（公顷）
市辖区			1 138
铜陵县	13	1 138	

图2-7-3　标准化鱼塘

图2-7-4　网箱养鳝

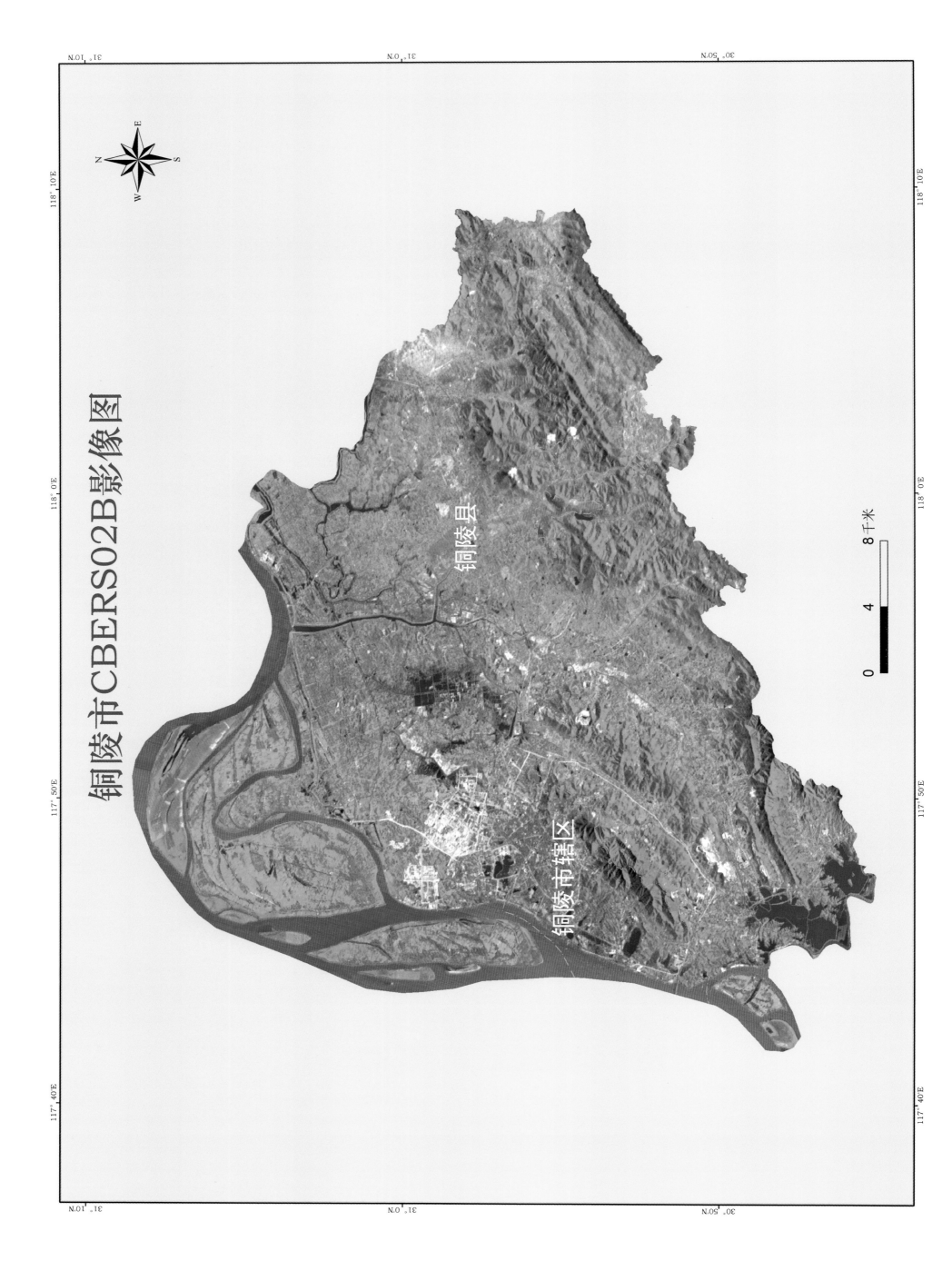

铜陵市CBERS02B影像图

铜陵县

铜陵市辖区

0　　　　4　　　　8千米

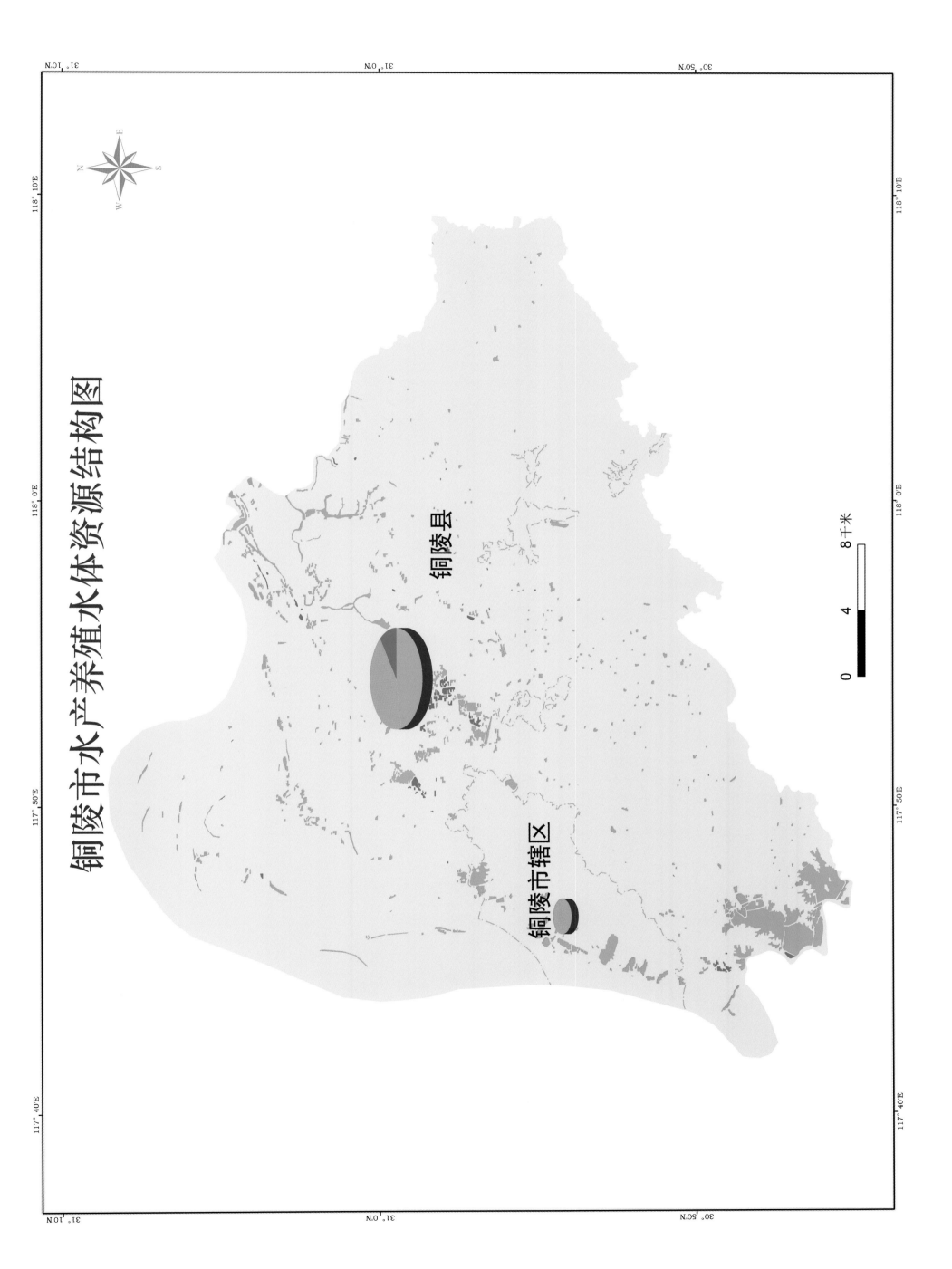

铜陵市水产养殖水体资源结构图

铜陵县

铜陵市辖区

0　　　　4　　　　8 千米

铜陵市辖区CBERS02B影像图

5千米

74

铜陵市辖区水产养殖水体资源分布图

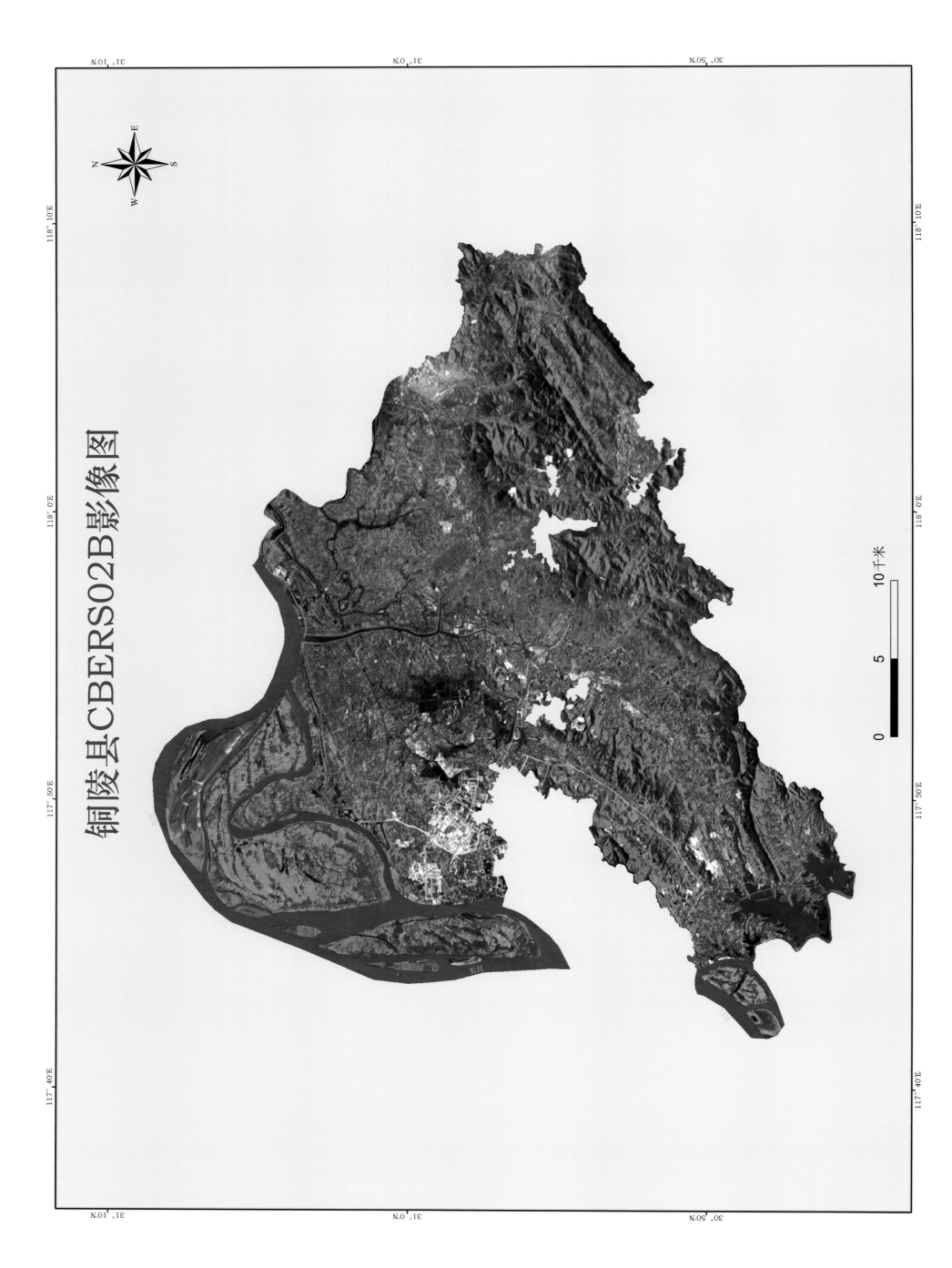

铜陵县CBERS02B影像图

0   5   10千米

76

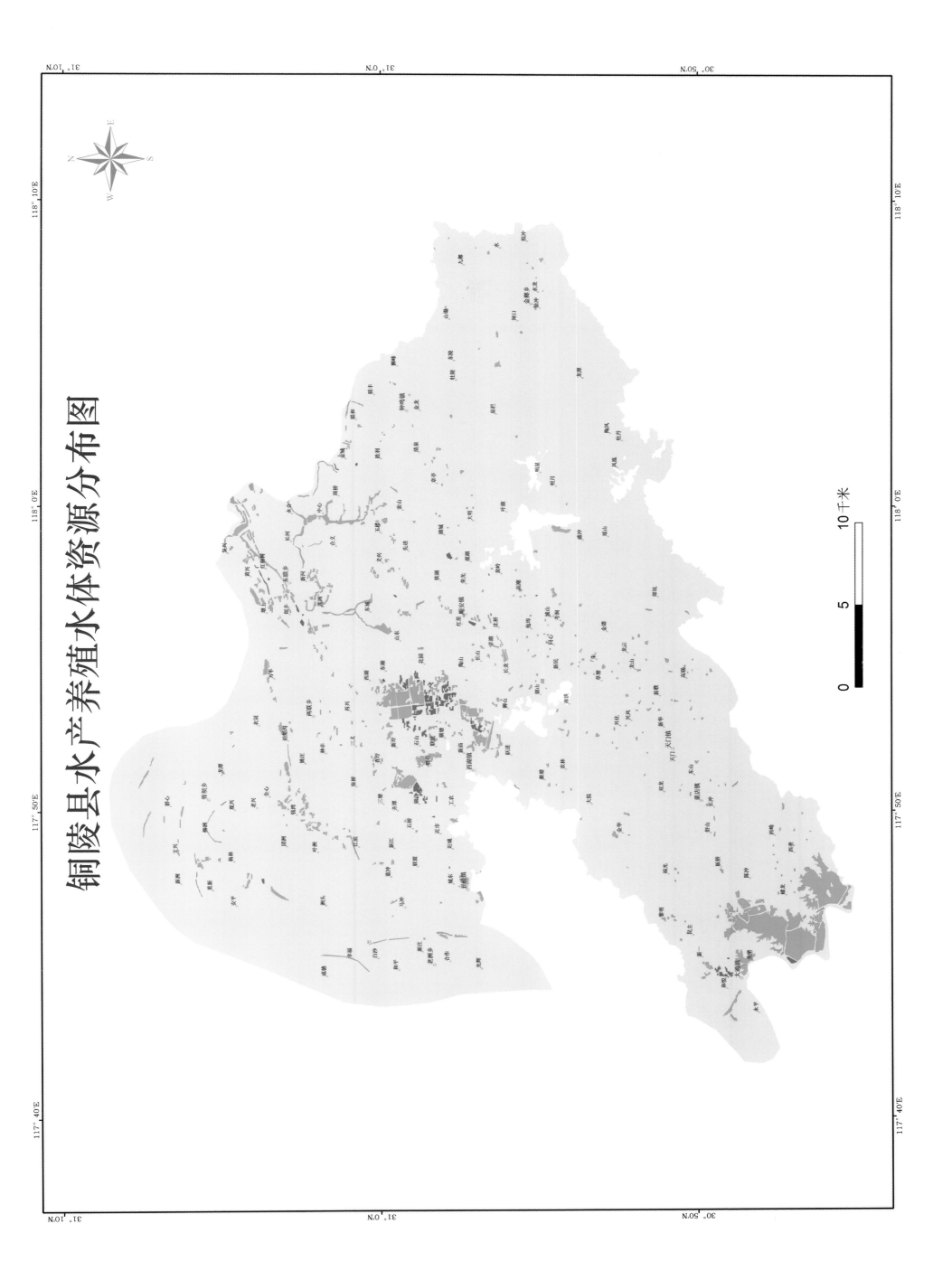

铜陵县水产养殖水体资源分布图

77

第八节 安庆市

一、自然水资源条件

安庆市位于安徽省西南部，长江中下游北岸，属北亚热带湿润气候区，四季分明，气候温和，雨量适中，光照充足，无霜期长，严寒期短，年均降水量1 250~1 430毫米。下辖3个区、7个县，代管1个县级市，总面积1.53万平方千米。

1. 江河

安庆市地跨长江、淮河两大流域，总流域面积14 810平方千米。长江贯穿全市境内，长达243千米，集水面积170平方千米。其中，长江水系流域面积在300平方千米的有10条，分别为二郎河、凉亭河、长河、潜水、皖水、皖河干流、大沙河、挂车河、孔城河、罗昌河；淮河水系主要有包家河、黄尾河、关陀河。

2. 湖泊

安庆市共有大中小湖泊167个，所有湖泊水质理化性状良好，基本无污染，水体中饵料资源丰富，水草茂盛。其中，面积在667公顷以上的大型湖泊有13个，分别为泊湖、菜子湖、黄湖、大官湖、龙感湖、武昌湖、白荡湖、陈瑶湖、枫沙湖、破罡湖、石塘湖、三鸦寺湖、连城湖，并通过6个节制闸口与长江相通；中小型湖泊有154个。

3. 水库

安庆市共有大中小型水库553座，总面积11 000公顷（平均水位），总库容29.396 9亿立方米。其中，大型水库有1座，为花亭湖水库；中型水库有9座，分别为钓鱼台水库、方洲水库、红旗水库、长春水库、麻塘湖水库、观音洞水库、牯牛背水库、境主庙水库、马鞍山水库；小型水库有543座。

据统计，安庆市拥有水域总面积301 733公顷（含湖泊、河流、池塘、水库、长江水面、滩涂、沟渠、水工建筑物等），渔业可利用面积154 667公顷，居全国内陆地市第一位，适宜农林牧渔全面发展。

二、水产养殖基本情况

据渔业统计，2008~2010年安庆市淡水养殖产量分别为277 455吨、285 347吨、297 174吨，养殖面积分别为

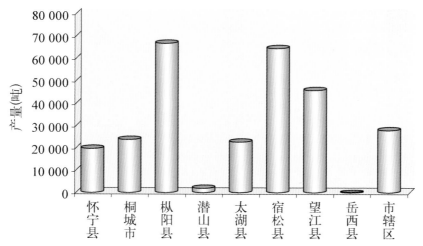

图2-8-1 2008~2010年安庆市各县（市、区）淡水养殖平均产量构成

140 960公顷、144 887公顷、142 344公顷。

安庆市淡水养殖主产区主要集中在枞阳县、宿松县、望江县等。2008~2010年各县（市、区）淡水养殖产量以枞阳县最高，年平均产量为68 294吨；其余依次为宿松县和望江县，分别为66 044吨和47 276吨。安庆市各县（市、区）的淡水养殖产量构成如图2-8-1所示。

三、水产养殖特点

1. 主要水产养殖类型和方式

安庆市淡水养殖主要有池塘养殖、湖泊养殖、水库养殖和稻田养殖等类型。

（1）池塘养殖：2010年养殖面积为24 829公顷，平均单产水平约为6 104千克／公顷。

（2）湖泊养殖：2010年养殖面积为101 738公顷，平均单产水平约为1 129千克／公顷。

（3）水库养殖：2010年养殖面积为10 147公顷，平均单产水平约为1 412千克／公顷。

（4）稻田养殖：2010年养殖面积为8 926公顷，平均单产水平约为953千克／公顷。

2. 主要养殖品种结构

安庆市主要养殖品种有青鱼、草鱼、鲢、鳙、鲤鱼、鲫鱼、鳊鱼、黄颡鱼、鳜鱼、黄鳝、河蟹、青虾、小龙虾、泥鳅、鲌鱼等品种。其中以青鱼、草鱼、鲢、鳙、鲤鱼、鲫鱼、鳊鱼为主的常规鱼类产量占水产品总量的60%，以河蟹、黄鳝、青虾、鳜鱼、黄颡鱼、小龙虾为主的名优品种产量占水产品总量的40%。安庆市淡水养殖品种的产量结构如图2-8-2所示。

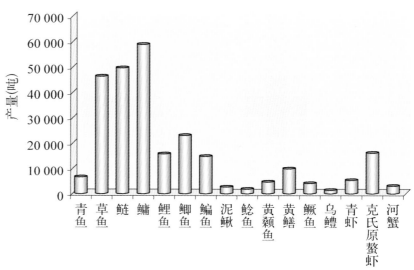

图2-8-2 2010年安庆市主要淡水养殖品种产量结构

3. 特色养殖

（1）湖泊生态渔业：自2000年起安庆市渔业走出了一条养殖、保护、观光休闲一体化大湖生态渔业之路，其特征是"大湖面、原生态、稀放养、巧育肥"。核心技术是通过种草、殖螺，调整养殖品种结构，控制放养密度，实行轮养轮休，实现湖泊生物资源的修复和渔业技术综合利用，被农业部确认为湖泊生态渔业模式。据统计，自2004年起安庆市大湖种草殖螺面积稳定在46 667~53 333公顷，涉及全市

各大、中型湖泊，累计种植各类水草2 240吨，殖螺11 746吨，累计投入资金达2.28亿元。

（2）池塘网箱养黄鳝：安庆市望江县赛口镇一带的网箱养鳝始于2000年，该县通过示范带动、市场引导、行政推动、产业化运营等措施，促进了网箱养鳝产业的迅猛发展，每年平均以30%的增幅递增，已成为全县渔业发展、农民增收的支柱产业之一。2010年全县网箱养鳝面积超过1 000公顷，投放网箱80万箱，箱体面积达350万平方米，投放鳝种3 000吨，生产成鳝7 000吨，产值达4.5亿元。全县直接从事网箱养鳝产业的农户达3 000户，户均收入达15万元。全县50万农民人均来自网箱黄鳝养殖产业的直接收入可达900元，人均纯收入可达400元，约占农民全年纯收入的10%。2011年被中国渔业协会授予"中国生态养鳝第一县"称号。

四、养殖水体资源遥感监测

安庆市水产养殖水体资源遥感监测结果如表2-8-1所示。

表2-8-1　安庆市水产养殖水体资源

地　区	内陆池塘（公顷）	水库、山塘（公顷）	大水面（公顷）	区县合计（公顷）	总计（公顷）
市辖区	2 051	519	5 109	7 679	
桐城市	6 647	1 399	2 471	10 517	120 268
宿松县	2 444	2 717	45 845	51 006	

（续表）

地　区	内陆池塘（公顷）	水库、山塘（公顷）	大水面（公顷）	区县合计（公顷）	总计（公顷）
枞阳县	8 676	1 907	7 062	17 645	
太湖县	325	883	7 750	8 958	
怀宁县	1 208	2 097	3 174	6 479	
岳西县		66	111	177	120 268
望江县	3 909	1 538	11 409	16 856	
潜山县	256	595	100	951	

五、20公顷以上成片养殖池塘分布

安庆市20公顷以上成片养殖池塘分布如表2-8-2所示。

表2-8-2　安庆市20公顷以上成片池塘分布情况

地　区	数量（片）	面积（公顷）	全市合计（公顷）
市辖区	20	1 069	
桐城市	13	3 180	
宿松县	14	1 186	
枞阳县	18	6 363	
太湖县	2	90	13 836
怀宁县	2	93	
岳西县			
望江县	39	1 855	
潜山县			

图2-8-3　水库网箱养殖

图2-8-4　池塘养鳝

图2-8-5　湖泊生态增养殖

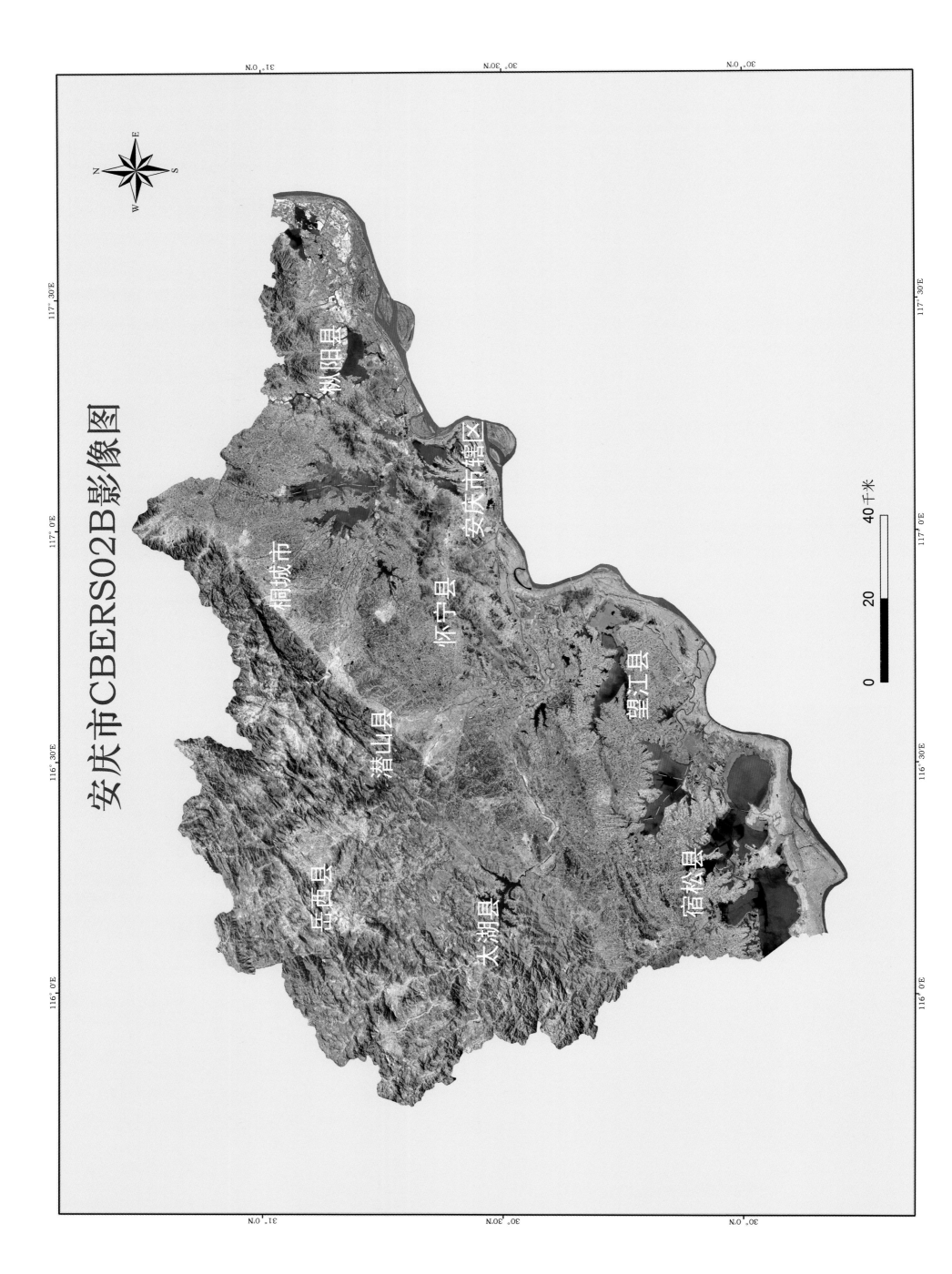

安庆市CBERS02B影像图

枞阳县

桐城市

怀宁县

安庆市辖区

潜山县

望江县

岳西县

太湖县

宿松县

0　　20　　40千米

80

安庆市水产养殖水体资源结构图

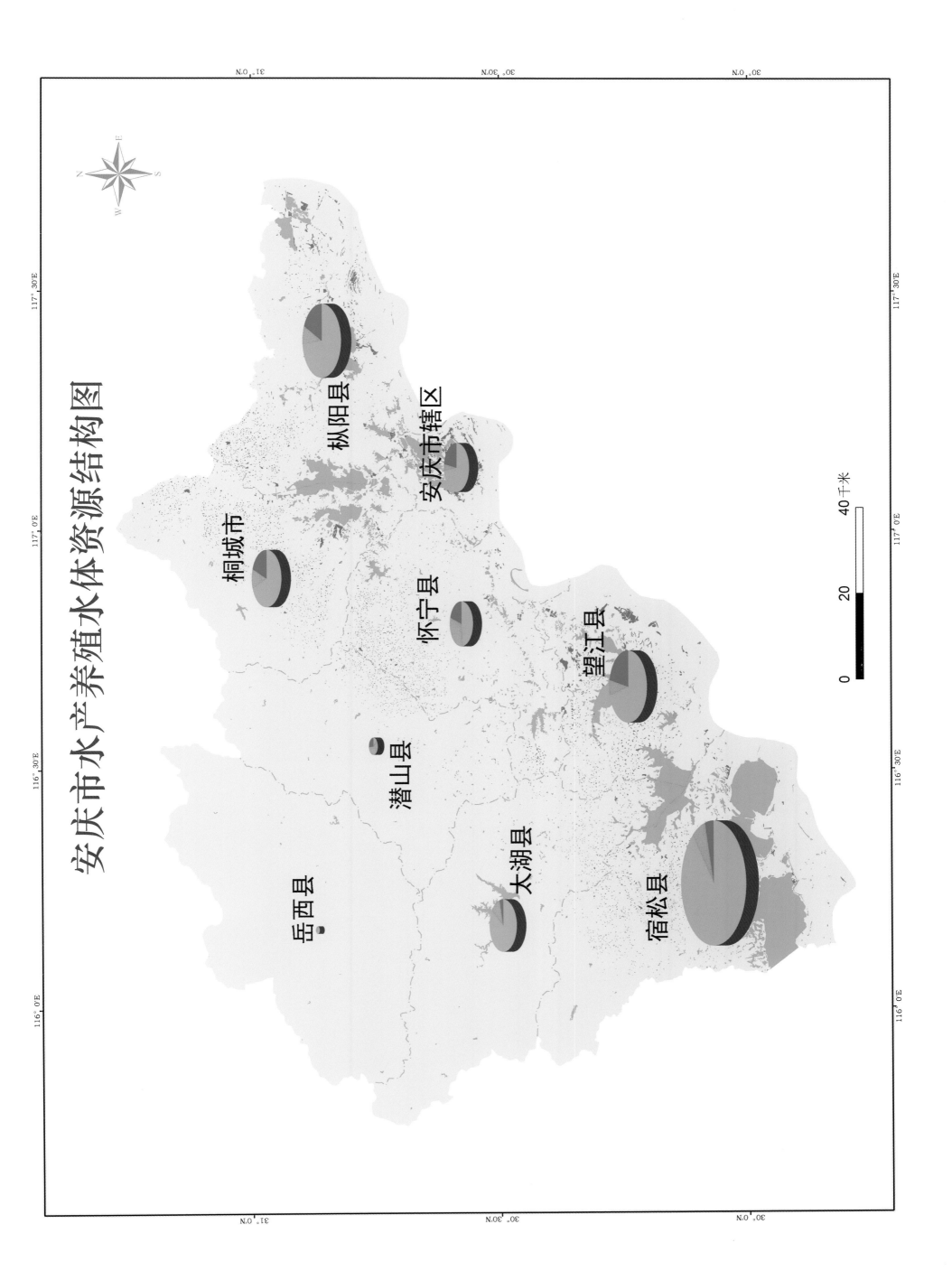

枞阳县

安庆市辖区

桐城市

怀宁县

望江县

潜山县

岳西县

大湖县

宿松县

0   20   40千米

安庆市辖区CBERS02B影像图

0 2 4千米

安庆市辖区水产养殖水体资源分布图

117°0'E   117°5'E   117°10'E   117°15'E

30°45'N

30°40'N

30°35'N

30°30'N

30°25'N

鲍冲
八步
花山
梅林
枞南
铜山
农庄
炯山
溪庵
官屋
杨井
合兴
联兴
宜店
杨桥镇
仓房
巴芽
新光
龙山
东塘
双龙
团结
东塘
余湾
红旗
熊又
余墩
白衣闸乡
光明
张祥
先锋
柘林
眉山
贾桥
高塘
新光
广圩
柘山
宾盘
象山
跃进
饶塘
沈店
新光
长山
高松
元桥
长风乡
苏岗
太平
水安
山湖
林业
罗冲
红光
三又
吴祥
九塘
白泽
和平
泉河
西湖
新建
茅岭
十里铺乡
乌岭
刘纪
吴咀
叶祠
新桥
秦潭
老峰
老峰镇
马窝
前江
尤林
肖坑
段山
金星
五里
舒巷
芭茅巷
月形
新丰
凤恩
羊堆
余桥
松柏
龙狮桥乡
红旗
前进
长青
任店
永存
临江
新洲乡
青龙
天然
康宁
南木

0   2   4千米

桐城市CBERS02B影像图

0 5 10千米

桐城市水产养殖水体资源分布图

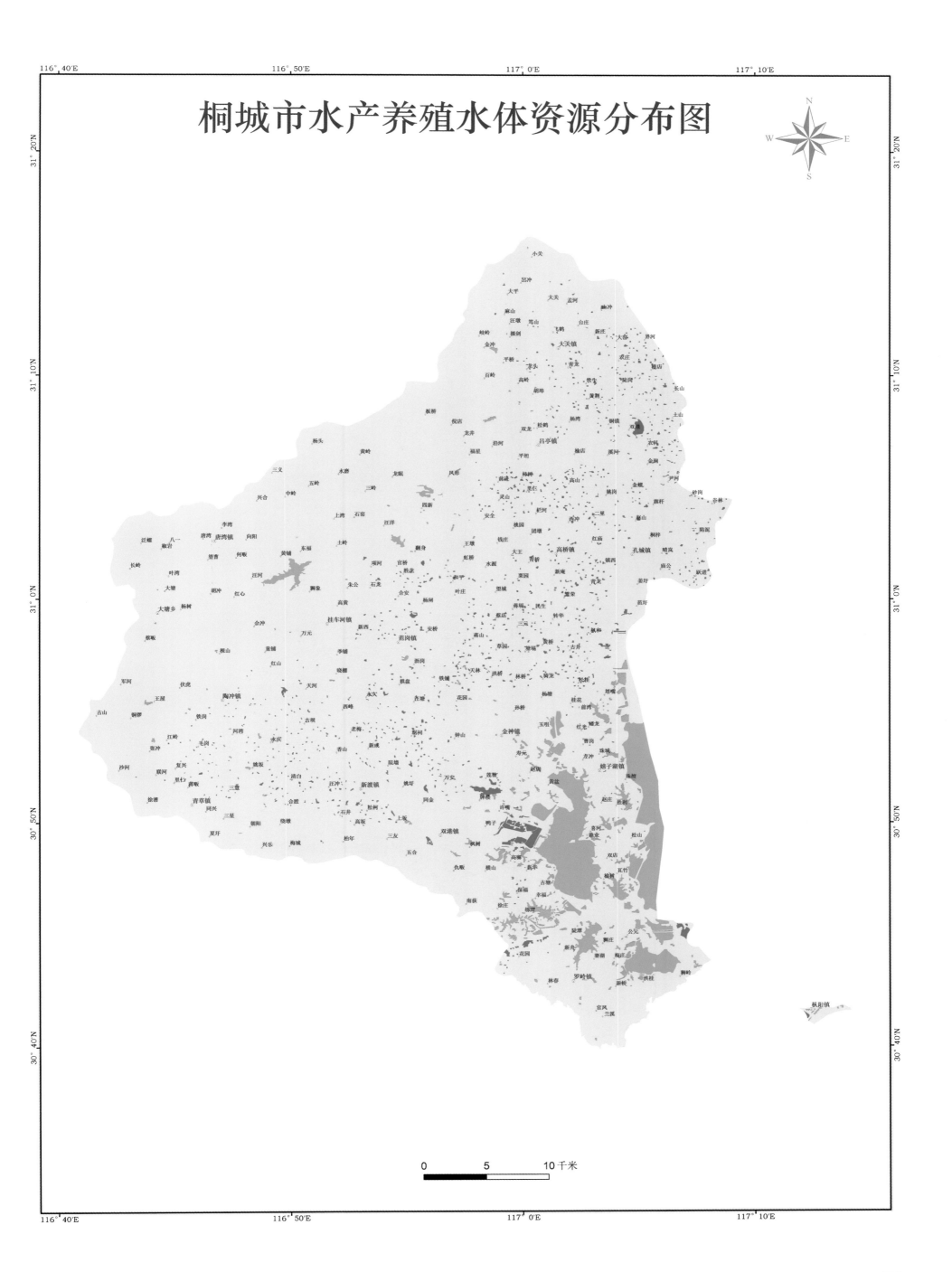

0   5   10 千米

宿松县CBERS02B影像图

0 5 10千米

宿松县水产养殖水体资源分布图

N
W　　E
S

0　　5　　10千米

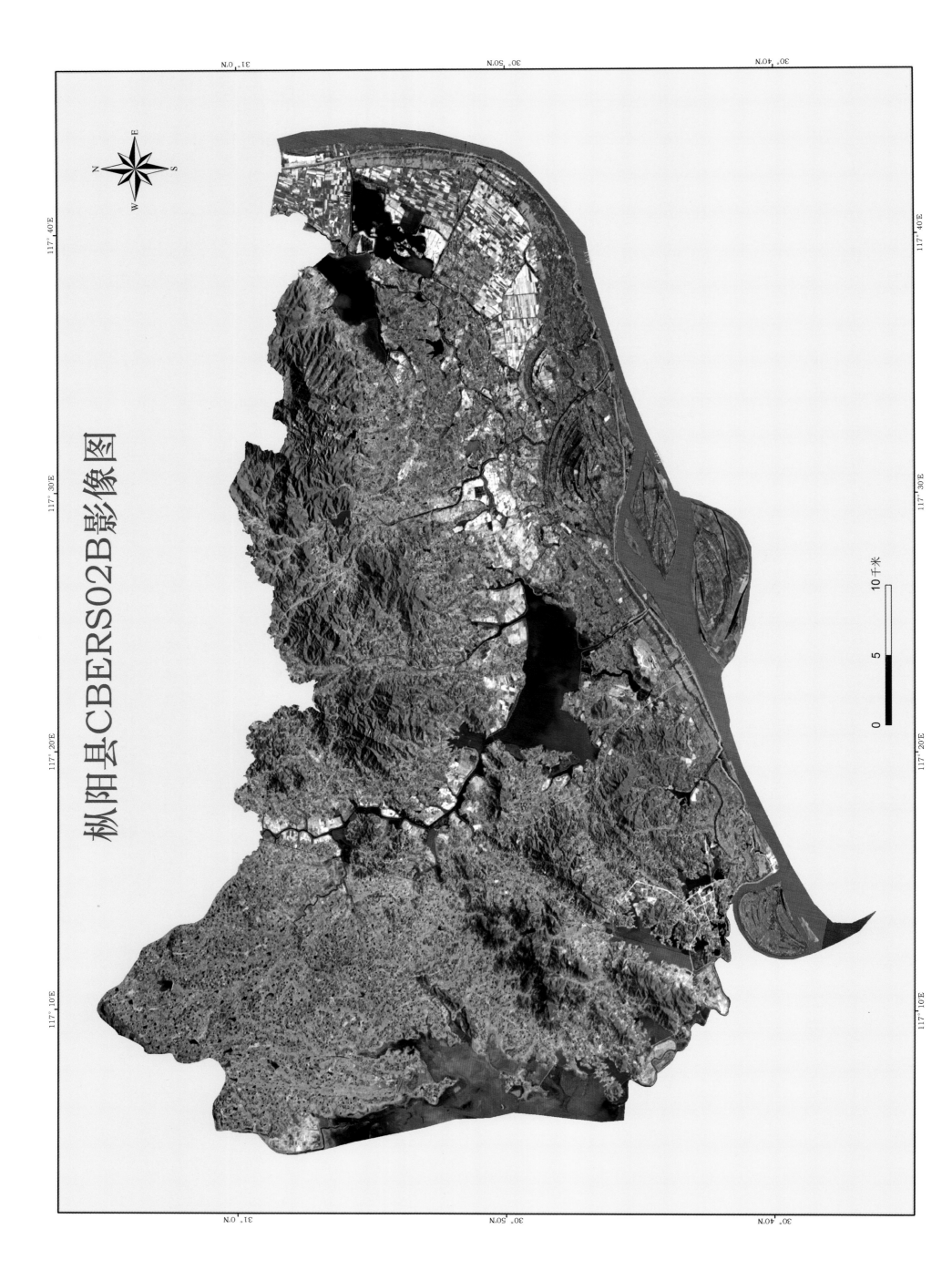

枞阳县CBERS02B影像图

10千米

88

枞阳县水产养殖水体资源分布图

0   5   10千米

89

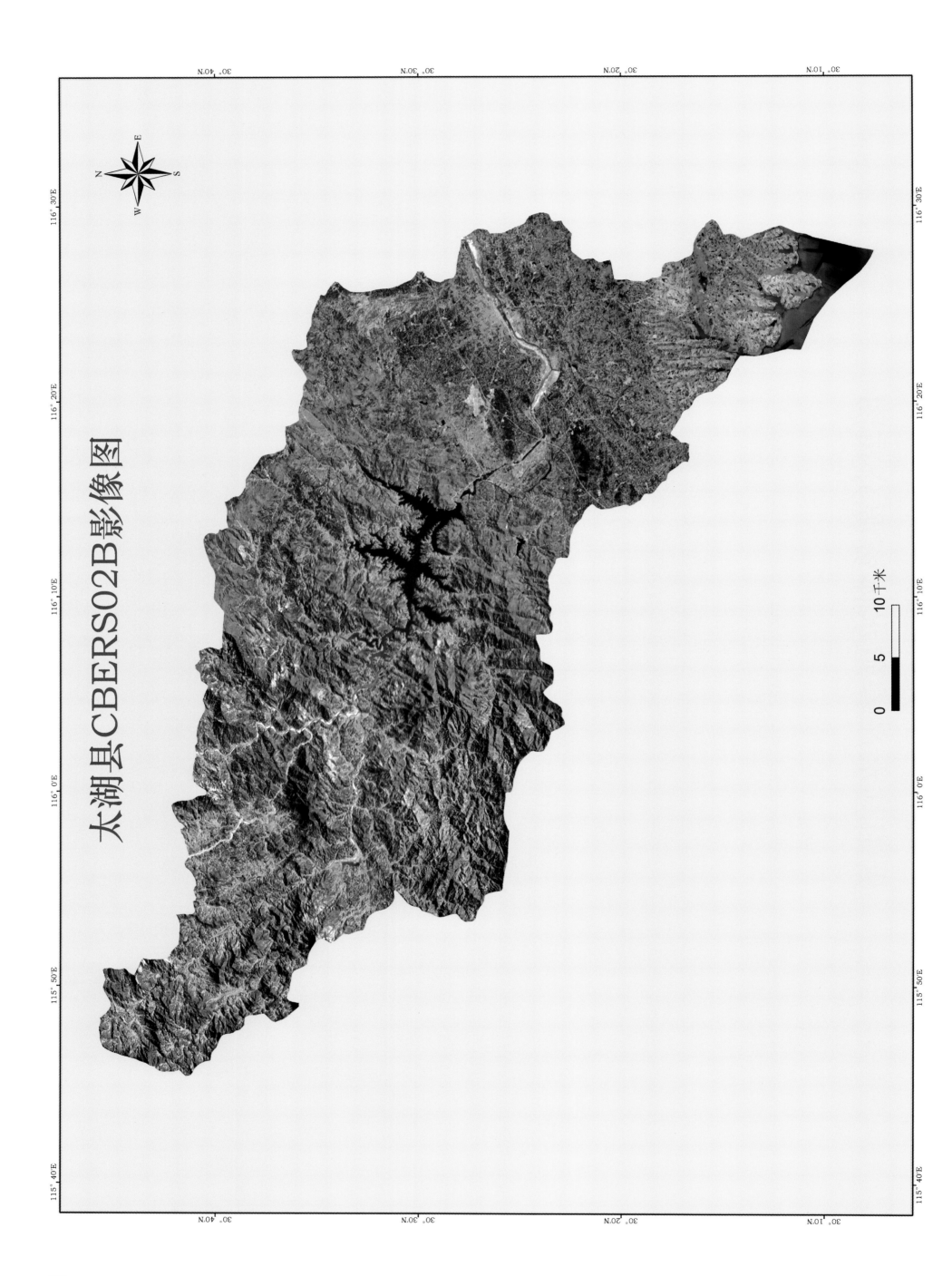

太湖县CBERS02B影像图

0   5   10千米

90

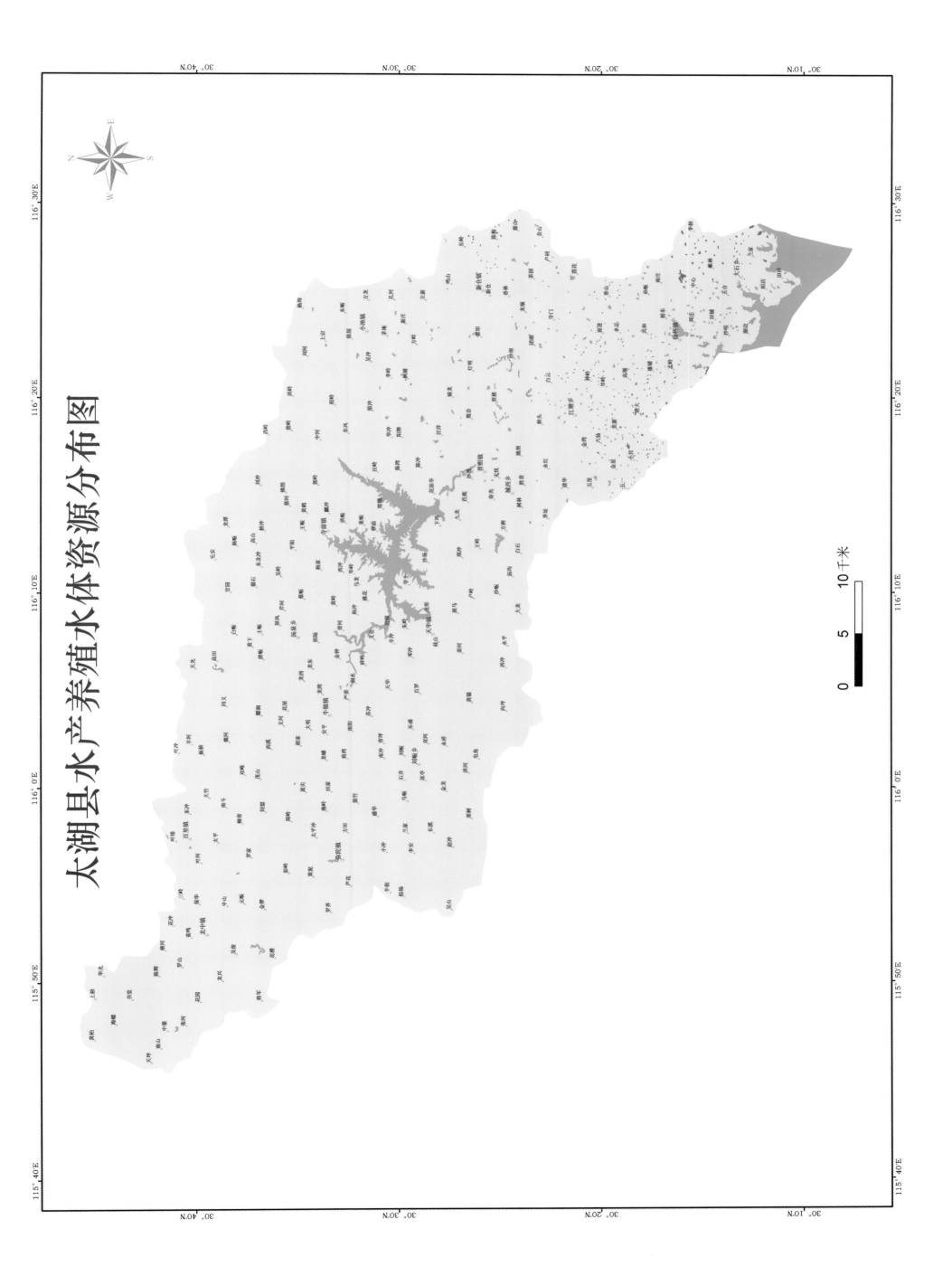

大湖县水产养殖水体资源分布图

91

怀宁县CBERS02B影像图

10千米

5

0

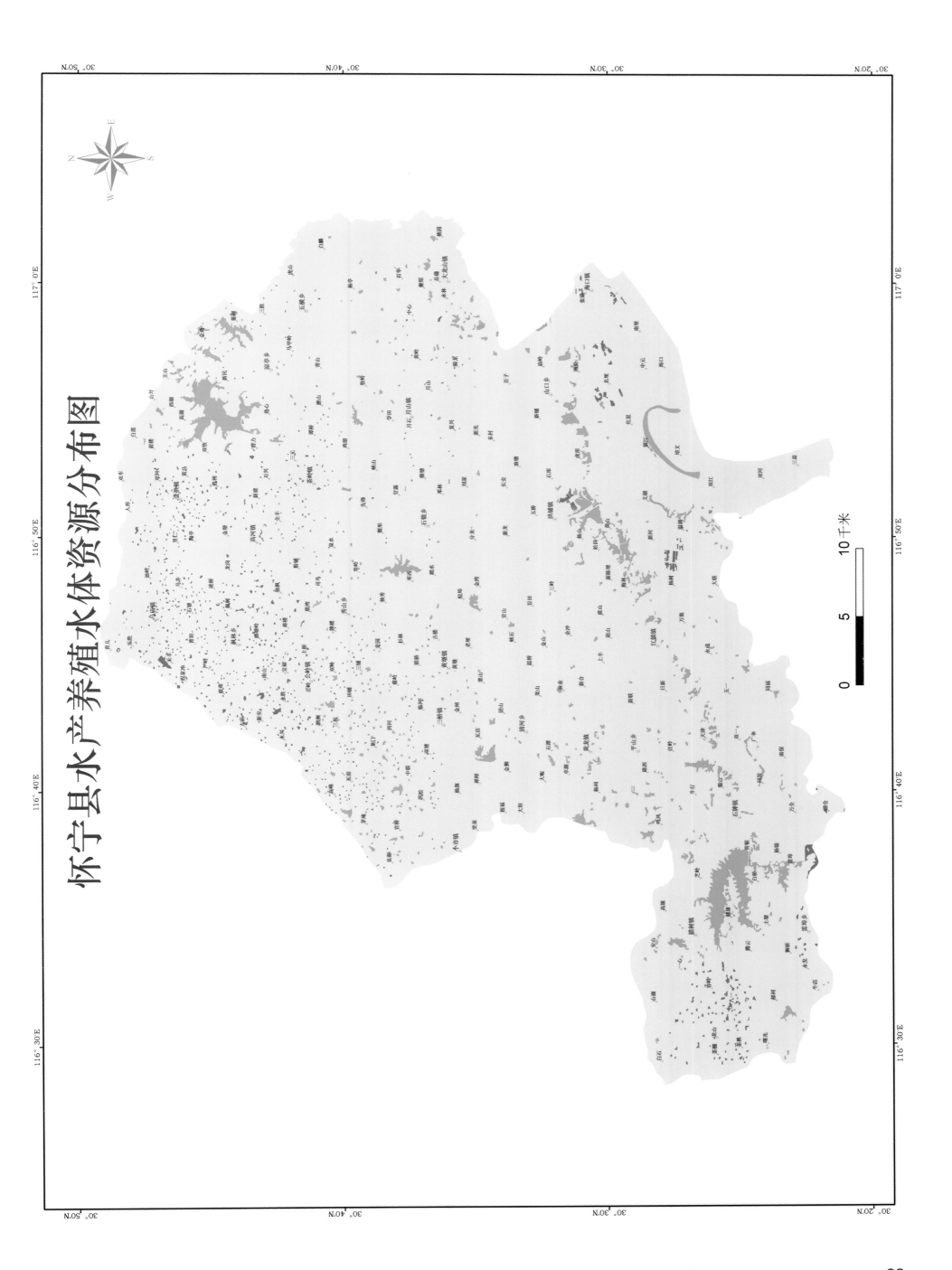

怀宁县水产养殖水体资源分布图

0　　　5　　　10千米

93

岳西县CBERS02B影像图

0　　　5　　　10千米

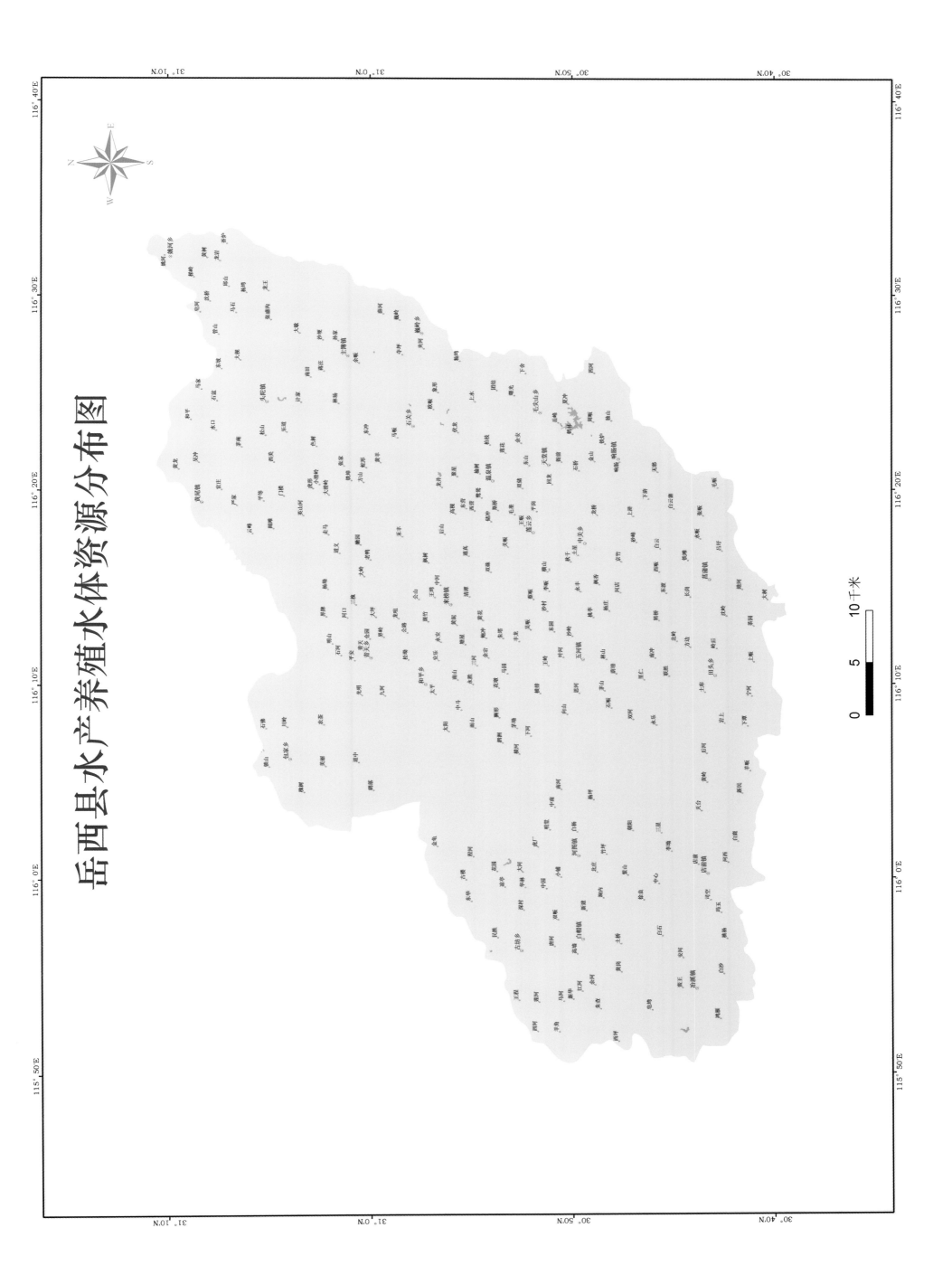

岳西县水产养殖水体资源分布图

0　　　5　　　10千米

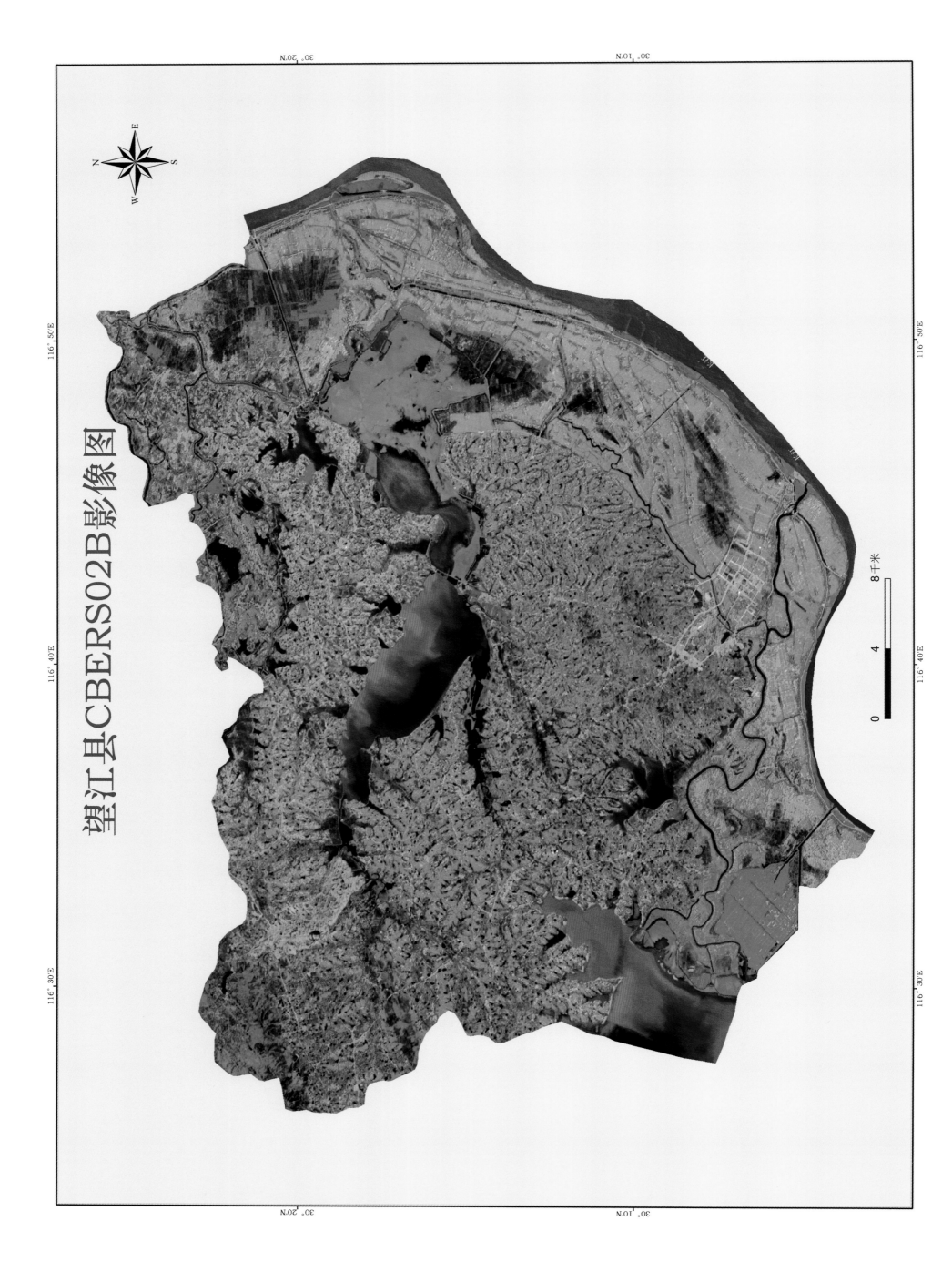

望江县CBERS02B影像图

望江县水产养殖水体资源分布图

0　　4　　8千米

潜山县CBERS02B影像图

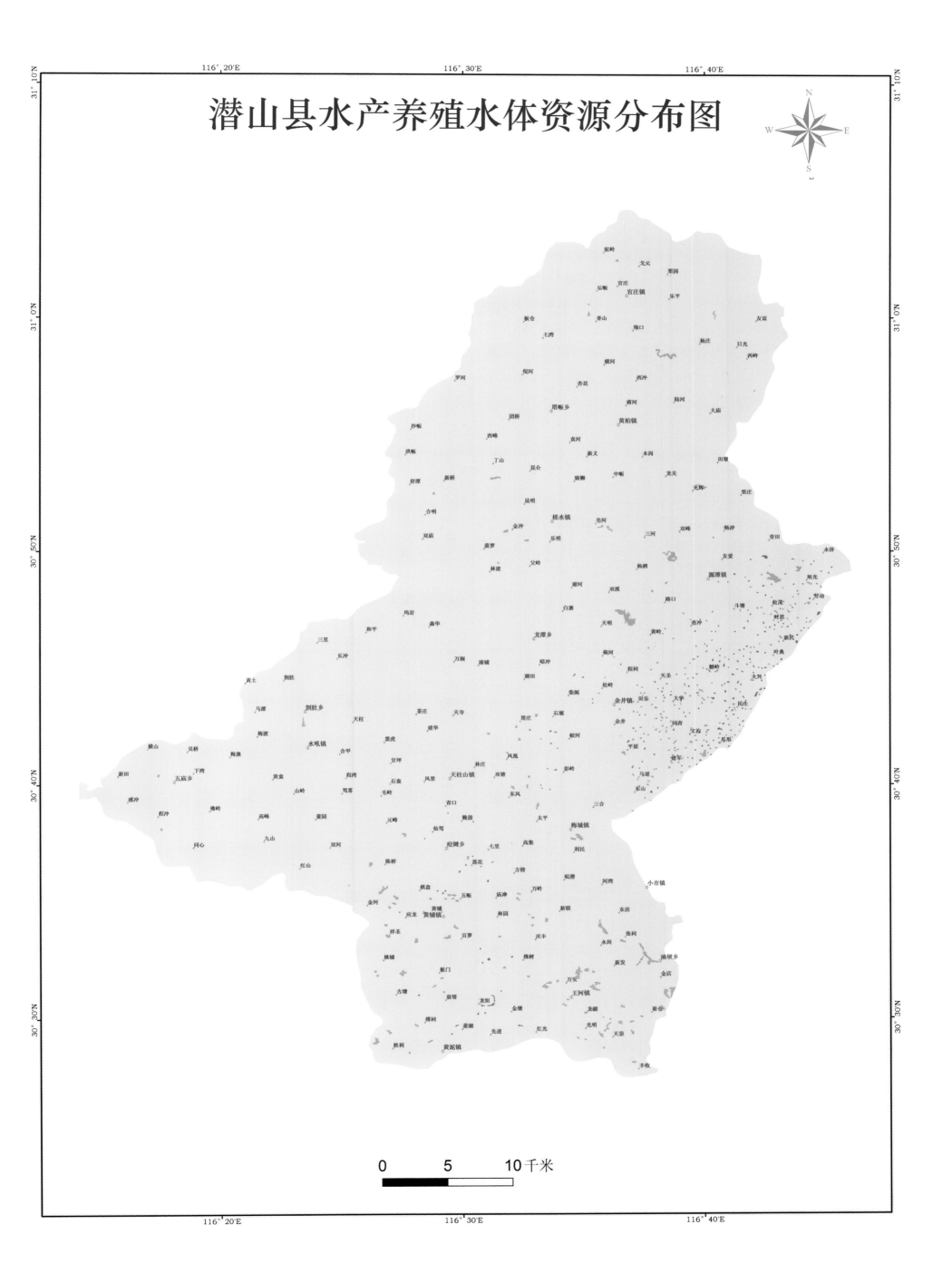

潜山县水产养殖水体资源分布图

0　　5　　10千米

第九节 黄山市

一、自然水资源条件

黄山市位于安徽省南部,地处北亚热带,属湿润性季风气候,具有温和多雨,四季分明的特征,年均降水量1 670毫米,最高达2 708毫米,降水多集中于5~8月,总面积9 807平方千米。域内水系分长江上游的青弋江水系和钱塘江上游的新安江水系。其中,青弋江水系的上游有清溪河和太平湖;新安江水系有率水河、横江,境内新安江长约44千米,集水面积5 944平方千米。黄山市虽然水域面积较少,但溪河塘坝中的水环境质量常年达到三类标准,生物资源丰富多样,鱼类有120多个品种,适合发展现代特色渔业养殖。全市重点发展的特色水产养殖主要有山区流水养鱼和大鲵人工养殖。

二、水产养殖基本情况

据渔业统计,2008~2010年黄山市淡水养殖产量分别为14 629吨、15 282吨、16 051吨;养殖面积分别为8 991公顷、9 267公顷、9 285公顷。

黄山市淡水养殖主产区主要集中在市辖区、休宁县和歙县。2008~2010年各县(区)平均淡水养殖产量以市辖区最高,为11 338吨;其次为休宁县,为2 629吨;其余依次为歙县、祁门县、黟县,分别为880吨、334吨、221吨。黄山市各县(区)淡水养殖产量构成如图2-9-1所示。

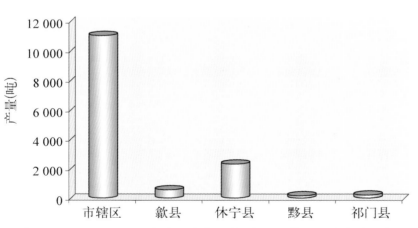

图2-9-1 2008~2010年黄山市各县(区)淡水养殖平均产量构成

三、水产养殖特点

1. 主要水产养殖类型与方式

黄山市淡水养殖主要为池塘养殖、湖泊养殖、水库养殖、河沟养殖和稻田养殖等类型。

(1)池塘养殖:2010年养殖面积为1 062公顷,平均单产水平约为3 410千克/公顷。

(2)湖泊养殖:2010年养殖面积为5 533公顷,平均单产水平约为682千克/公顷。

(3)水库养殖:2010年养殖面积为1 342公顷,平均单产水平约为3 447千克/公顷。

(4)河沟养殖:2010年养殖面积为1 336公顷,平均单产水平约为1 716千克/公顷。

(5)稻田养殖:2010年养殖面积为5公顷,平均单产水平约为2 400千克/公顷。

2. 主要养殖品种结构

黄山市主要养殖品种有青鱼、草鱼、鲢、鳙、鲤鱼、鲫鱼、鳊鱼、泥鳅、鲴鱼、黄颡鱼、黄鳝、鳜鱼、乌鳢等。黄山市各养殖品种的产量结构如图2-9-2所示。

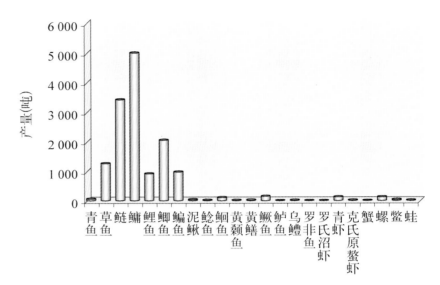

图2-9-2 2010年黄山市主要淡水养殖品种产量结构

3. 特色养殖

(1)流水养鱼:山区流水养鱼保留了山区传统的养鱼方式,由于养殖期间流水水质清澈,水温低,养殖鱼类生长缓慢,鱼特别鲜美,养殖经济效益良好。

(2)大鲵养殖:大鲵人工养殖、繁育技术瓶颈已突破,发展前景广阔,全年繁育大鲵幼苗可达3.5万尾。除开展人工养殖外,大鲵的增殖放流工作也在持续进行,并取得了较好的生态保护效果。近年来,大鲵在自然环境中已被多次发现,且长势良好。

四、养殖水体资源遥感监测

黄山市水产养殖水体资源遥感监测结果如表2-9-1所示。

表2-9-1 黄山市水产养殖水体资源

地 区	内陆池塘（公顷）	水库、山塘（公顷）	大水面（公顷）	区县合计（公顷）	总计（公顷）
市辖区	159	321	7 728	8 208	
休宁县	47	178		225	
歙 县	23	77		100	8 822
祁门县		57		57	
黟 县	24	76	132	232	

五、20公顷以上成片养殖池塘分布

遥感影像显示,黄山市未见20公顷以上成片养殖池塘。

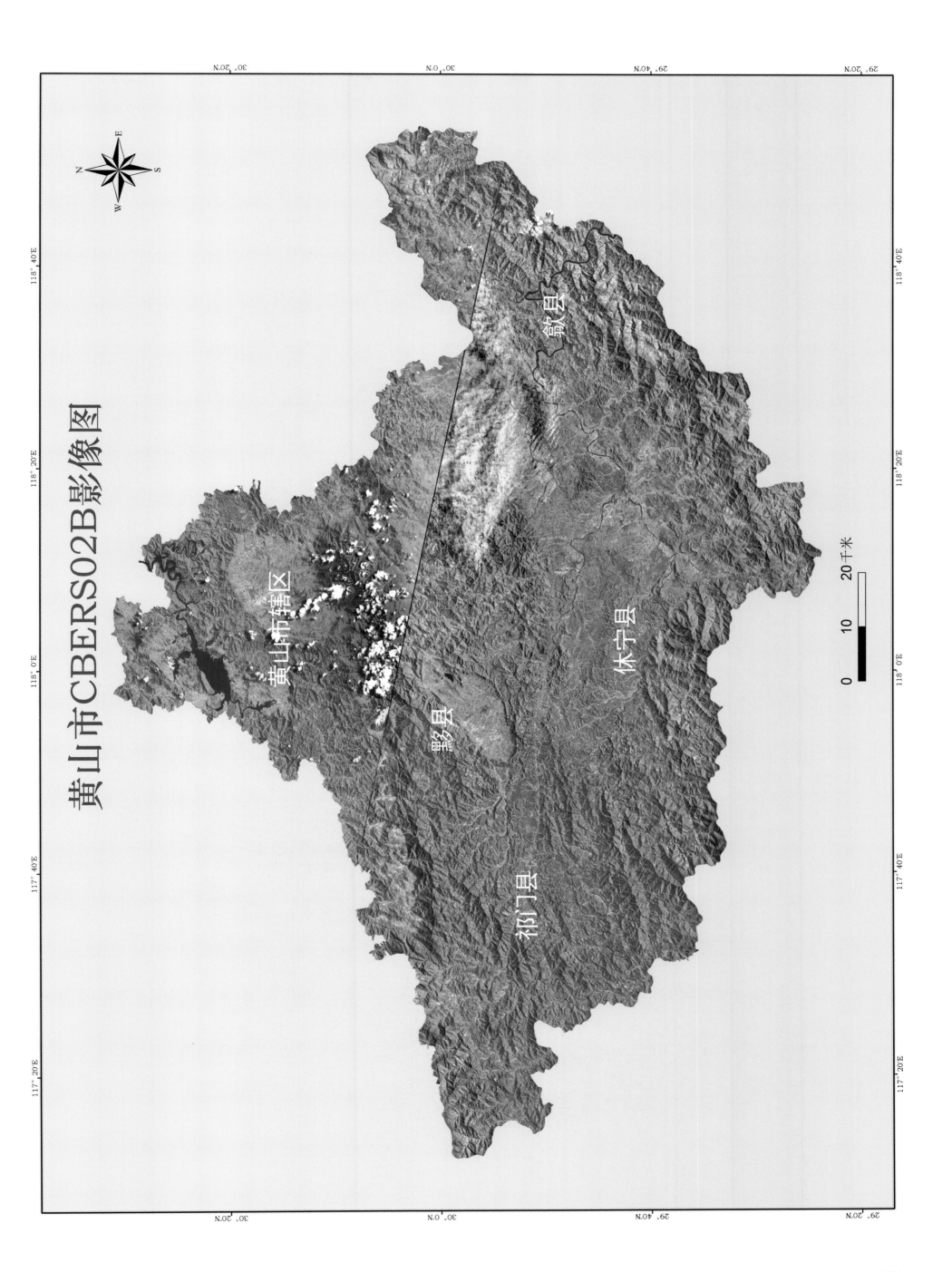

黄山市CBERS02B影像图

歙县

黄山市辖区

黟县

休宁县

祁门县

20千米
0   10

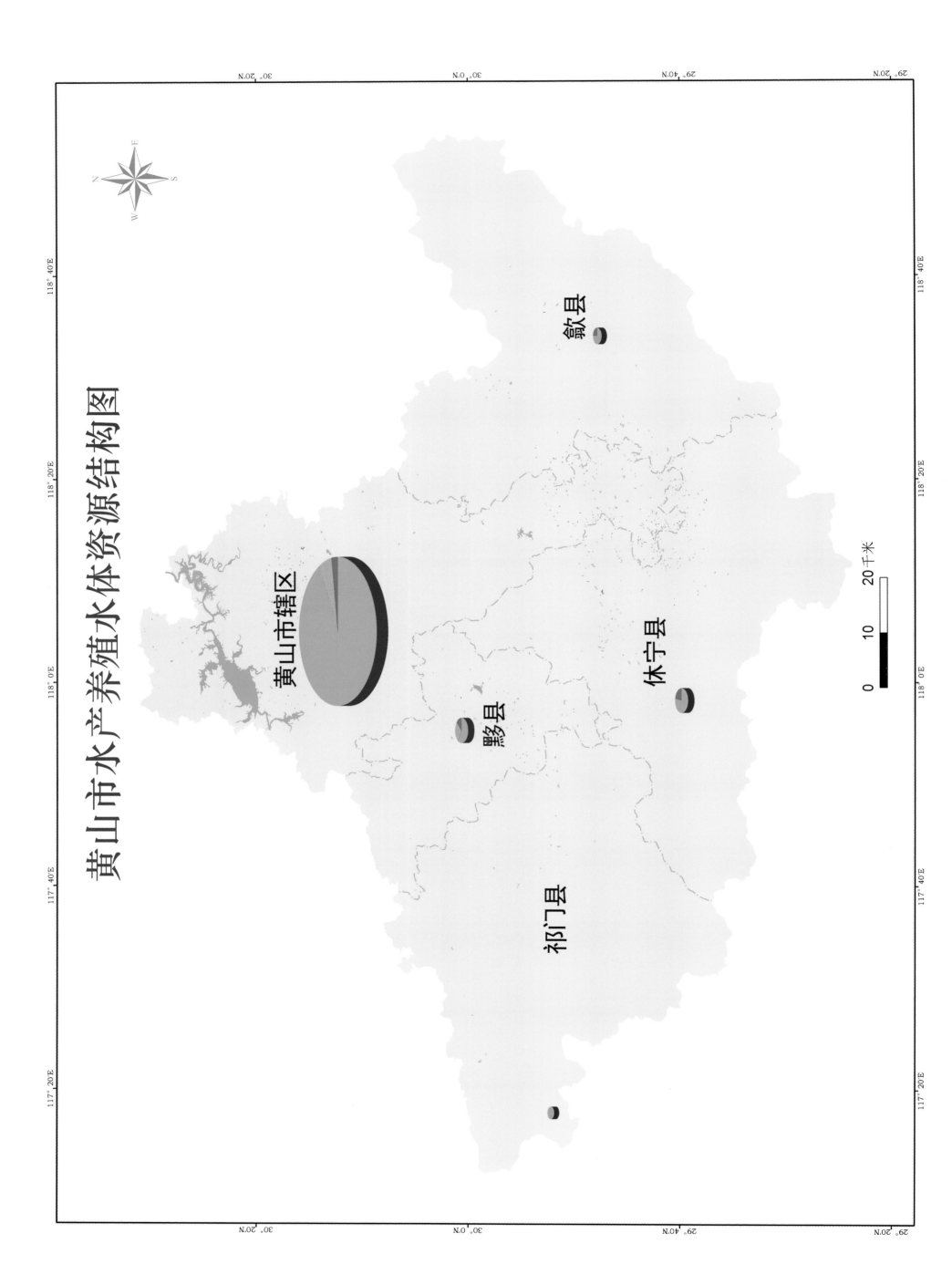

黄山市水产养殖水体资源结构图

歙县

黄山市辖区

黟县

休宁县

祁门县

0　10　20千米

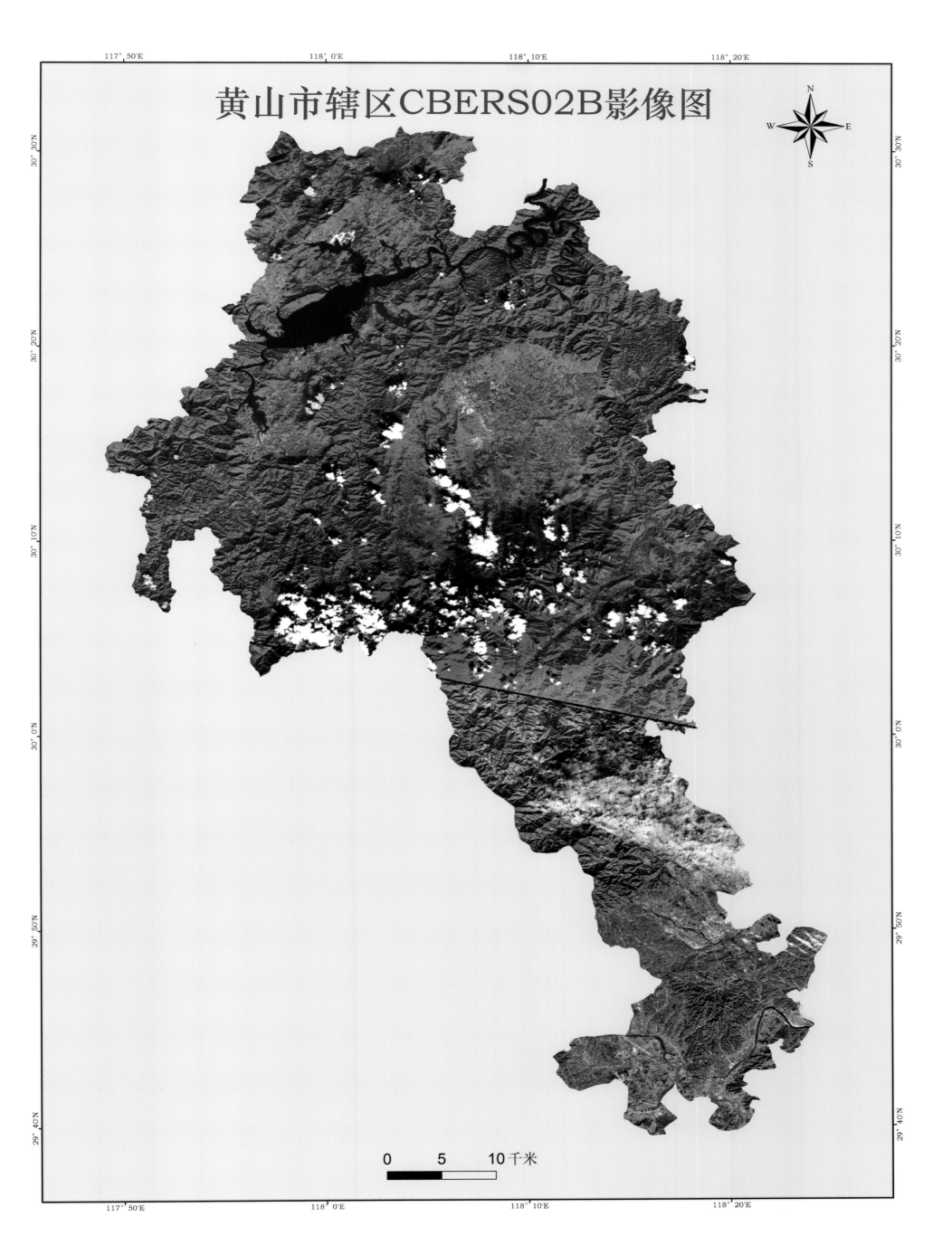

黄山市辖区CBERS02B影像图

0　　5　　10千米

黄山市辖区水产养殖水体资源分布图

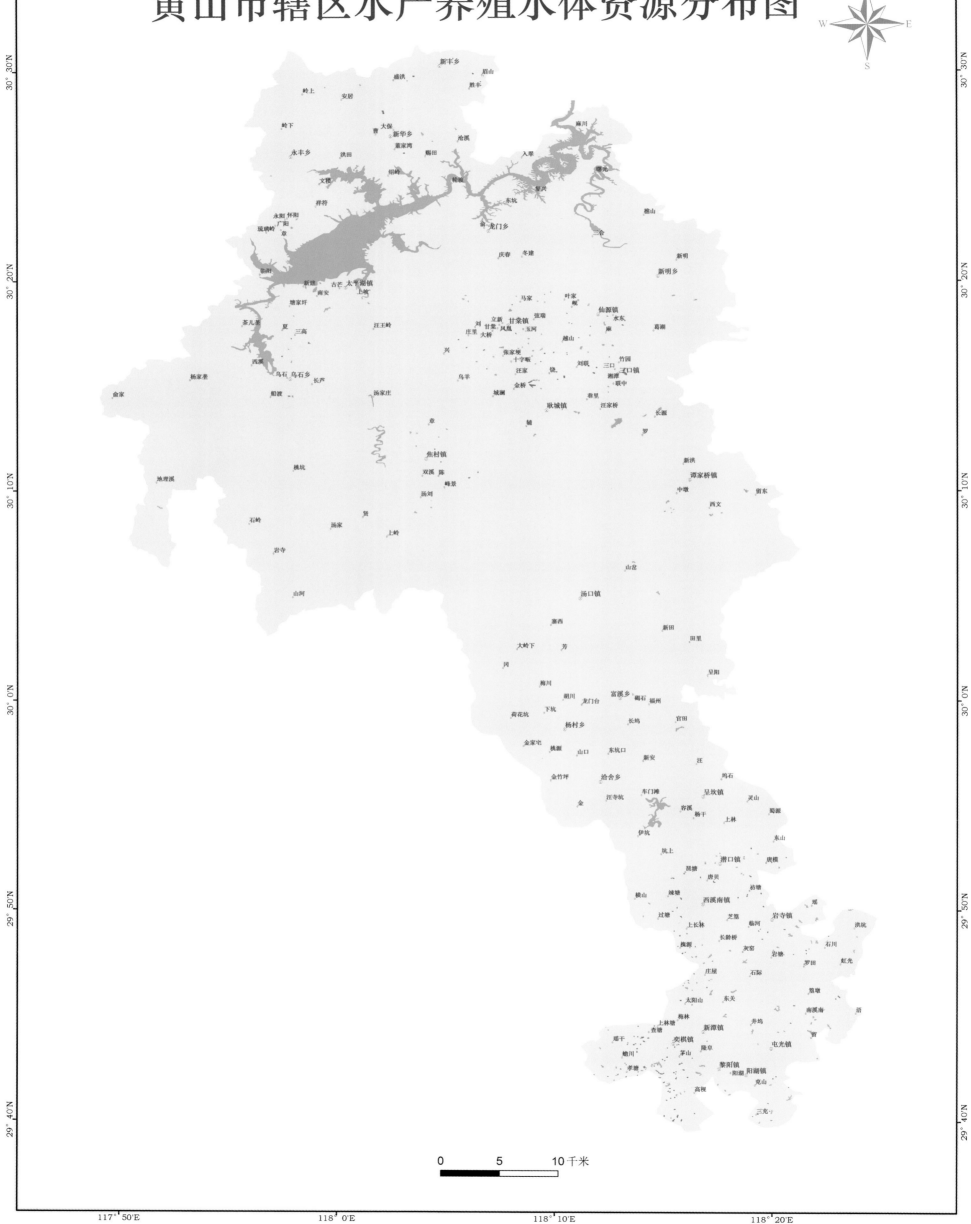

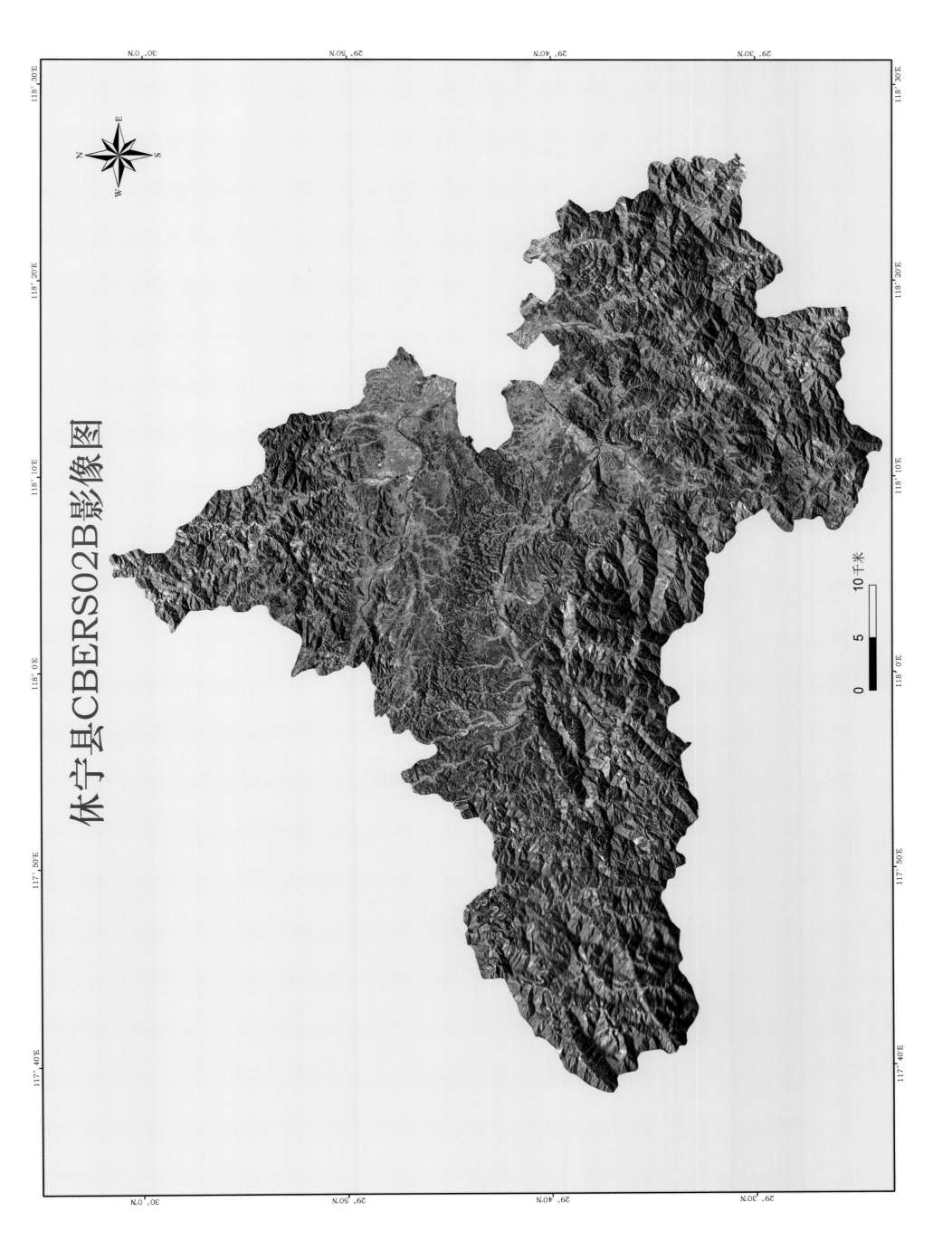

休宁县CBERS02B影像图

105

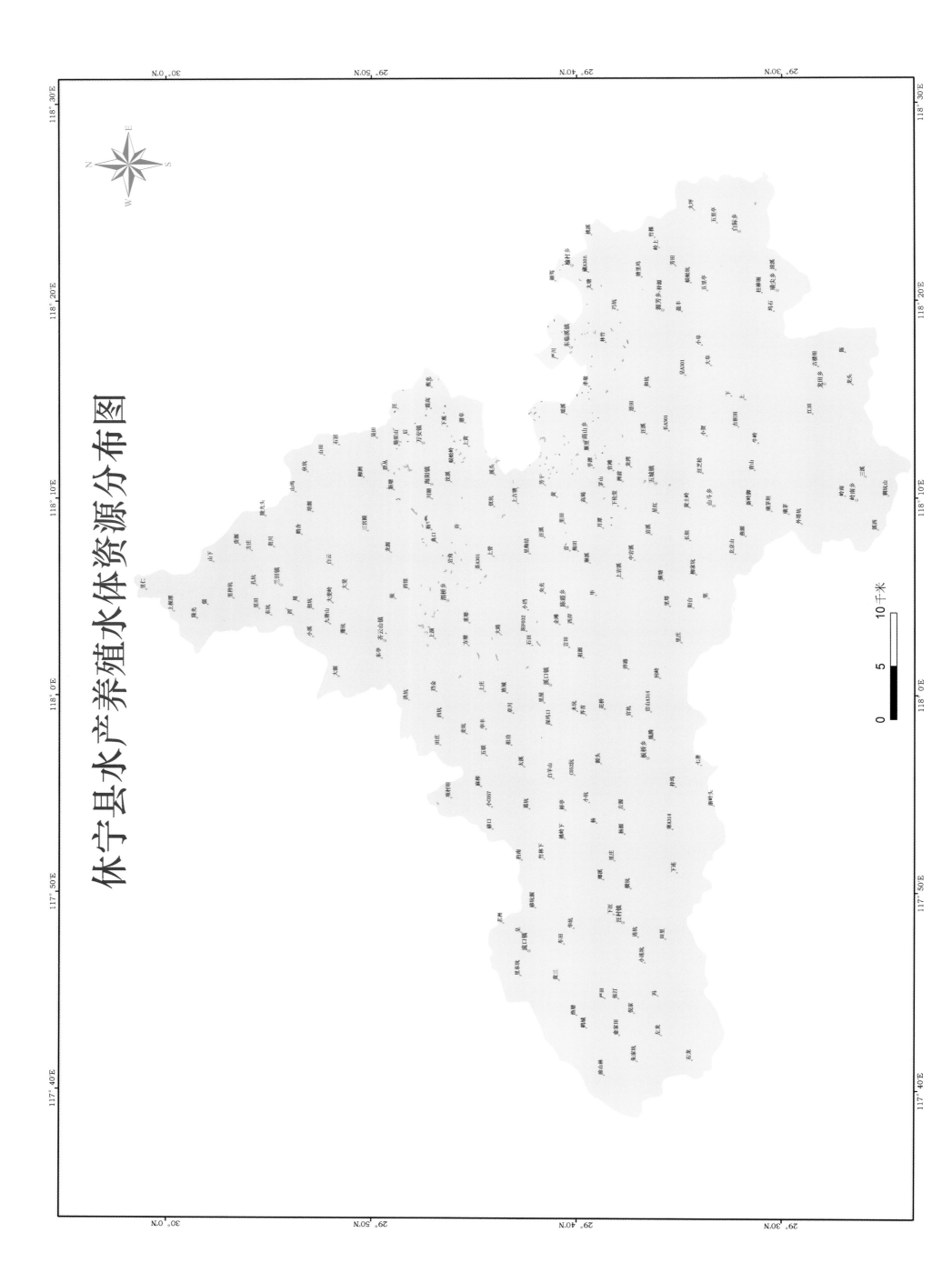

休宁县水产养殖水体资源分布图

歙县CBERS02B影像图

0 5 10千米

107

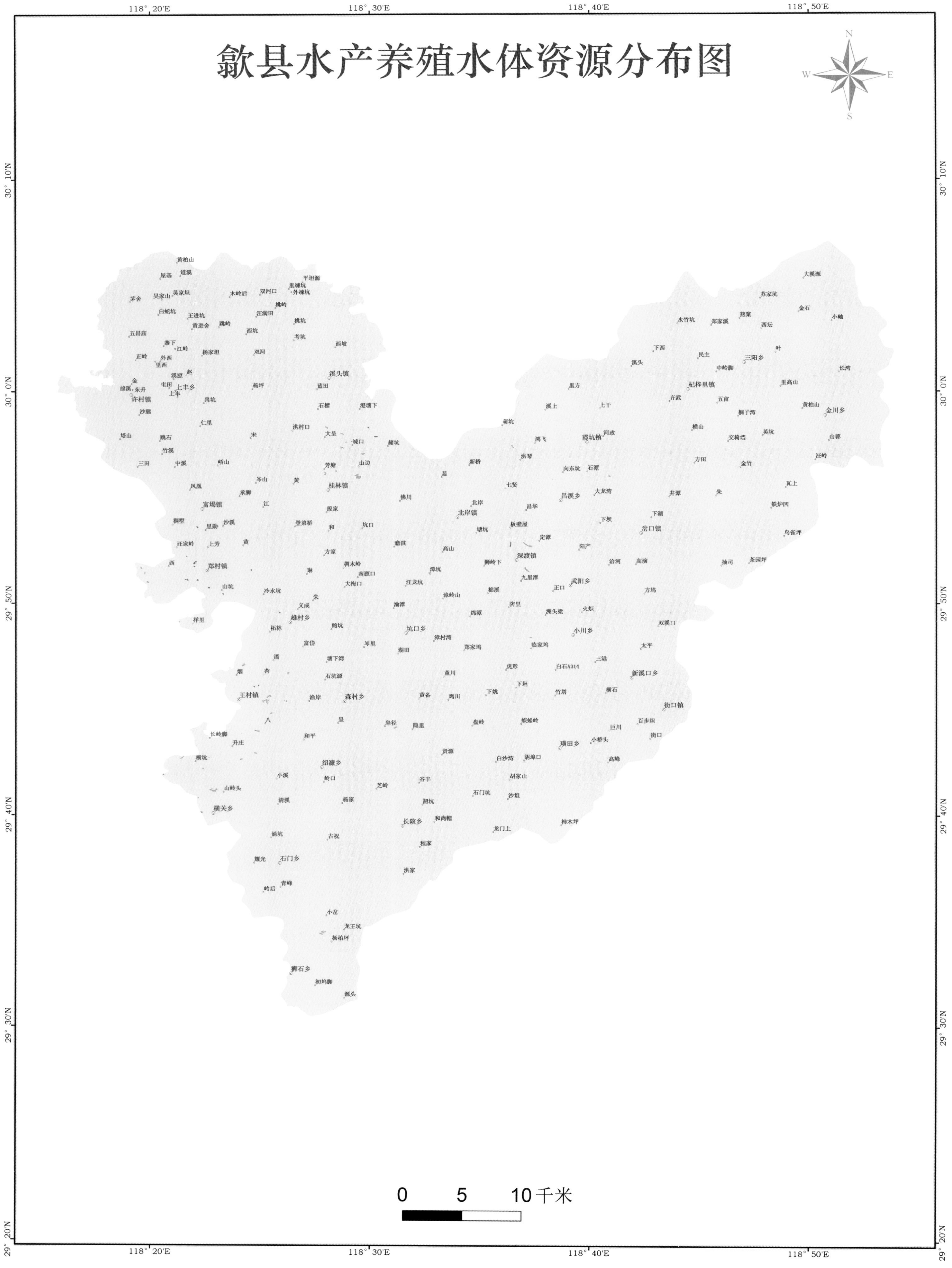

歙县水产养殖水体资源分布图

黄柏山
屋基　泔溪
茅舍　吴家山　吴家组　　　　　平坦源
白蛇坑　王进坑　　木岭后　双河口　里株坑
五昌庙　　黄进舍　跳蝴　　汪滴田　　外篠坑
正岭　瀬下　江坑　杨家组　西坑　　横坑　　大溪源
　　外西　里西　赵　　双河　考坑　　　　苏家坑
金　屯田　溯源　　　　　杨坪　　西坡　　　水竹坑　邓家溪　西坛　金石
前溪 东升　上丰乡　　　　　　溪头镇　　　　　下西　　民主　　叶　小岭
许村镇　沙雞　上丰　　　　　蓝田　提塘下　　溪头　杞梓里镇　中岭脚　三阳乡　里高山　长湾
瑠山　飚石　仁里　　石棚　　里方　　　　齐武　五亩　桐子湾　黄柏山　金川乡
竹源　　　宋　洪村口　大皇　　　　溪上　上干　　横山　　交椅档　英坑　山郭
三田　中溪　蛸山　　　减口　　　前坑　河政　　方田　　金竹　　汪岭
风凰　芩山　黄　芳塘　山边　鳝坑　鸿飞　霞坑镇　　　瓦上
富堨镇　承狮　桂林镇　　　　新桥　　向东坑　石潭　　井潭　朱　铁炉岇
桐墅　里勋　沙溪　登弟桥　殷家　佛川　北岸　昌华　昌溪乡　大龙湾　下坑　　乌雀坪
汪家岭　上芍　黄　和　坑口　塘坑　北岸镇　板壁屋　下坝　呇口镇　茶园坪
西　郑村镇　舞木岭　方家　　高山　　定潭　深渡镇　阳产　洽河　高演　抽司
山坑　冷水坑　朱　南源口　汪龙坑　漳坑　兴岭下　九里潭　正口　武阳乡　方坞
样里　义成　大梅口　漳岭山　　漳潭　防里　州头梁　火炬　双溪口
雄村乡　鲍坑　漁潭　坑口乡　锦潭　　洲头梁　小川乡　太平
柘林　富偌　苄里　　漳口湾　郑家坞　临河坞　白石A314　三港　新溪口乡
潘　萧下湾　　朝田　虎形　　下姚　竹塔　横石　街口镇
王村镇　渔岸　森村乡　黄备　鸡川　下坦　　巨川　百步坦
长岭脚　八　呈　和平　　皇积　隐里　盘岭　猴蚯岭　璜田乡　街口
升庄　　　阜积　　　　白沙湾　胡埠口　小桥头　高峰
横坑　　贻溪乡　岭口　　　　贤源　白沙湾　胡家山　沙坦
山岭头　小溪　　芝岭　　容丰　石门坑　　龙门上　桦木坪
横关乡　横关乡　清溪　杨家　蛇坑　　和尚帽
遥坑　古祝　　长陔乡　程家
曙光　石门乡　岭后　　洪家
青峰
小岔
龙王坑
杨柏坪
獐石乡
初坞脚　源头

0　5　10千米

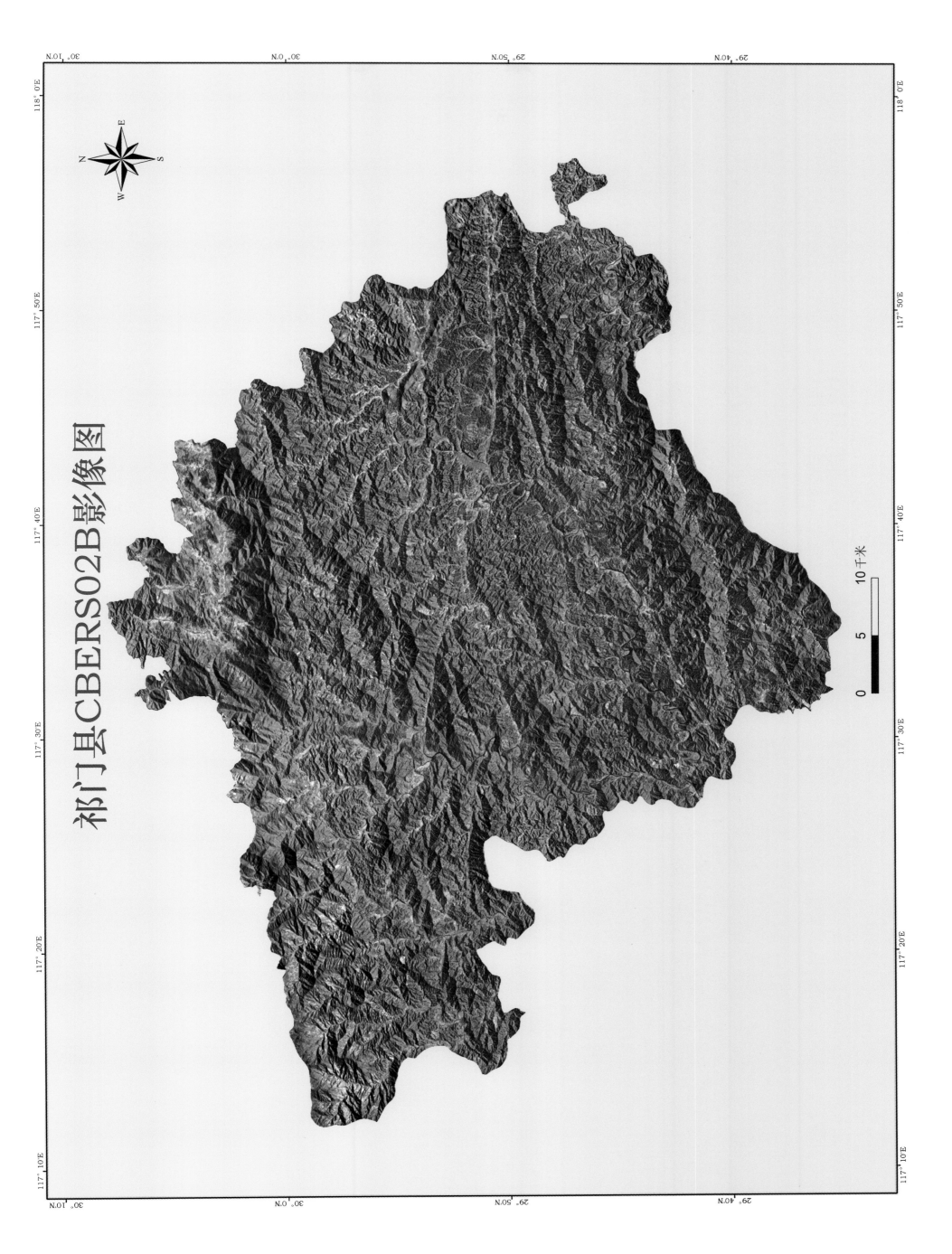

祁门县CBERS02B影像图

0 5 10千米

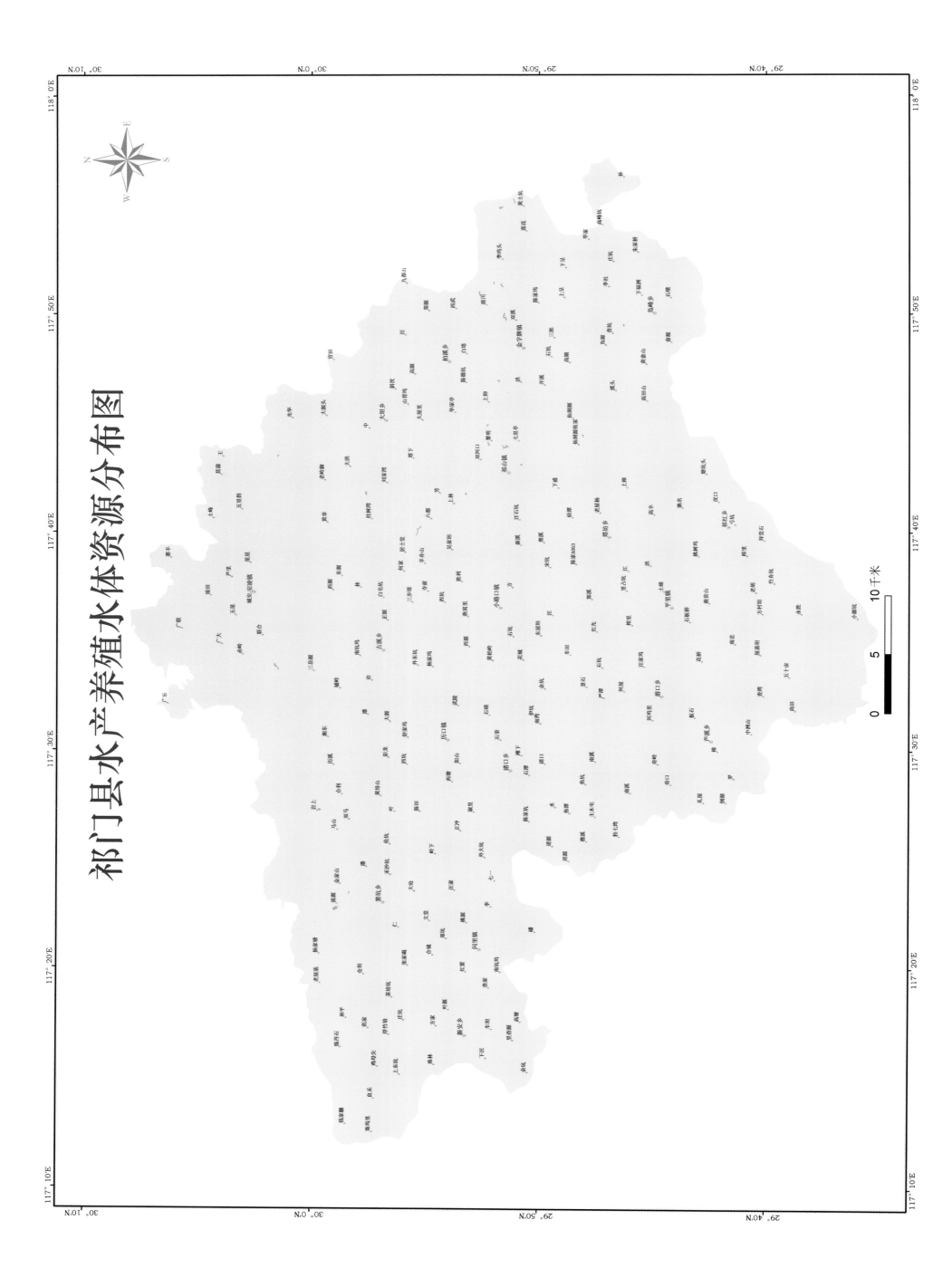

祁门县水产养殖水体资源分布图

110

黟县CBERS02B影像图

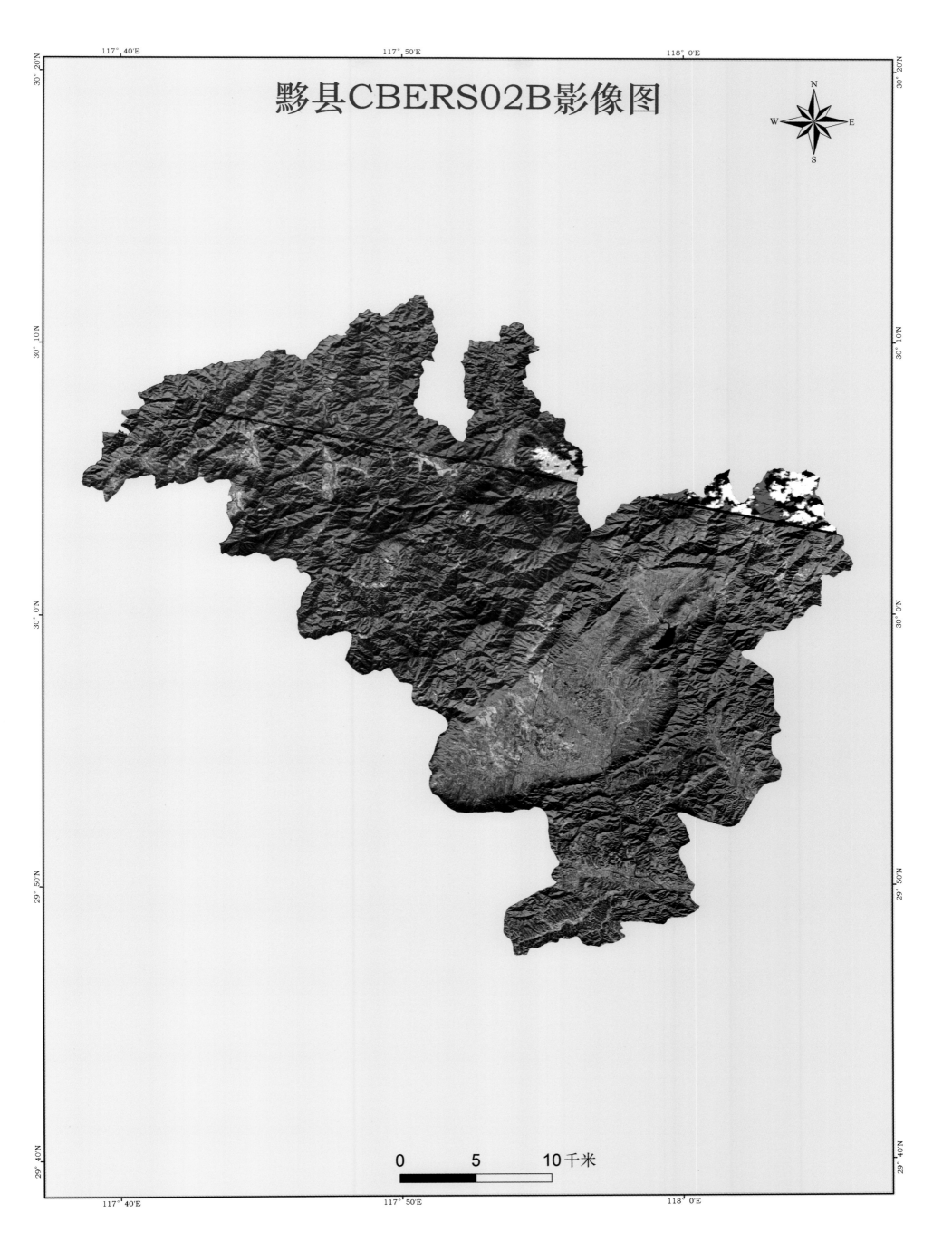

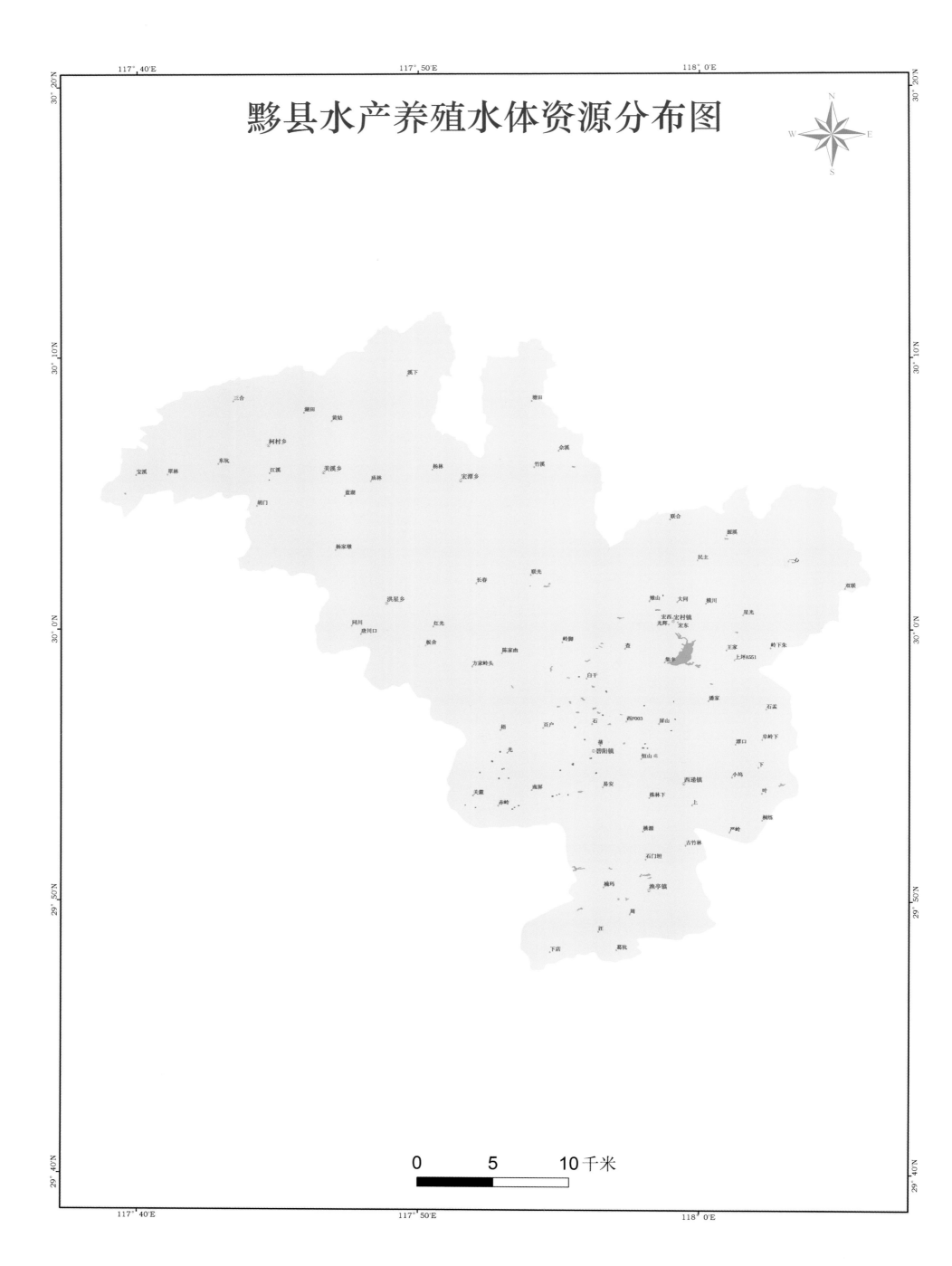

黟县水产养殖水体资源分布图

第十节 滁州市

一、自然水资源条件

滁州市位于安徽省东部,地处江淮之间丘陵地带,属北亚热带湿润季风气候,四季分明,温暖湿润,年均降水量1 035.5毫米。全市下辖2个区和6个县(市),总面积1.33万平方千米。

1. 河流

滁州市境内有淮河和滁河两大流域。其中,淮河支流有窑河、天河、濠河、板桥河、小溪河、池河、铜龙河、杨河、白塔河、王桥河、秦栏河等,河流总长560千米,流域面积7 183平方千米(含淮河);滁河支流有小马厂河、管坝河、大马厂河、襄河、土桥河、清流河、来河、沛河、皂河等,河流总长488.4千米,流域面积4 405.5平方千米。

2. 湖泊

滁州市境内主要湖泊有10座,面积3.2万公顷,分别为高邮湖、高塘湖、月明湖、花园湖、女山湖、七里湖、沂湖、洋湖、沙湖、烂泥湖。境内湖泊均为浅水型湖泊,湖中水草茂盛,是水产品重要产地。

3. 水库

滁州市有水库1 049座,其中万亩以上大型水库有2座,千亩以上中型水库有45座,百亩以上小型水库有1 000多座,大中型水库主要为黄栗树水库、沙河水库、城西水库、独山水库、红石沟水库等。境内水库冬季不结冰,库区植被好,工业污染少,适宜发展绿色和有机水产品养殖。

二、水产养殖基本情况

据渔业统计,2008~2010年滁州市淡水养殖产量分别为221 329吨、234 332吨、251 389吨,养殖面积分别为62 179公顷、73 586公顷、74 425公顷。

滁州市淡水养殖主产区主要集中在明光市、天长市等。2008~2010年各县(市、区)淡水养殖产量以明光市最高,年平均为59 529吨;其余依次为天长市、全椒县和凤阳县,年平均产量分别为50 060吨、31 033吨和29 530吨。滁州市各县(市、区)的淡水养殖产量构成如图2-10-1所示。

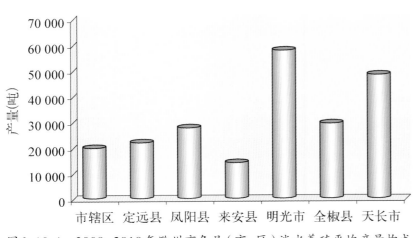

图2-10-1 2008~2010年滁州市各县(市、区)淡水养殖平均产量构成

三、水产养殖特点

1. 水产养殖类型与方式

滁州市淡水养殖主要有水库养殖、池塘养殖、湖泊养殖、稻田养殖等类型。

(1)水库养殖:2010年养殖面积为32 401公顷,平均单产水平约为1 983千克/公顷。

(2)池塘养殖:2010年养殖面积为20 023公顷,平均单产水平约为5 914千克/公顷。

(3)湖泊养殖:2010年养殖面积为19 626公顷,平均单产水平约为2 990千克/公顷。

(4)稻田养殖:2010年养殖面积为5 838公顷,平均单产水平约为1 215千克/公顷。

2. 主要养殖品种结构

滁州市水产养殖品种主要有鲢、鳙、河蟹、草鱼、鲫鱼、克氏原螯虾、鲤鱼、鳊鱼等。滁州市淡水养殖品种的产量结构如图2-10-2所示。

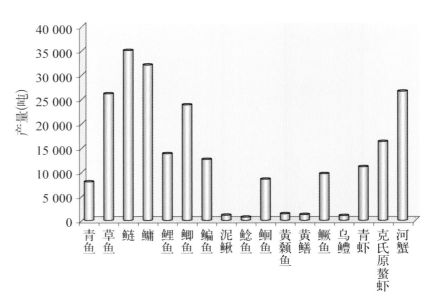

图2-10-2 2010年滁州市主要淡水养殖品种产量结构

3. 特色养殖

规模化健康养殖:滁州市多年来积极组织开展市级以上水产规模化健康养殖基地创建活动,推广水产健康养殖和标准化养殖技术。全市市级以上规模化健康养殖基地已有85家,其中部级健康养殖示范场有27家,基地养殖面积达1.67公顷,占全市养殖总面积的20%。

四、养殖水体资源遥感监测

滁州市水产养殖水体资源遥感监测结果如表2-10-1所示。

表2-10-1 滁州市水产养殖水体资源

地 区	内陆池塘(公顷)	水库、山塘(公顷)	大水面(公顷)	区县合计(公顷)	总计(公顷)
市辖区	2 100	2 682	3 054	7 836	
天长市	10 845	2 515	4 532	17 892	94 673
明光市	19 635	855	2 079	22 569	
全椒县	1 446	5 105	2 960	9 511	

地 区	内陆池塘（公顷）	水库、山塘（公顷）	大水面（公顷）	区县合计（公顷）	总计（公顷）
来安县	1 223	720	2 796	4 739	
定远县	4 782	6 079	8 564	19 425	94 673
凤阳县	6 573	2 078	4 050	12 701	

五、20公顷以上成片养殖池塘分布

滁州市20公顷以上成片养殖池塘分布如表2-10-2所示。

表2-10-2　滁州市20公顷以上成片池塘分布情况

地 区	数量（片）	面积（公顷）	全市总计（公顷）
市辖区	15	948	
天长市	28	8 990	
明光市	13	16 876	
全椒县	13	415	33 473
来安县	1	50	
定远县	16	1 857	
凤阳县	17	4 337	

图 2-10-3　围网养殖

图 2-10-4　网箱养殖

图 2-10-5　网箱养鳝

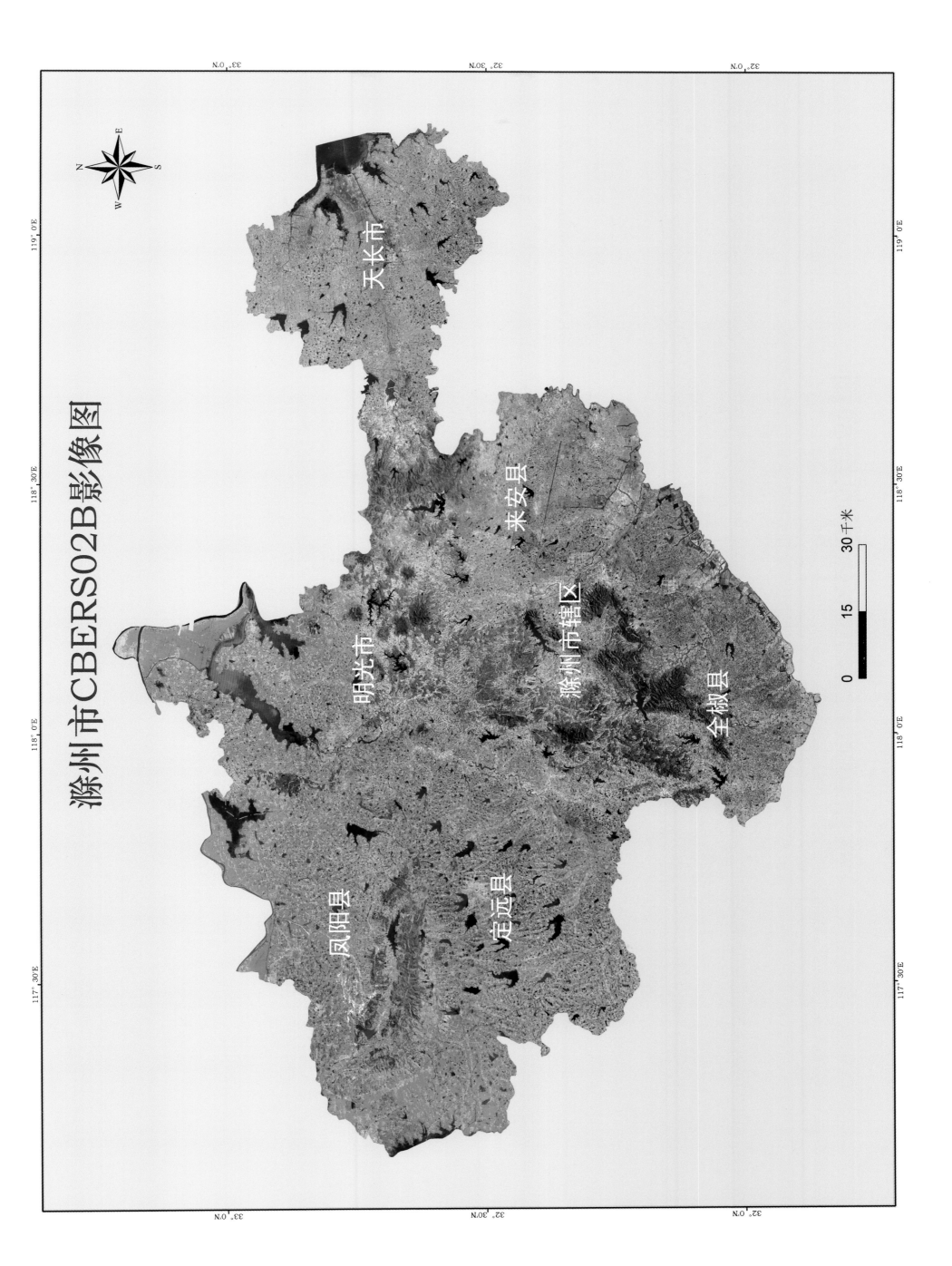

滁州市CBERS02B影像图

天长市

来安县

明光市

滁州市辖区

全椒县

凤阳县

定远县

0　15　30千米

N
W　E
S

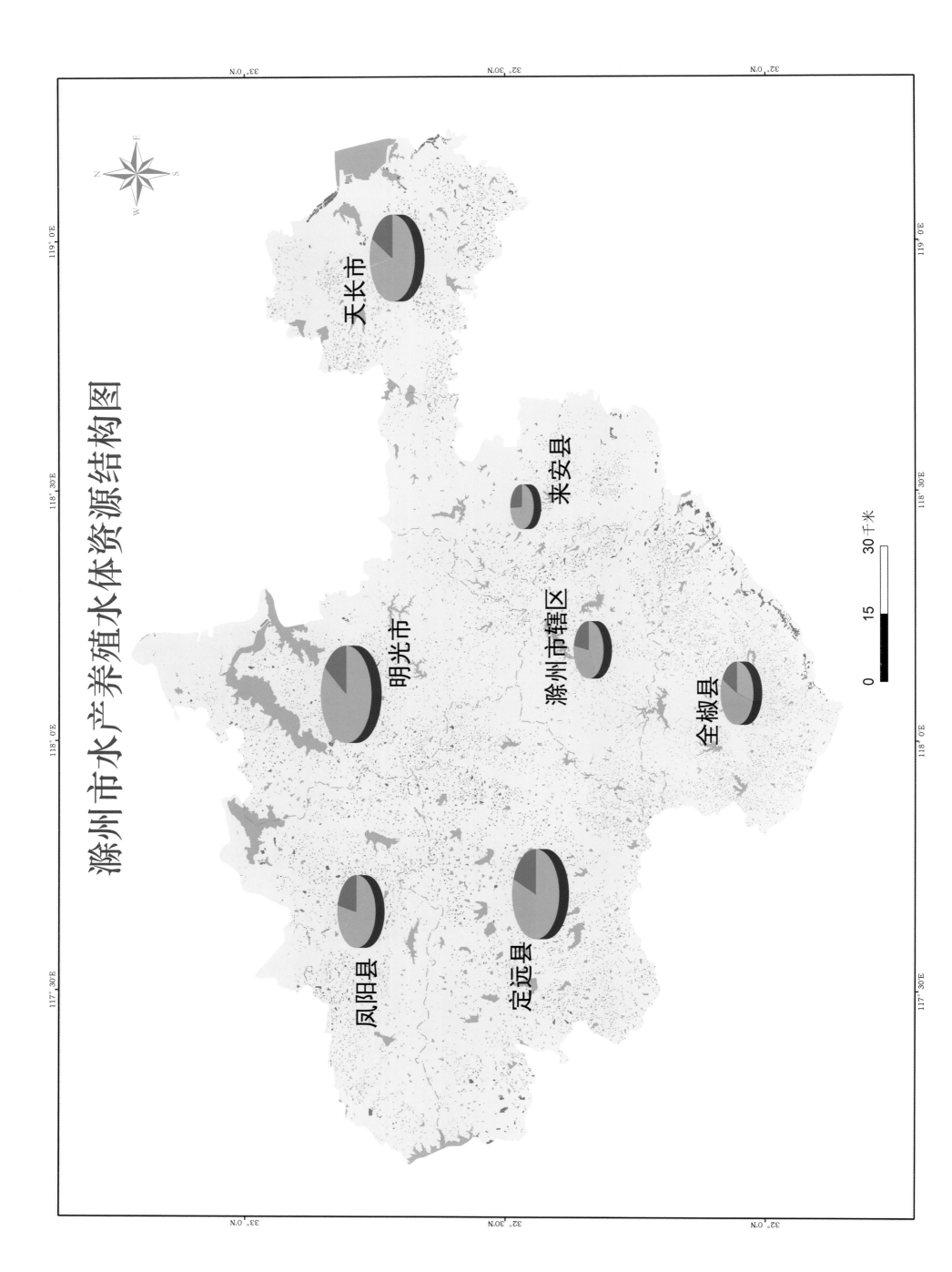

滁州市水产养殖水体资源结构图

天长市

来安县

明光市

滁州市辖区

全椒县

凤阳县

定远县

0　　15　　30千米

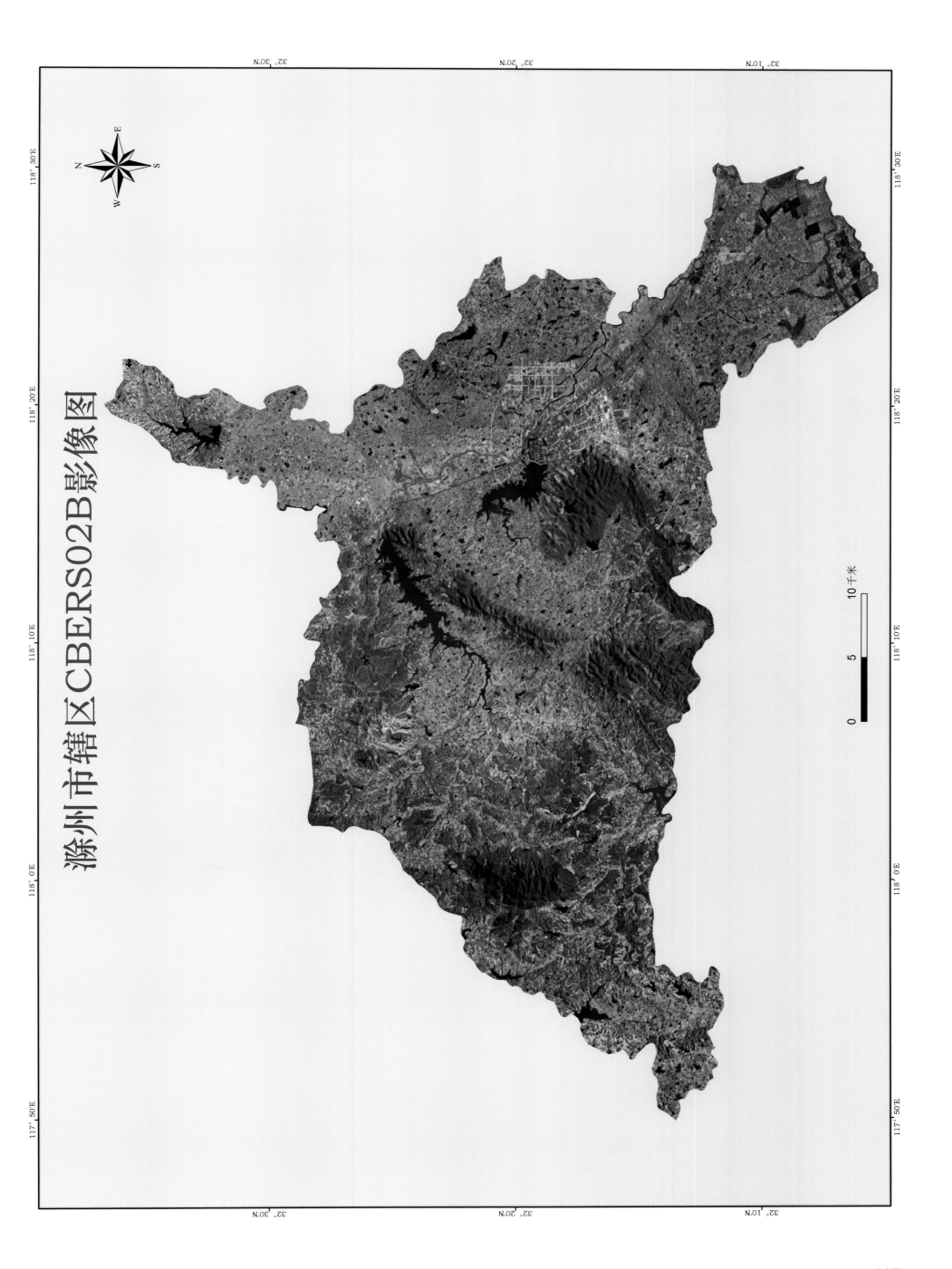

滁州市辖区CBERS02B影像图

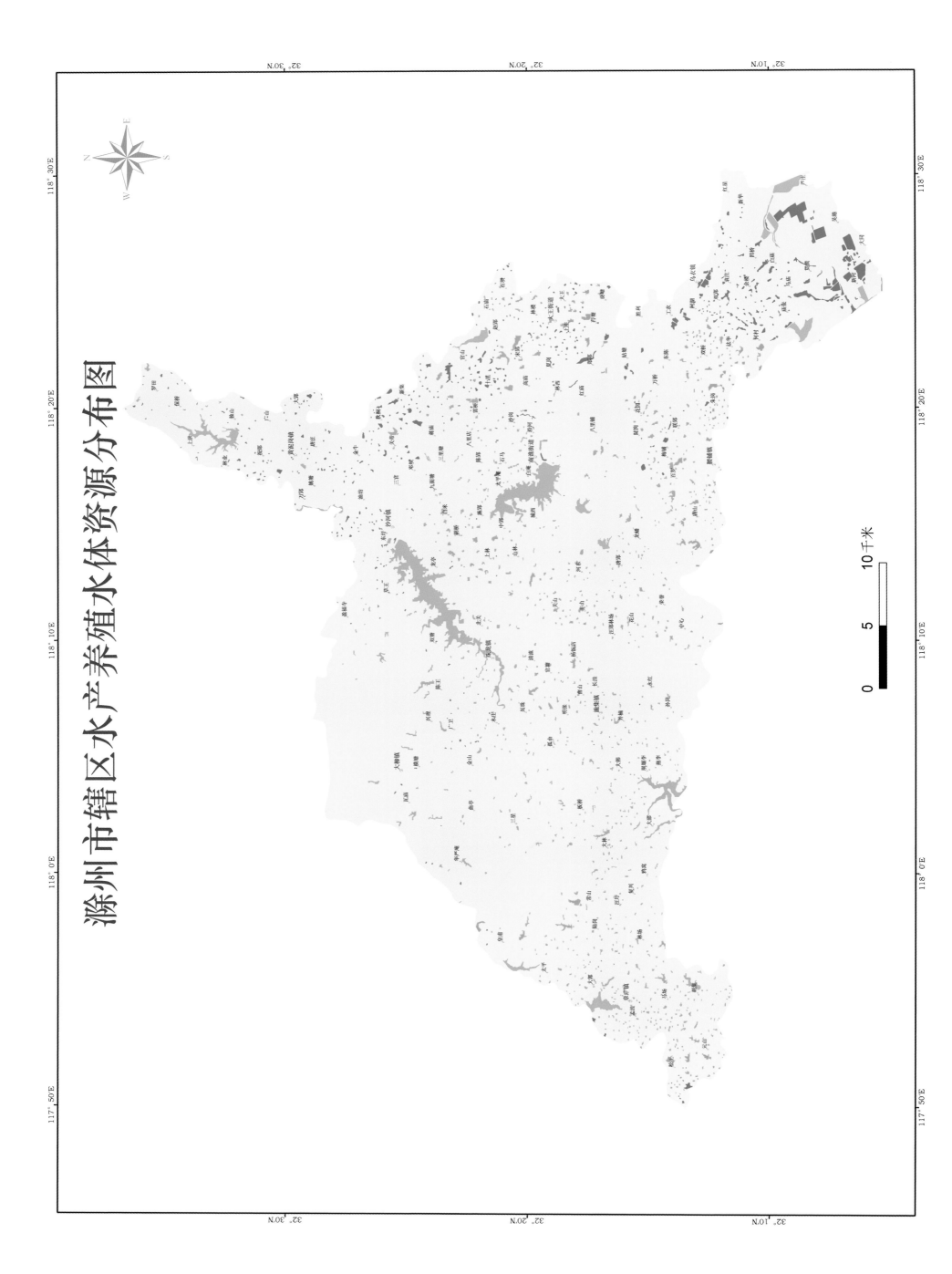

滁州市辖区水产养殖水体资源分布图

天长市CBERS02B影像图

118°40'E　　118°50'E　　119°0'E　　119°10'E

33°0'N

32°50'N

32°40'N

32°30'N

32°20'N

白塔河

0　　5　　10千米

119

N
W　E
S

天长市水产养殖水体资源分布图

118°40'E   118°50'E   119°0'E   119°10'E

33°0'N

32°50'N

32°40'N

32°30'N

32°20'N

周庄
常庄 高庄 姚庄
安乐 东楼 松园庄 植李庄 贡庄
翁洞庄 段庄 铜西 七里井 长塘 湾塘
小李庄 小井川 铜城镇 四里叉 娄庄 沿湖 岗庙
虎山 杨家岗 王家上庄 齐庙 胡家本庄 高家大庄 陈庄 龙岗
养田 湾塘 李家官坝 栗树庄 廉婆娘汪 孙庄 友好
刘庄 大通镇 陶庄 魏坝 堤田 上钱庄 乔庄 庙庄 魏庄 季桥 小李庄
翁家集 刘家圩 庙西 肖庄 小观庄 周庄 镇圩 蛇塘庄 房庄 新小街 曹庄 花园庄 小天 郁庄
小方家营 陈家营 黄塘圩 刘家营 王庄 习庄 杨村镇 藕莲庄 西大庄 墩圩 范家墩
天王 大黄庄 夏家坝 重庄 张庄 桥湾街道 杨家基 大王庄
黄泥岗 张铺镇 双柳 孙家店 陶家尖 赵尖 潘庄 马汊河 李庄 东风
欧庄 栗营圩 刘家槽坊 荣庄 西赵庄 酒店 水丰镇 白来墩 子营 万寿镇 五墩 沈庄 闪庄 南尖
李庄 小李庄 大藕塘 蔡家河 黄家大庄 南尖头 潘庄 镇关桥 洪庙 黄庄 梅庄 树堂庄
竹园庄 范庄 长塘 唐家营 大朗庄 郁庄 陆庄 沈庄 张尖
鄢牌 双塘 里夫台 何庄 土城 石梁镇 茶庵寺 严庄 西庙 百家墩 林庄
五里桥 汊涧镇 李家岗 周家大营 大钢庄 张庄 苏家尖 墩塘庄 三面塘 新华 上潘庄
陈营 郊家山 林家庵 郑家新庄 瑞庄 林家营 曹庄 石家冈 草房庄 九庄 陶冯 五岔路 王家大庄 北尤庄
小潘营 鹿庄 蒲家巷 沈家圩 茶家大庄 井桥 仁和集镇 陶房庄 白马 秦栏镇
泰家营 夏家营 大塘庄 余家营 石庄 宫墩 罗塘庄 徐庄 陈庄 阮栖王 东王庄 柯王庄 黄格稞 邵庄 季宜庄
下闸 柴庄 柴范庄 西陆庄 柯家营 郑集镇 冶山镇 李庄 黄格稞 大刘庄
冯营 王店 和尚庄 周庄 王瞿社 大营 霸庄 桥庄 乐庄 黄庄
长庵 骚庄 狄家竹园 柳陈营 天头庄 福庄 潘庄 王庄 金集镇 孙庄 小潘庄 铜刘庄
下马洋 胡圩 孙庄 良玉 铜桥
下集镇 周庄 陈庄 天宝庄 官桥
沈庄 卜家营
大翁营 何营

0   5   10千米

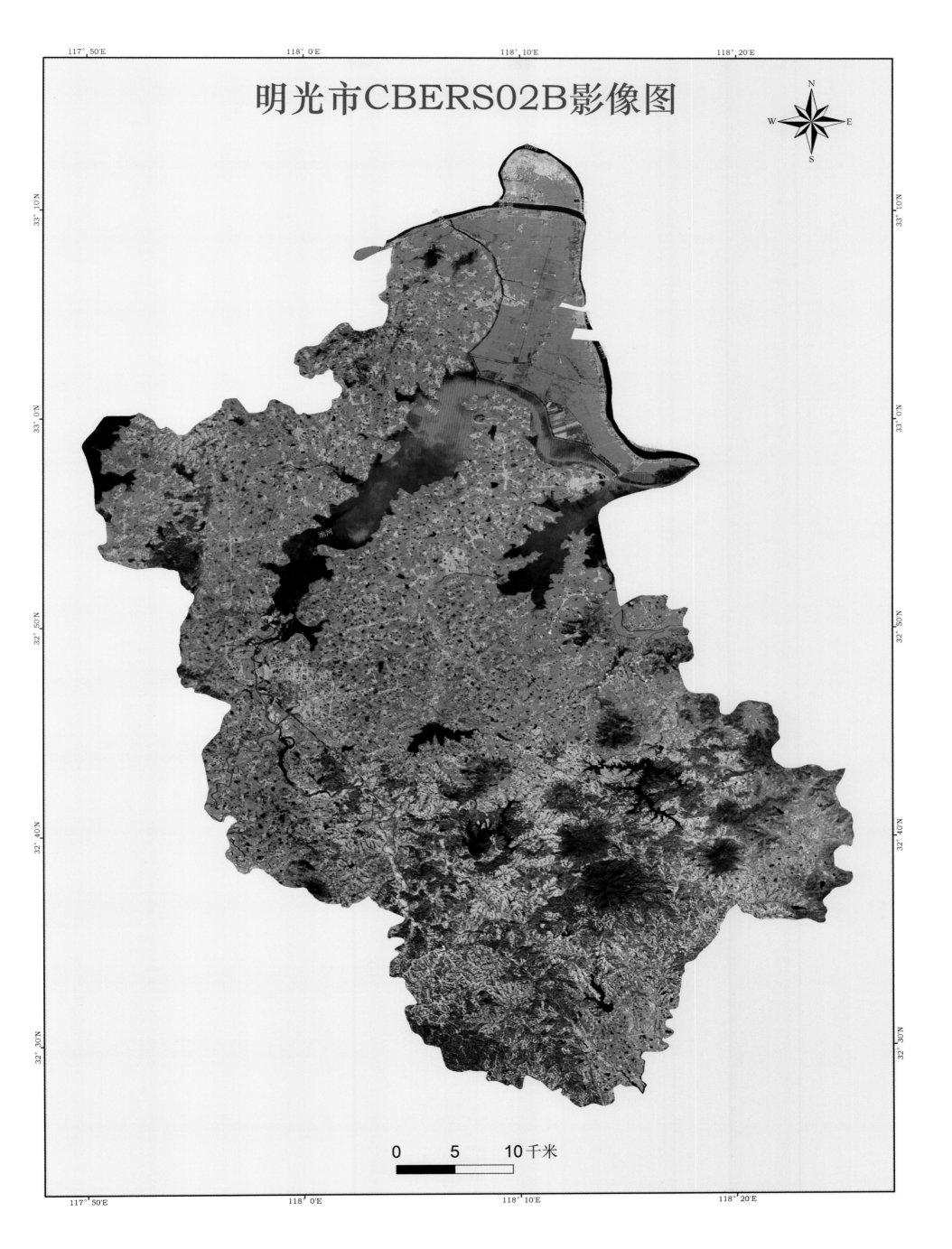

明光市CBERS02B影像图

0 5 10千米

明光市水产养殖水体资源分布图

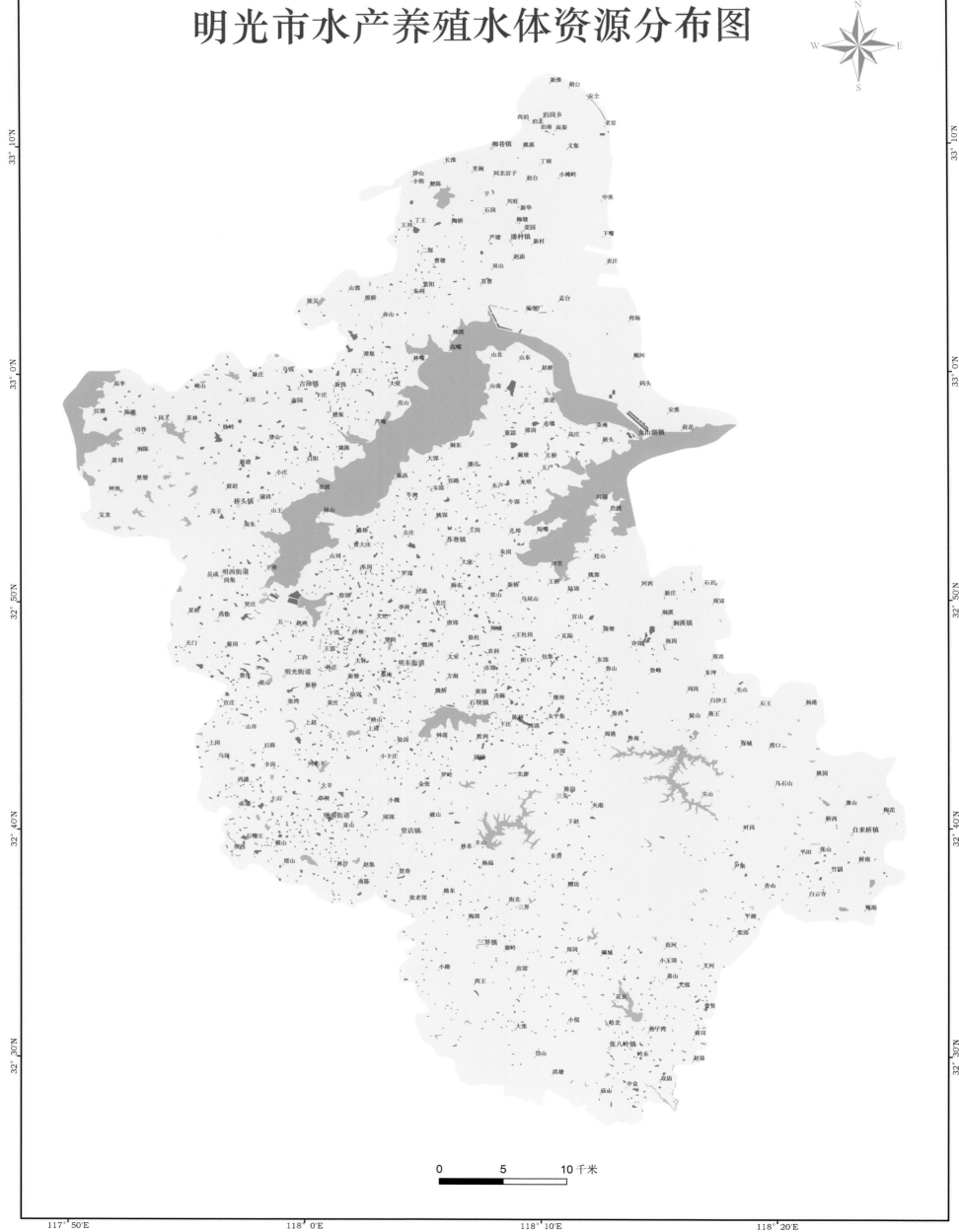

0   5   10千米

全椒县CBERS02B影像图

10千米

123

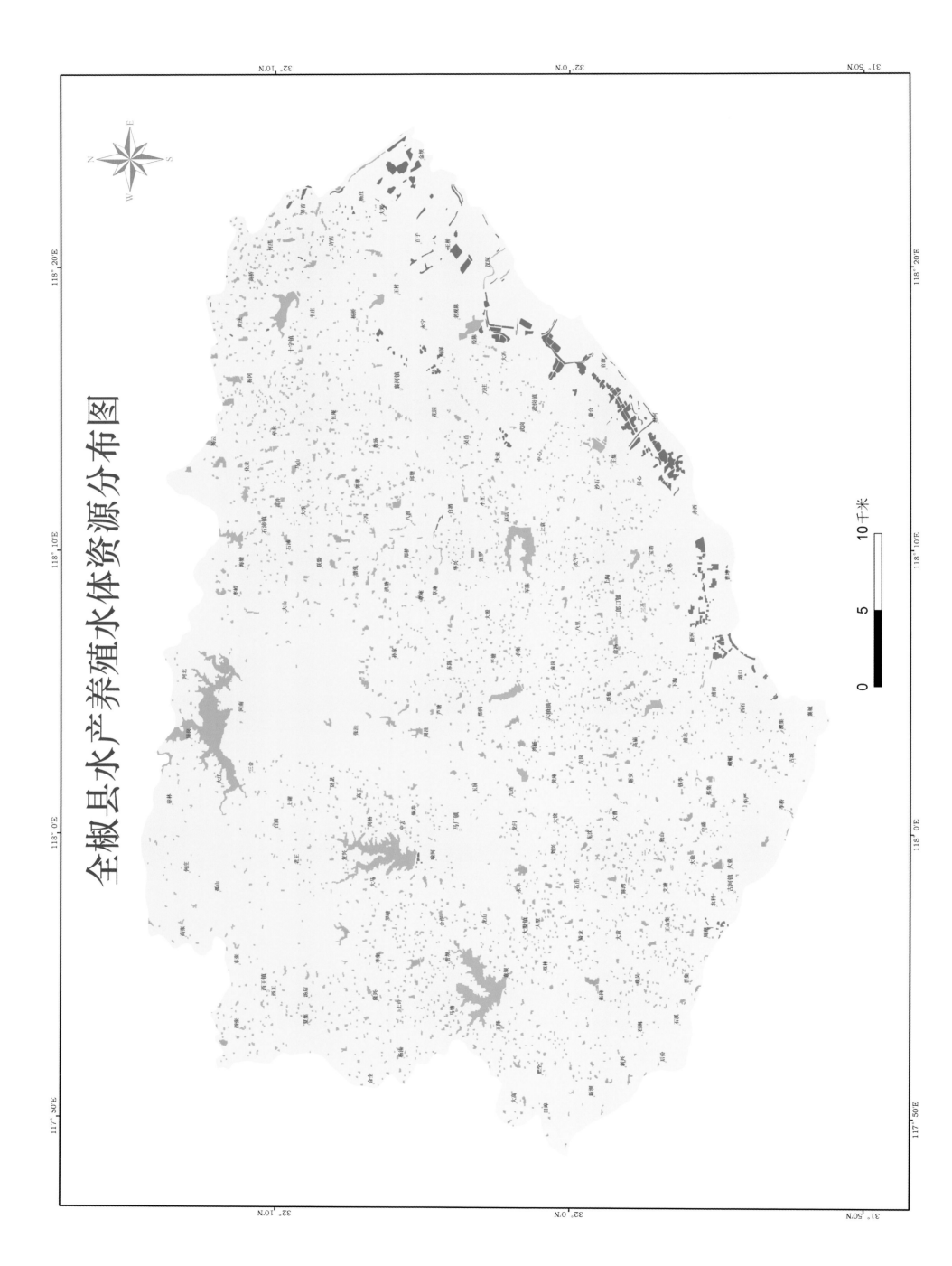

全椒县水产养殖水体资源分布图

124

来安县CBERS02B影像图

0　　　　5　　　　10千米

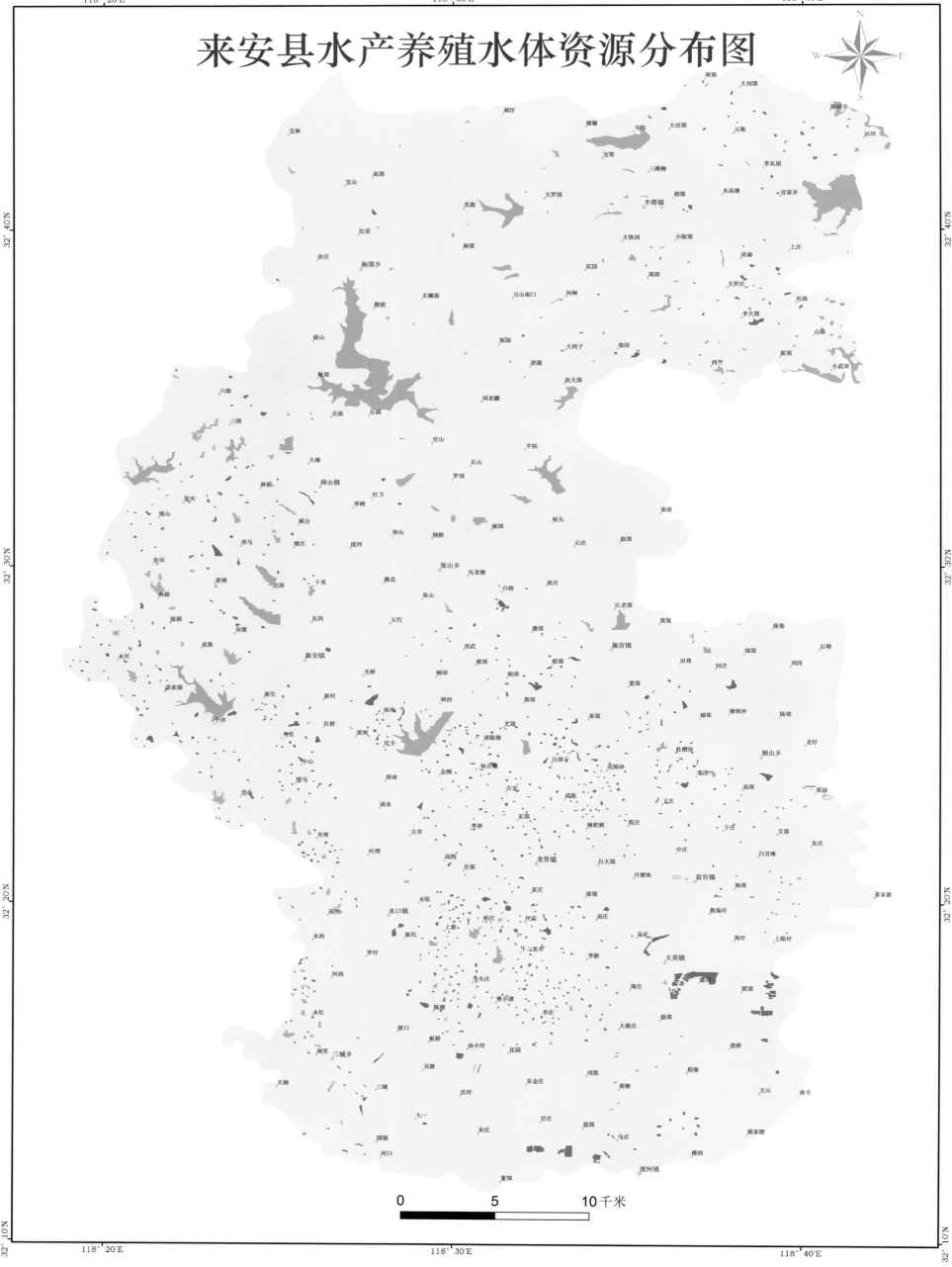

来安县水产养殖水体资源分布图

0   5   10千米

定远县CBERS02B影像图

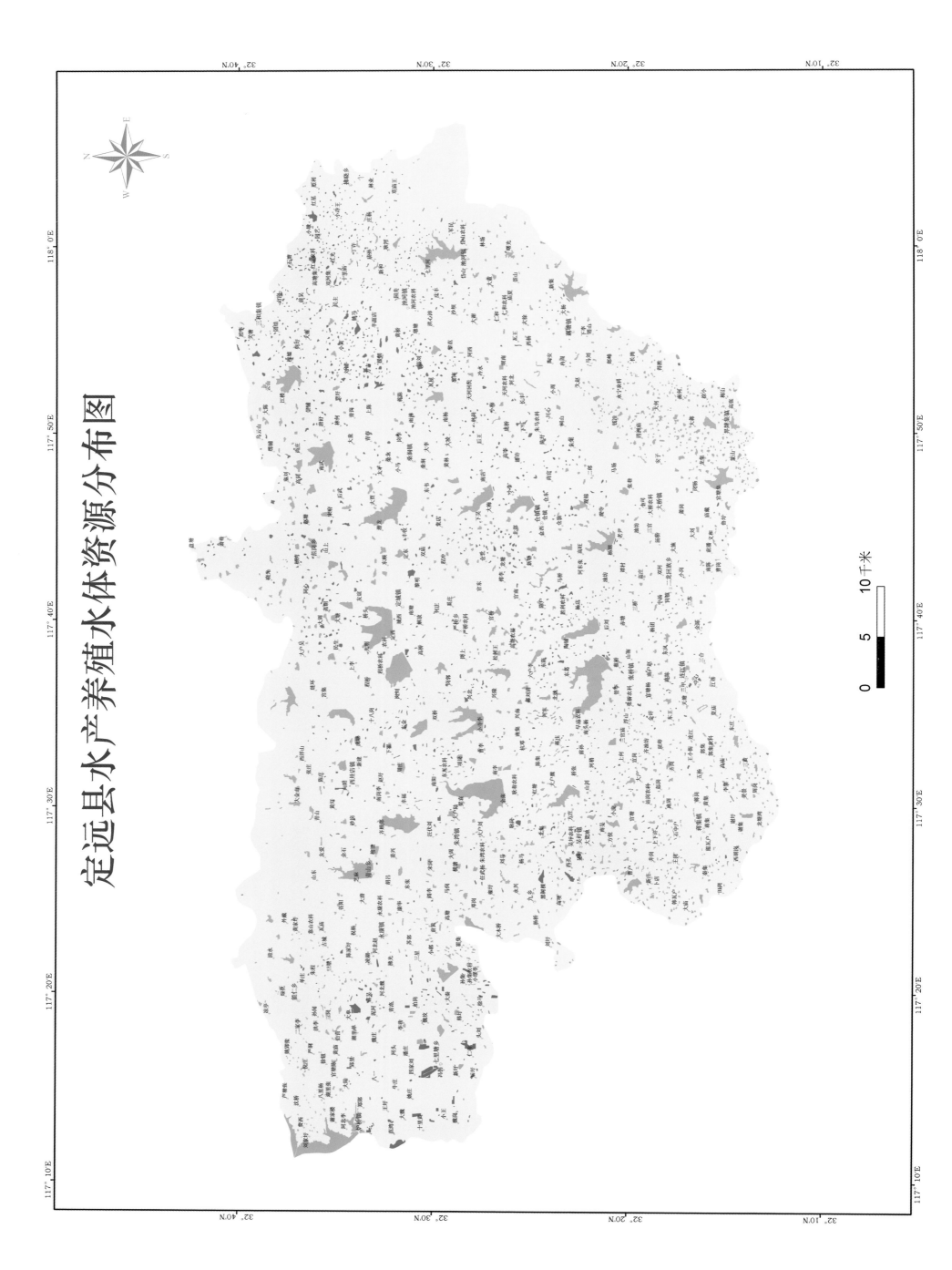

定远县水产养殖水体资源分布图

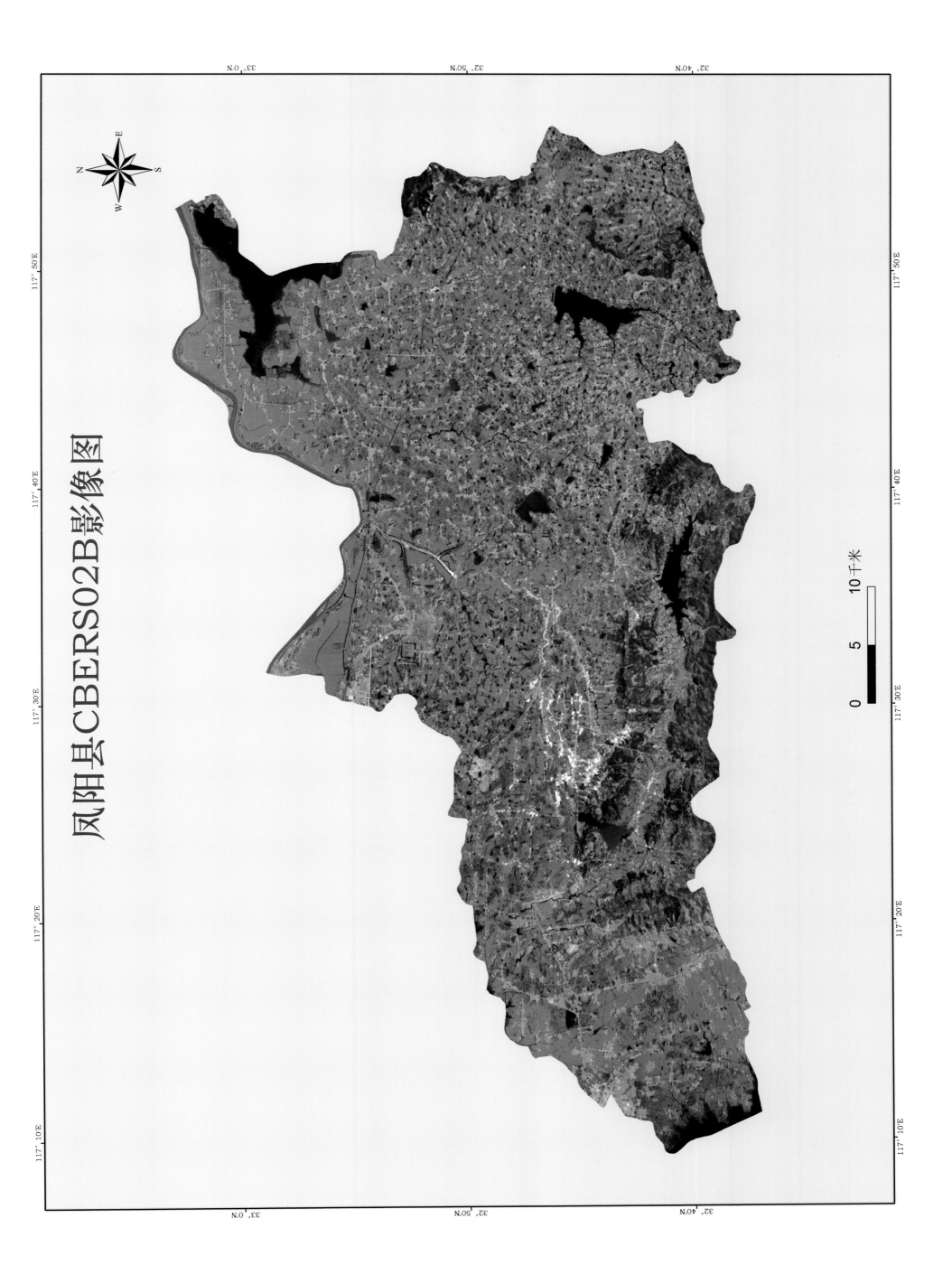

凤阳县CBERS02B影像图

N
W E
S

0 5 10千米

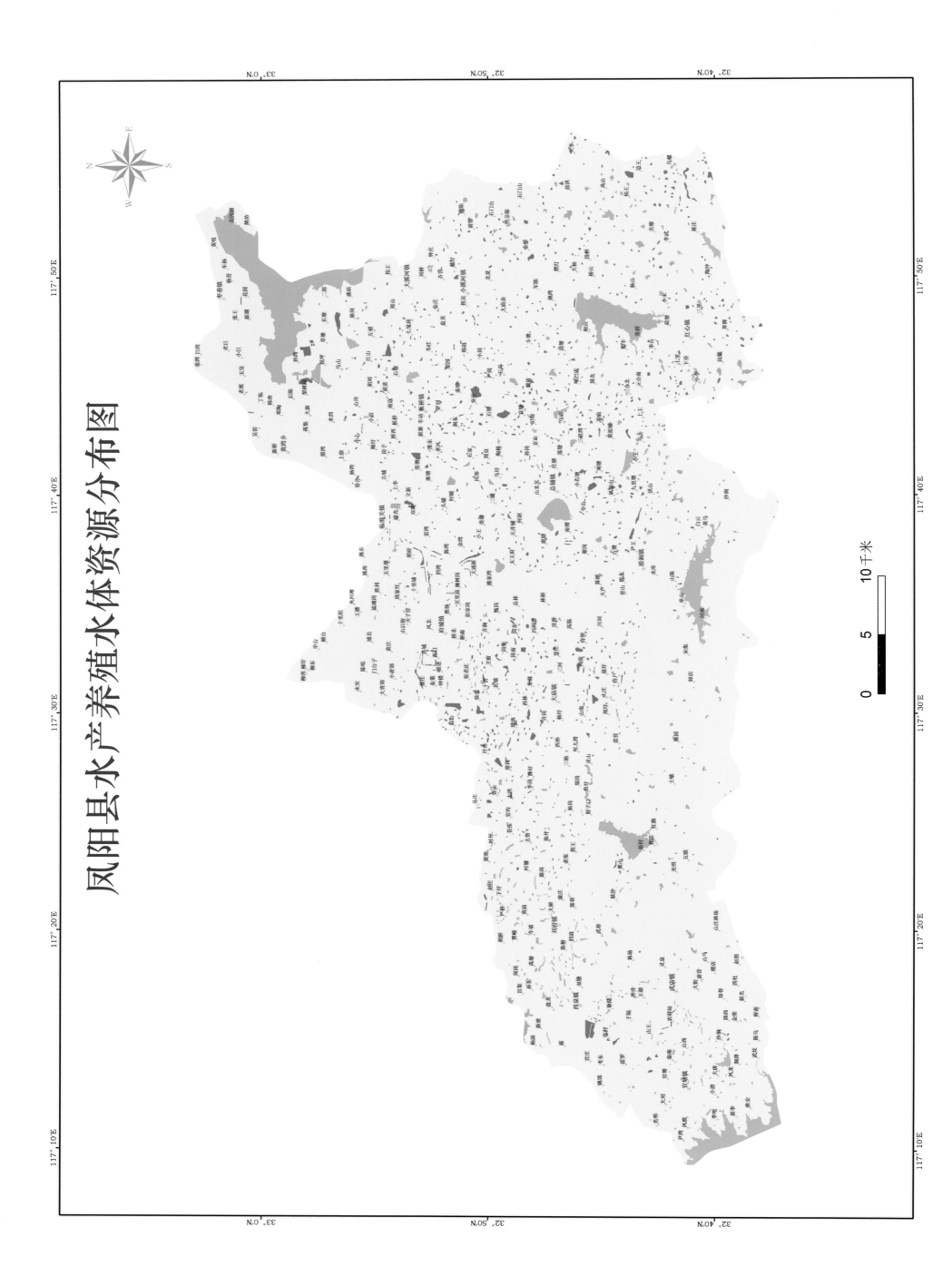

凤阳县水产养殖水体资源分布图

130

第十一节　阜阳市

一、自然水资源条件

阜阳市位于华北平原的南缘,黄淮海平原的西南部,在我国南北气候分界线秦岭、淮河一线的交界处,地势平坦,四季分明,雨量适中,光照充足,年平均降水量从北到南为811.2~916.6毫米。全市下辖临泉、太和、阜南、颍上4个县和界首市及颍州、颍泉、颍东3个区,总面积9 700多平方千米。阜阳市属淮河流域,境内沟塘密布,河渠纵横,池塘和河沟多而分散。自西向东分布有洪河、死洪河、死淮河、润河、界南河、谷河、流鞍河、颍河、泉河、茨河、茨淮新河等,中小湖泊有八里河、三十里河、灵台湖等及焦岗湖的一部分。近年来,因淮河支流颍河、泉河遭受严重污染,城区河流污染严重,使地表水丧失了水的使用功能,不仅不能用于生活饮用,而且也不能用于工业生产,"守着大河无水吃",阜阳城不得不以地下水作为供水的水源。目前,阜阳市水产养殖的水源主要来自降雨,但由于降雨量分布不均,夏季降雨量占到全年一半以上,且多集中于7月,所以导致全市池塘、河沟水位不稳,水源已成为制约阜阳市水产养殖生产的重要因素。

二、水产养殖基本情况

阜阳市水产养殖主要以池塘及河沟"三网"养殖为主,其中池塘养殖面积占50%以上。据渔业统计,2008~2010年阜阳市水产养殖产量分别为64 943吨、66 822吨和72 693吨,养殖面积分别为24 976公顷、26 926公顷和27 602公顷。

阜阳市水产养殖主产区主要集中在颍上县。2008~2010年水产养殖产量以颍上县最高,年平均为30 514吨;其次为阜阳县,为12 368吨;其余依次为阜南县、临泉县、太和县和界首市,年平均产量分别为8 660吨、6 777吨、6 660吨和3 174吨。阜阳市各县(市)的养殖产量构成如图2-11-1所示。

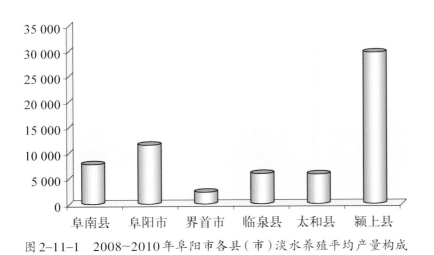

图2-11-1　2008~2010年阜阳市各县(市)淡水养殖平均产量构成

三、水产养殖特点

1. 主要养殖类型与方式

阜阳市水产养殖主要为池塘养殖、河沟养殖和湖泊养殖,主要养殖方式为围栏养殖和网箱养殖。

(1)池塘养殖:2010年池塘养殖面积为14 749公顷,平均单产水平约为3 150千克/公顷。

(2)河沟养殖:2010年河沟养殖面积为8 208公顷,平均单产水平约为1 470千克/公顷。

(3)湖泊养殖:2010年湖泊养殖面积为3 950公顷,平均单产水平约为2 400千克/公顷。

(4)围栏养殖:2010年围栏养殖面积为35 769 447平方米,平均单位水体养殖水平约为0.3千克/立方米水体。

(5)网箱养殖:2010年网箱养殖面积为291 991平方米,平均单位水体养殖水平约为212千克/立方米水体。

2. 主要养殖品种结构

阜阳市水产养殖主导品种有草鱼、鲢、鳙、鲫鱼、鲤鱼等。2010年阜阳市各养殖品种的产量结构如图2-11-2所示。

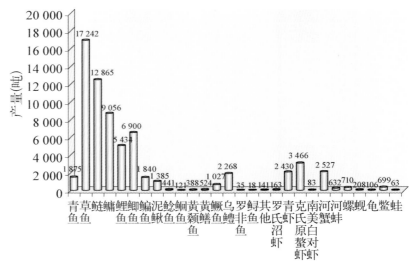

图2-11-2　2010年阜阳市主要淡水养殖品种产量结构

3. 特色养殖

观赏鱼养殖:阜阳市颍州区的观赏鱼养殖历史久远,以小型水泥池为主要养殖模式。养殖面积有25.33余公顷,养殖种类主要为金鱼和锦鲤,品种有30余种,已形成年产量600万尾、产值1 000万元的产业规模。

四、养殖水体资源遥感监测

阜阳市水产养殖水体资源遥感监测结果如表2-11-1所示。

表2-11-1　阜阳市水产养殖水体资源

地　区	内陆池塘(公顷)	水库、山塘(公顷)	大水面(公顷)	区县合计(公顷)	总计(公顷)
市辖区	1 106	240		1 346	
界首市	203	535		738	
临泉县	336	1 161		1 497	12 383
颍上县	3 004	310	1 749	5 063	
阜南县	1 374	518	57	1 949	
太和县	172	1 618		1 790	

五、20公顷以上成片养殖池塘分布

阜阳市20公顷以上成片养殖池塘分布如表2-11-2所示。

表2-11-2　阜阳市20公顷以上成片池塘分布情况

地　区	数量（片）	面积（公顷）	全市总计（公顷）
市辖区	8	441	
界首市			
临泉县	2	90	
颍上县	19	1 800	2 796
阜南县	13	465	
太和县			

图2-11-3　淮河旧河道拦网养殖

图2-11-4　龙虾养殖

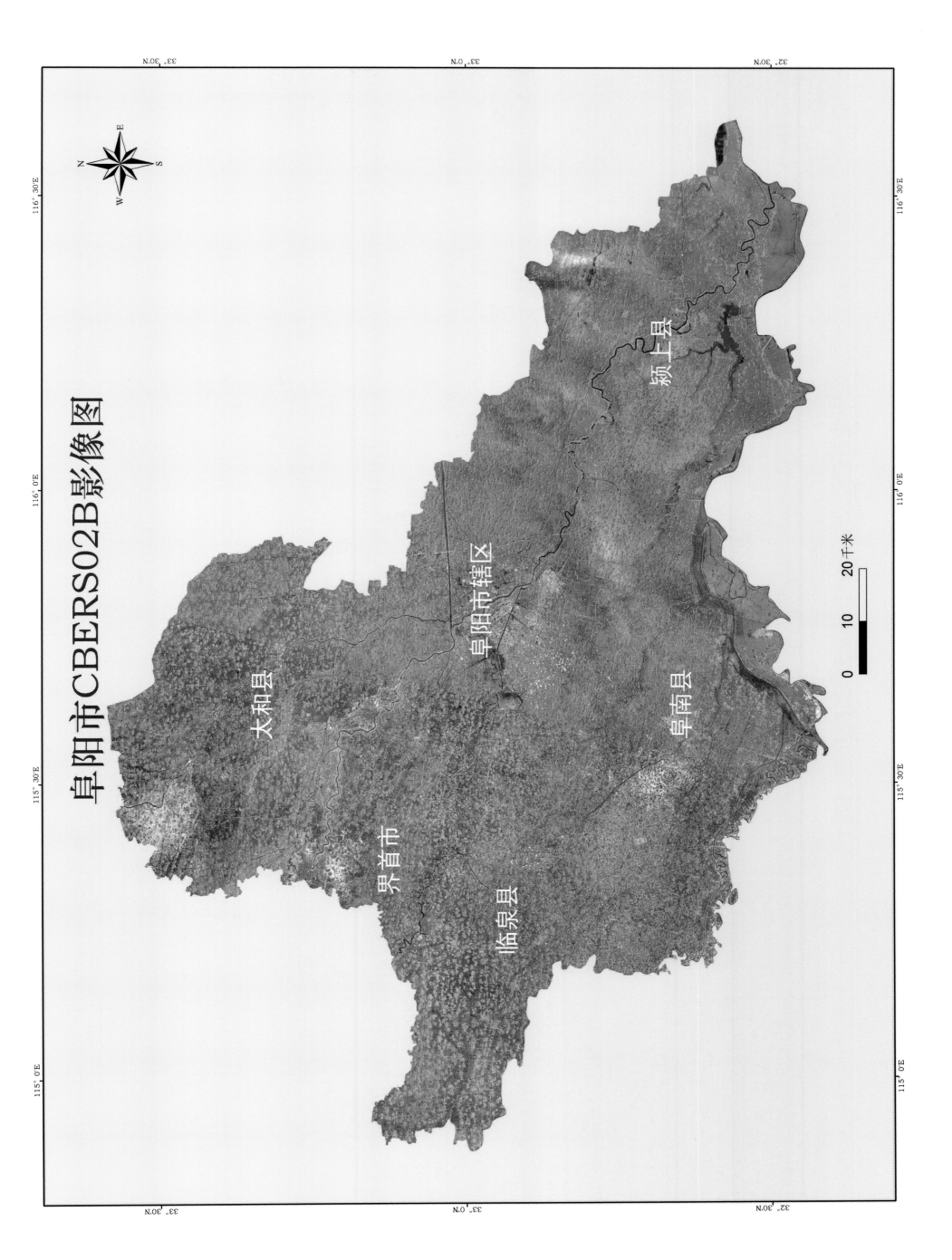

阜阳市CBERS02B影像图

颍上县

阜阳市辖区

太和县

阜南县

界首市

临泉县

0   10   20千米

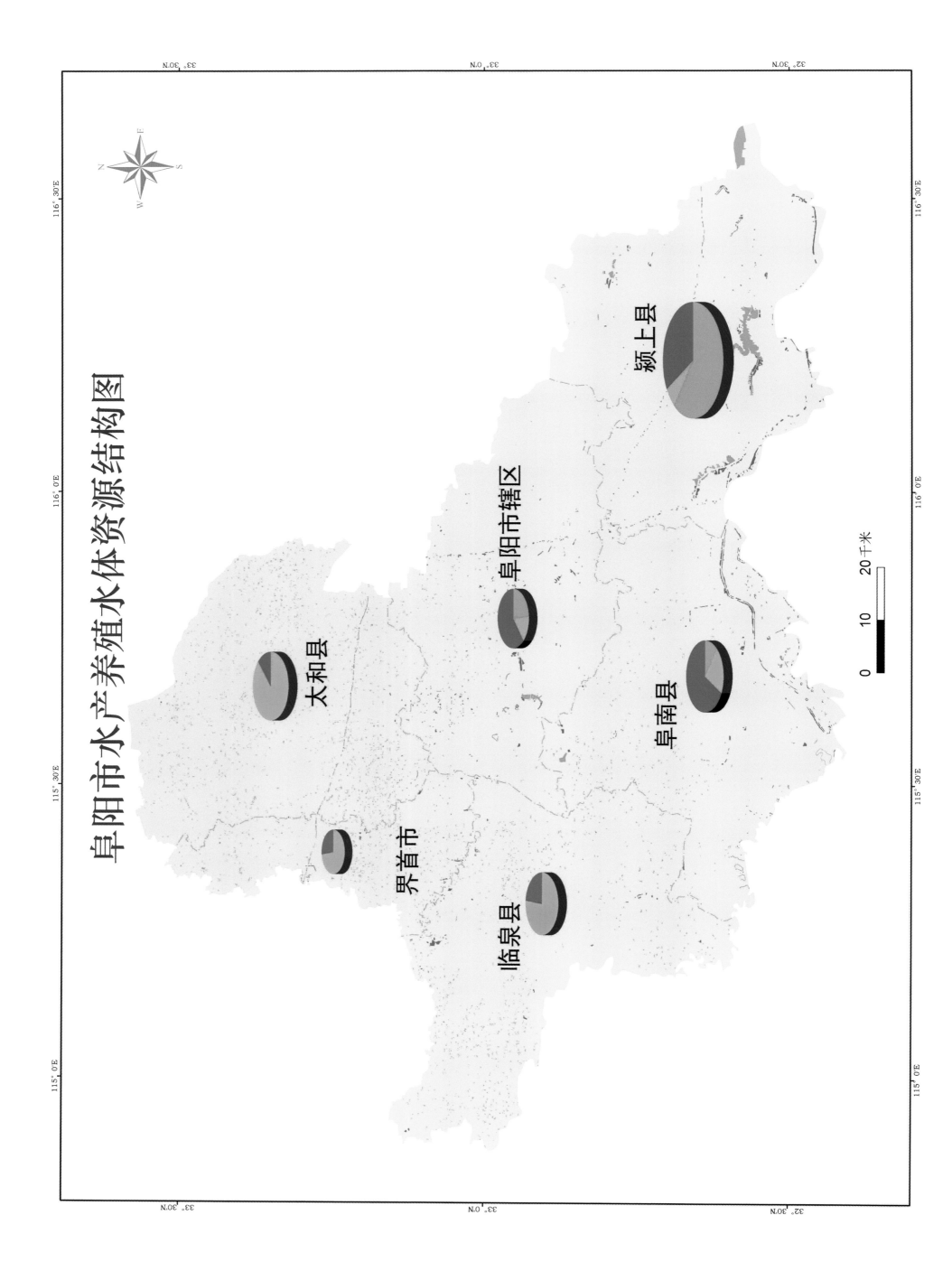

阜阳市水产养殖水体资源结构图

颍上县

阜阳市辖区

太和县

阜南县

界首市

临泉县

0　10　20千米

阜阳市辖区CBERS02B影像图

0 5 10千米

135

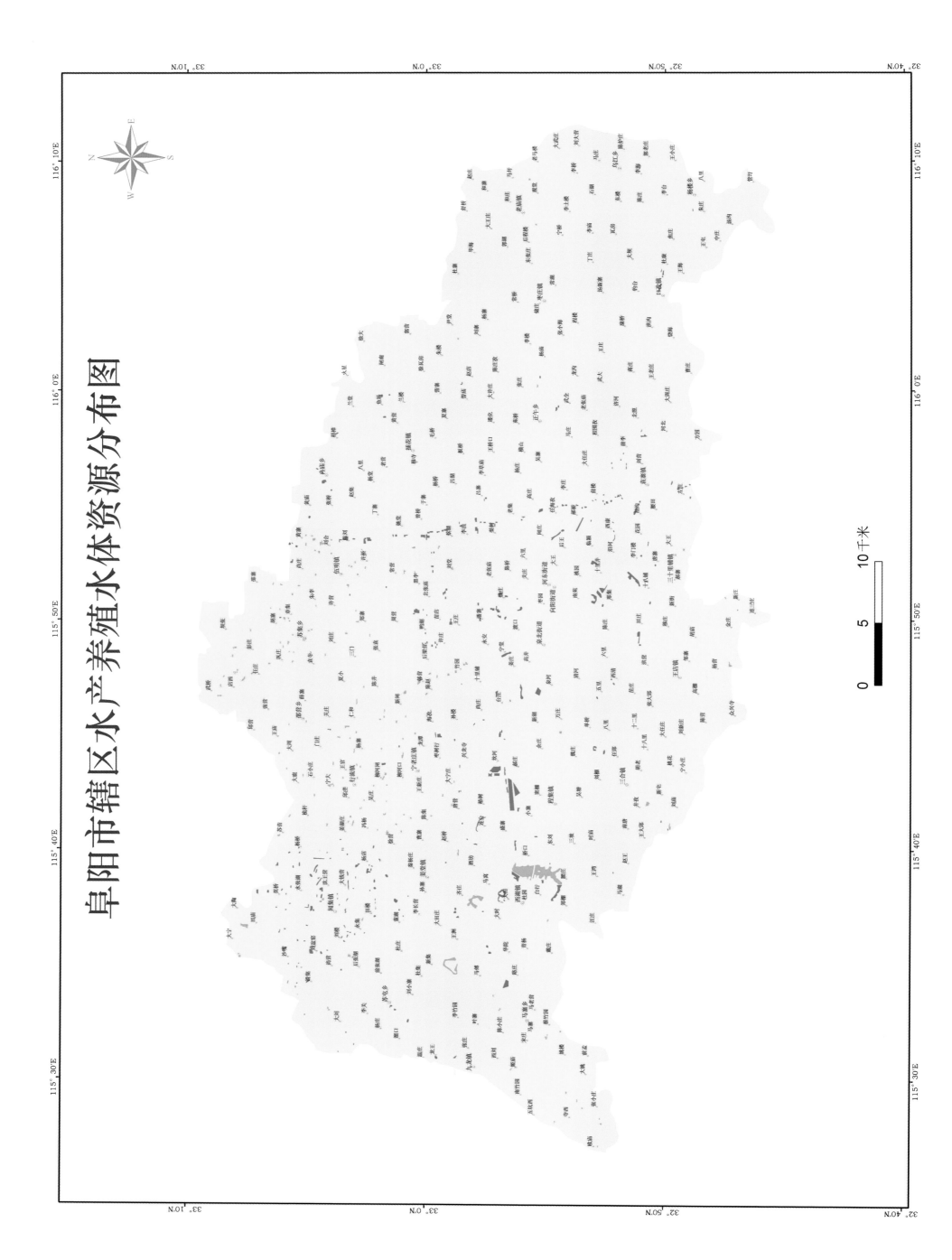

阜阳市辖区水产养殖水体资源分布图

10千米
0 5

136

界首市CBERS02B影像图

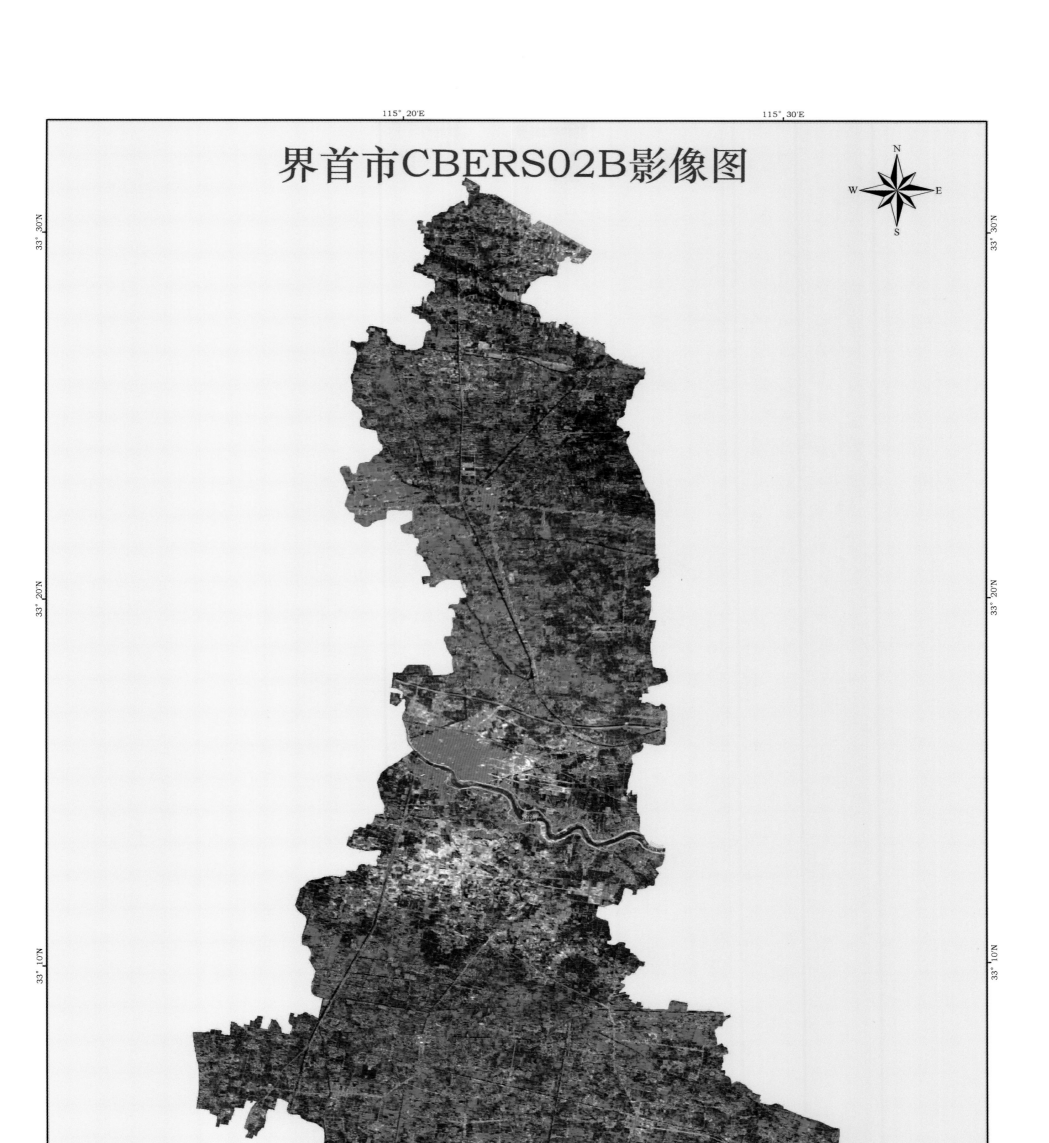

界首市水产养殖水体资源分布图

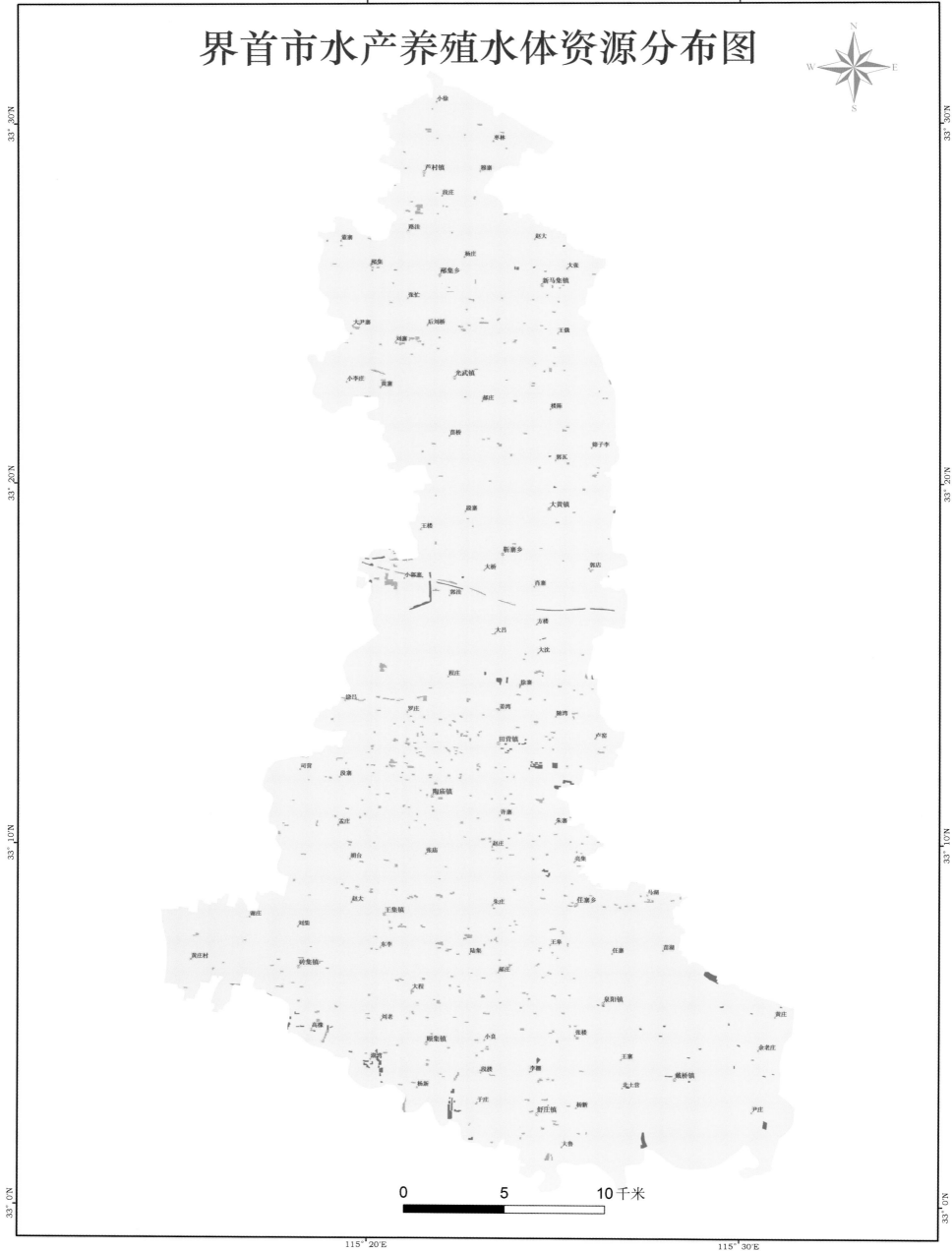

临泉县CBERS02B影像图

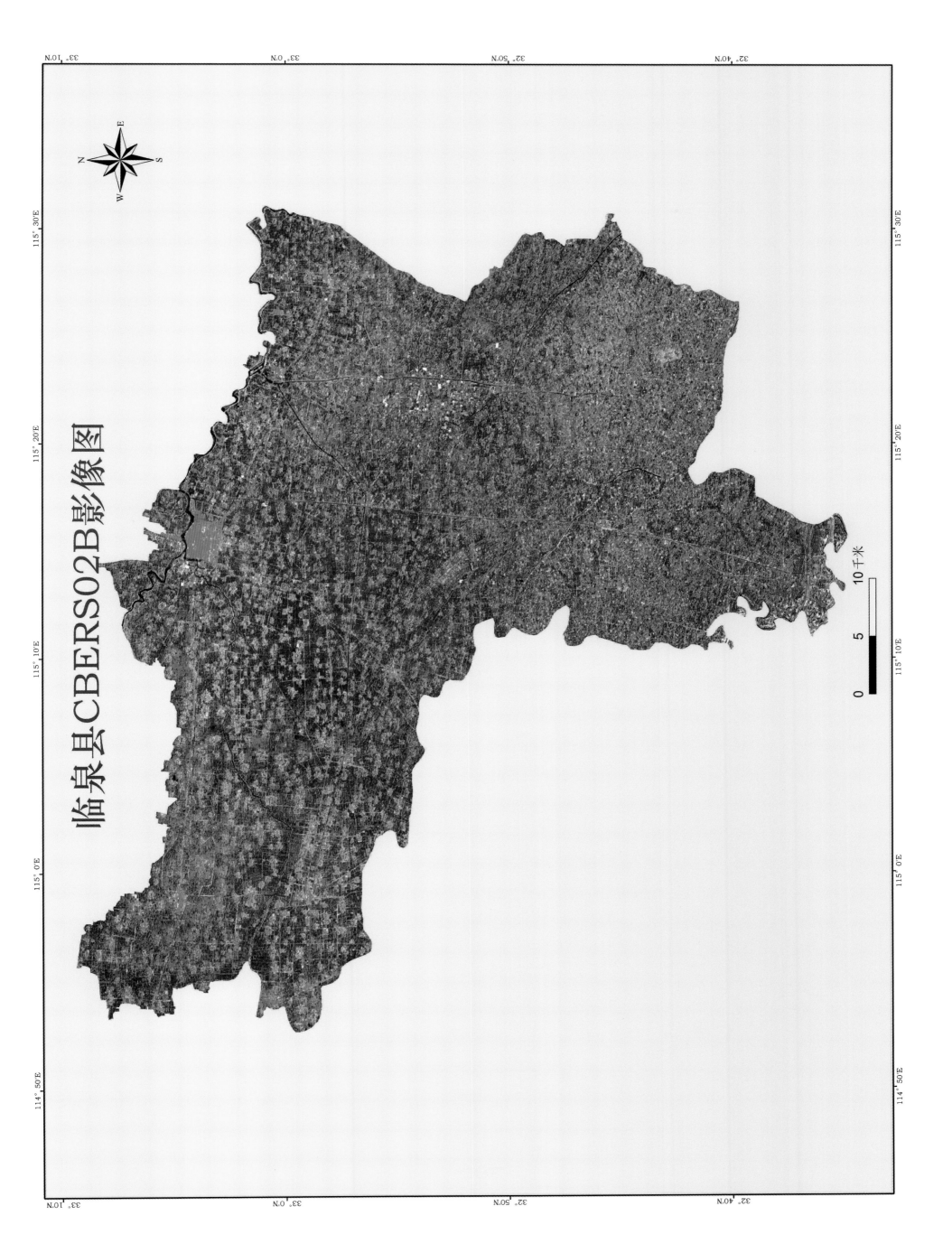

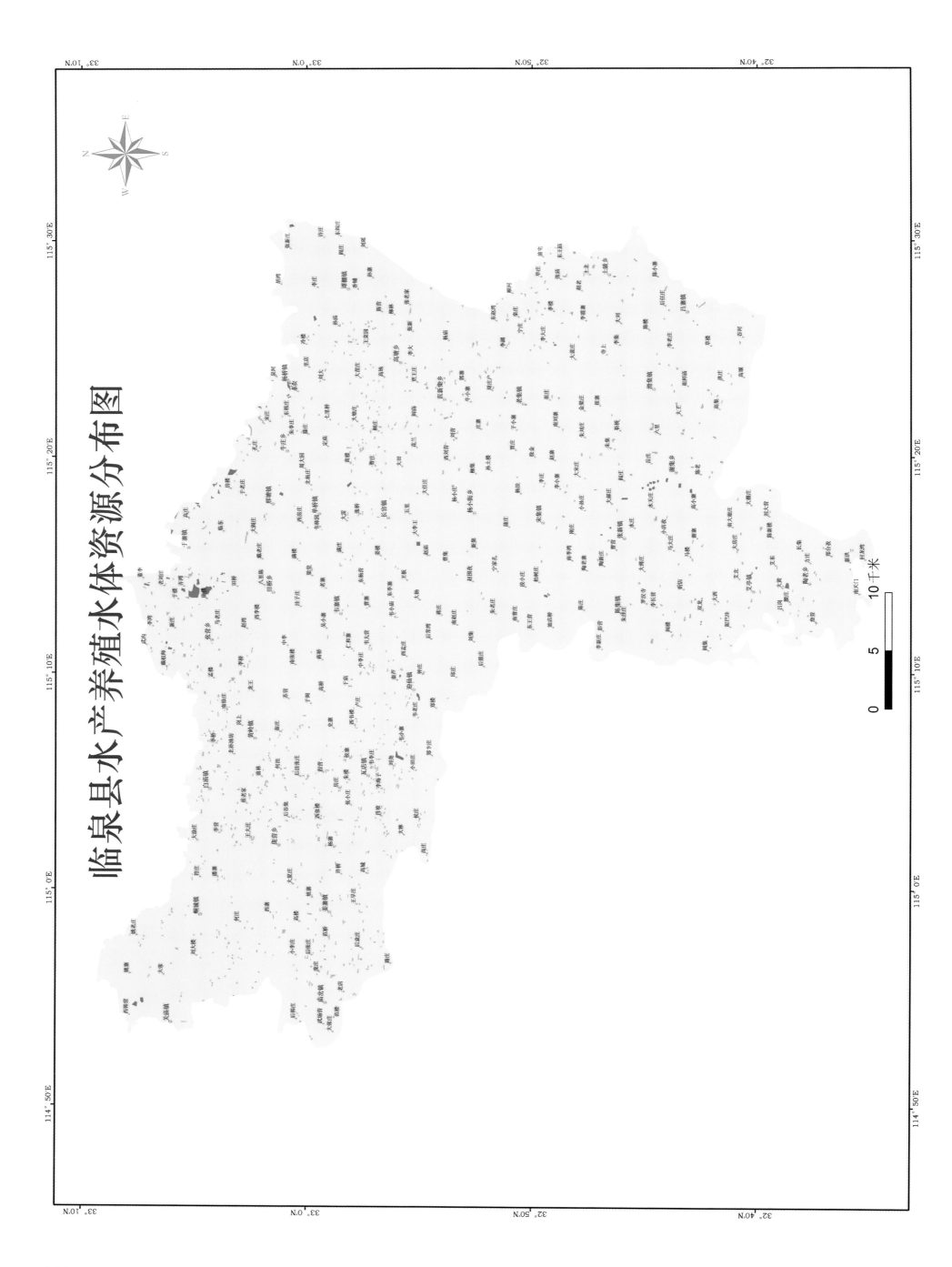

临泉县水产养殖水体资源分布图

颍上县CBERS02B影像图

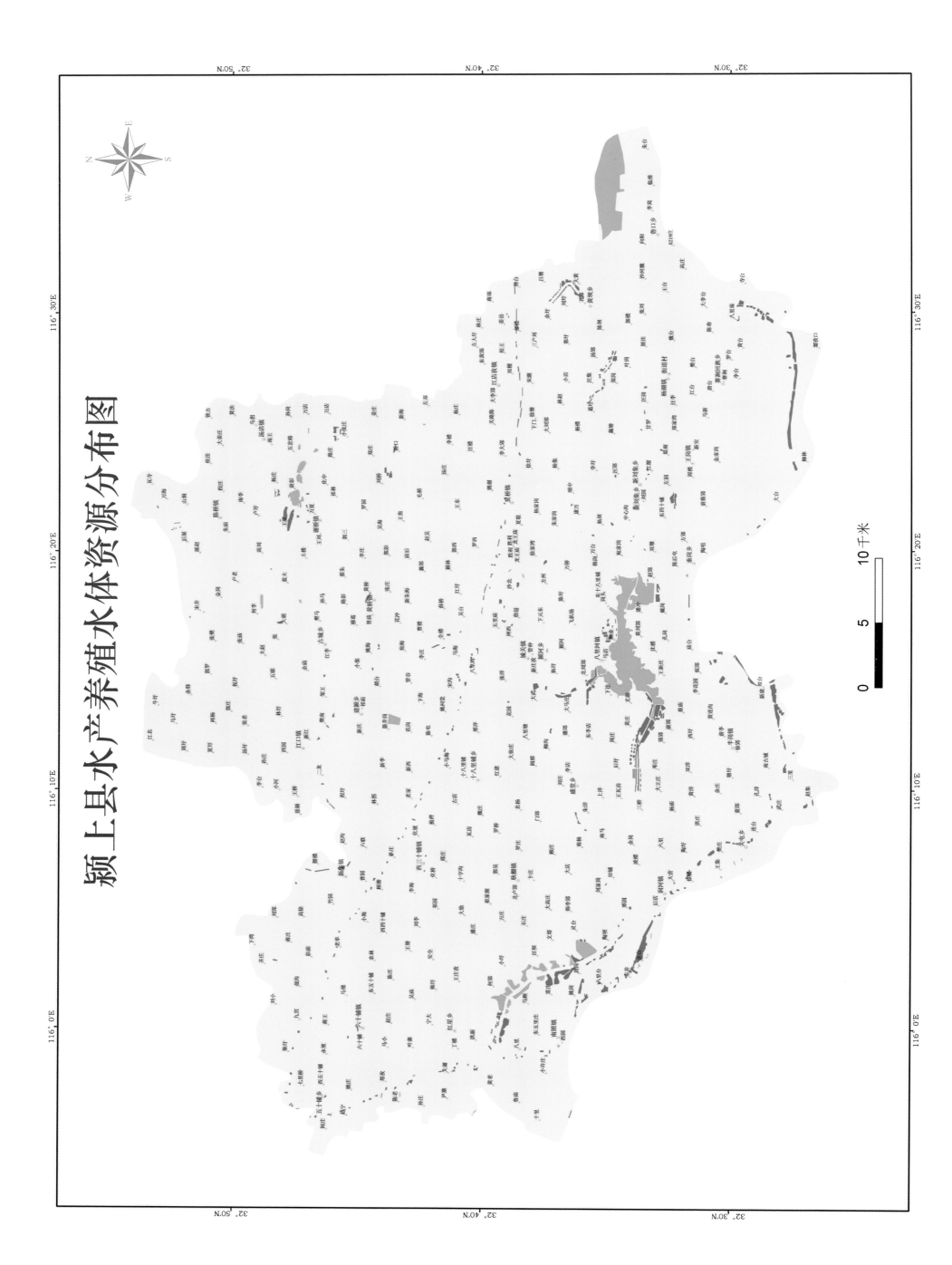

颍上县水产养殖水体资源分布图

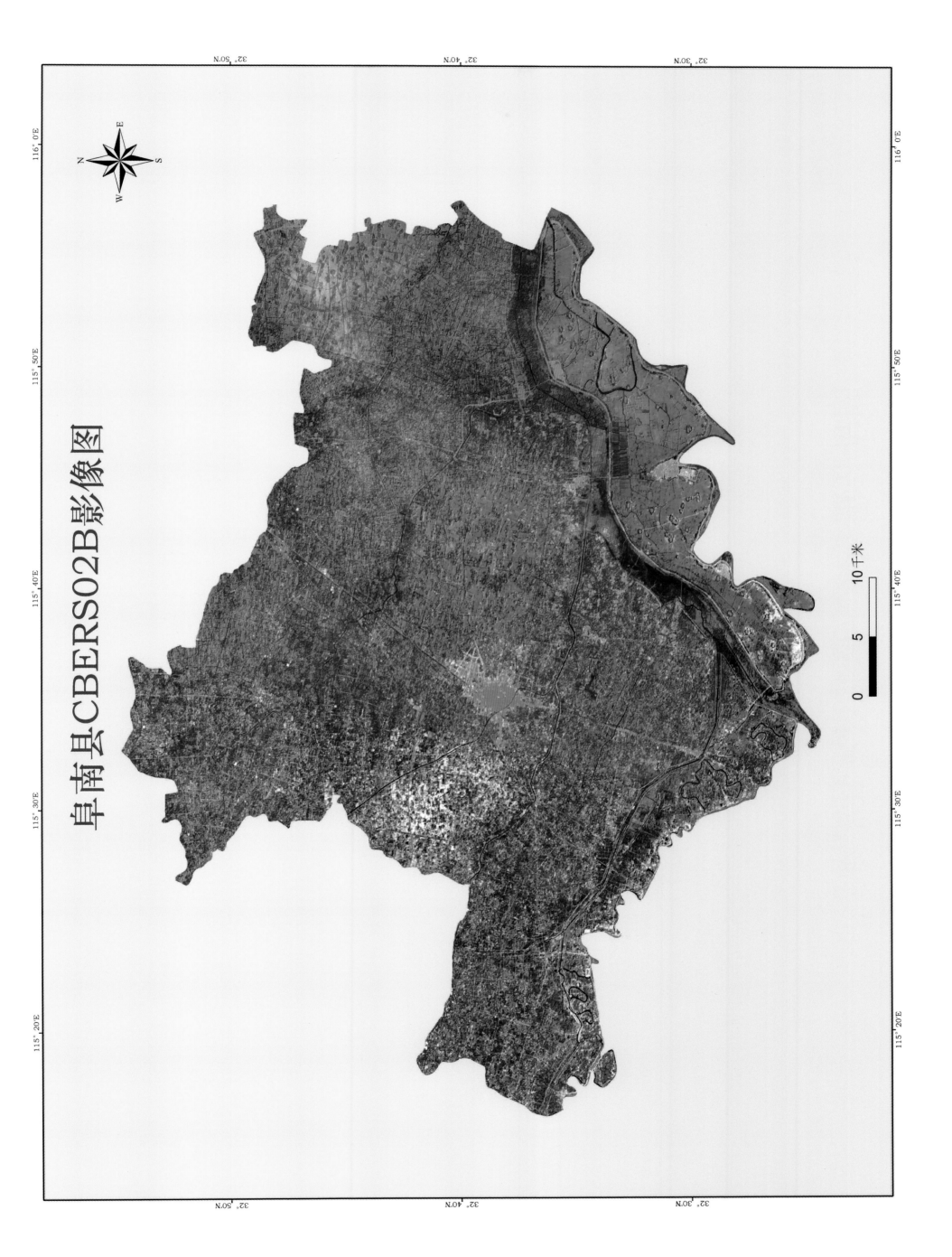

阜南县CBERS02B影像图

10千米

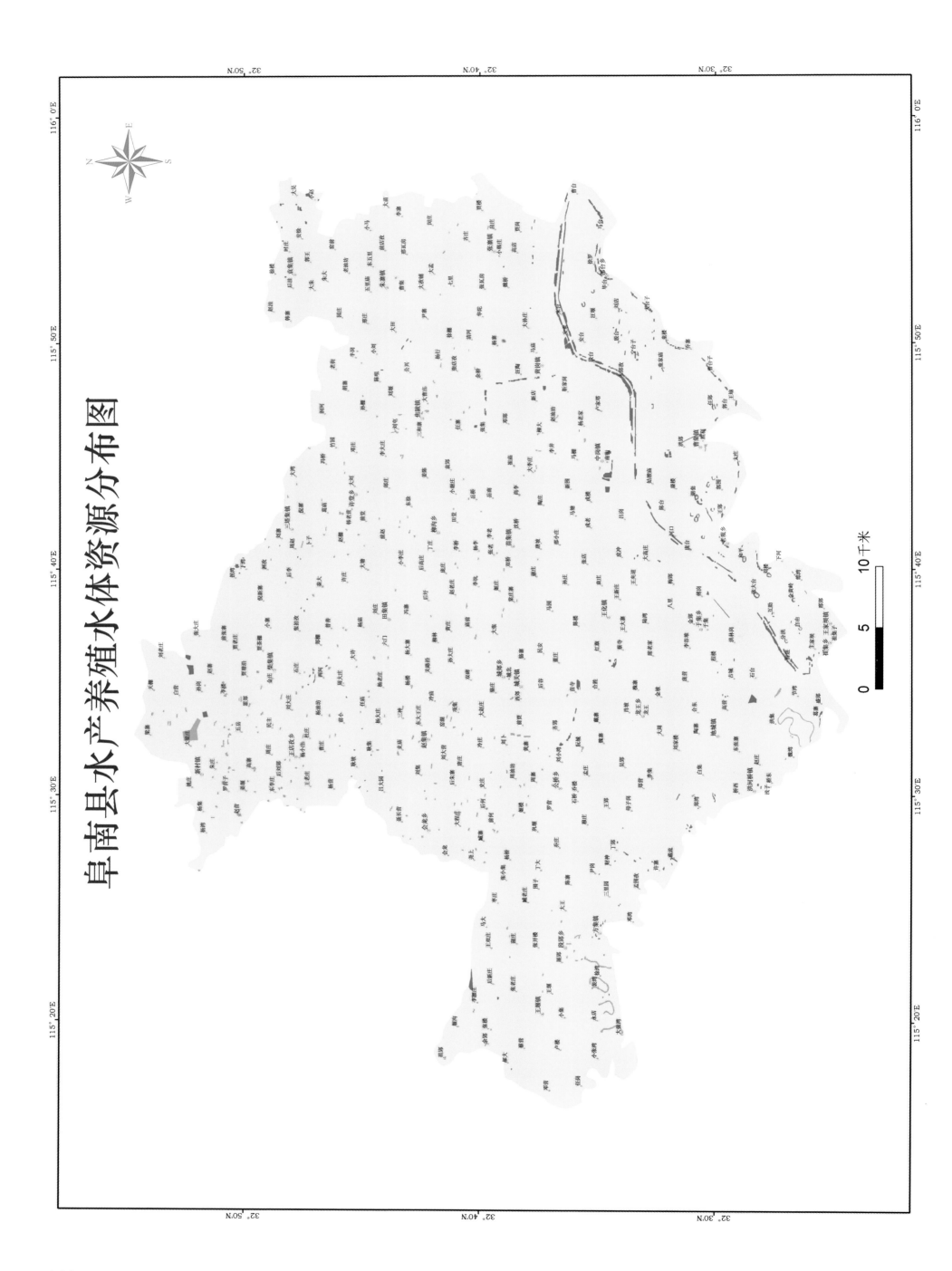

阜南县水产养殖水体资源分布图

144

太和县CBERS02B影像图

0　　5　　10千米

145

太和县水产养殖水体资源分布图

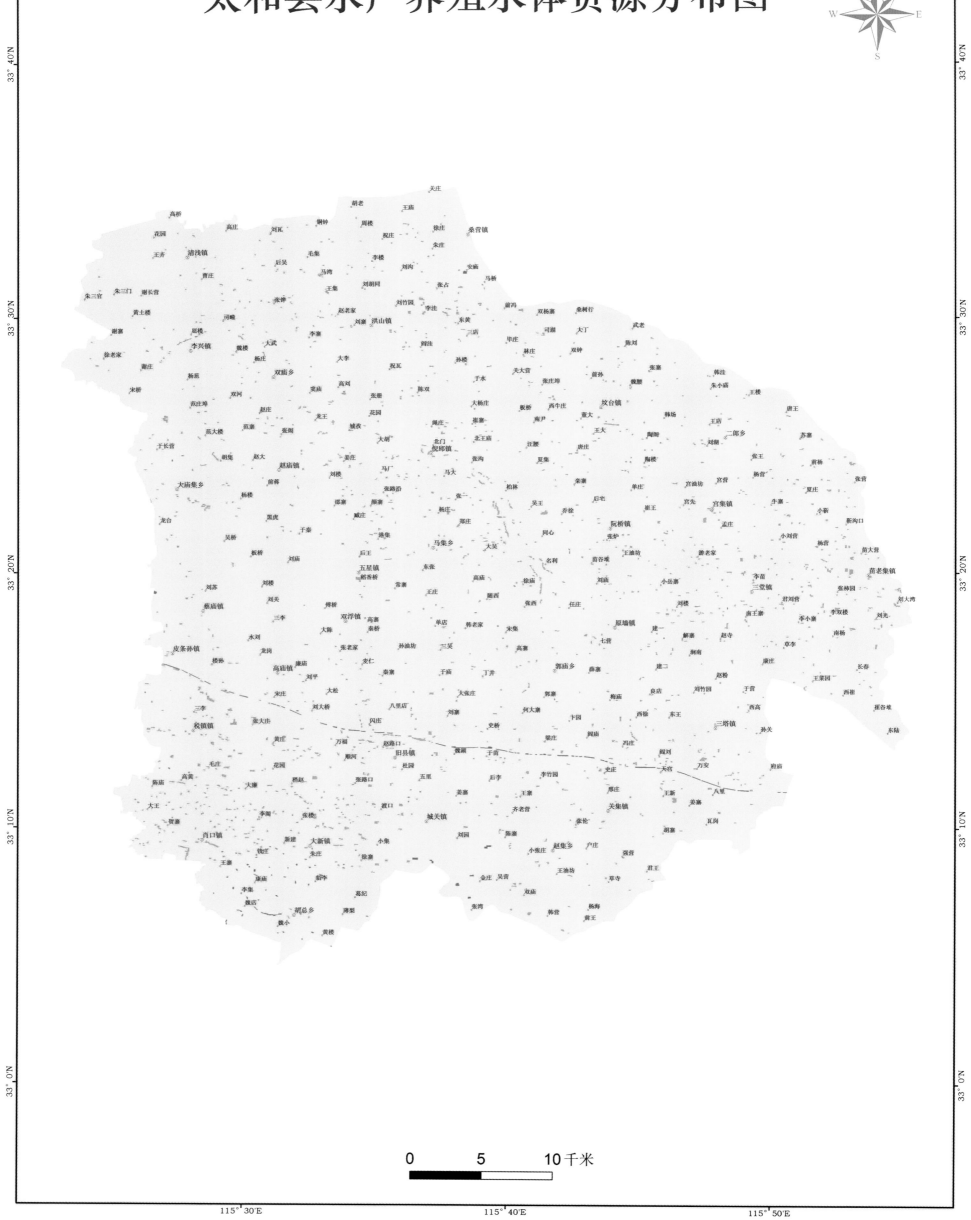

0　　5　　10千米

第十二节　宿州市

一、自然水资源条件

宿州市地处安徽省最北部，位于黄淮平原南端，属北温带半湿润季风气候，是南北冷暖空气交汇的过渡地带，季风气候明显，多年平均降水量为840毫米左右。全市下辖1个区和4个县，总面积9 787平方千米。宿州市属于淮河流域，河流分属6大水系，共有河道70多条，主要包括新汴河水系、奎濉河水系、濠潼河水系、安河水系、南四湖水系、故黄河水系，较大河流有沱河、浍河、懈河、濉河、奎河、萧濉新河、新汴河、唐河、岱河、利民河、文家河等。水库主要分布于萧县、宿县、灵璧和埇桥区北部地区，均为20世纪50年代至70年代所建。规模较大的有萧县的马庄水库、新庄水库、永堌水库、故黄河蓄水工程，宿县的五柳水库、梁套水库、镇町水库、长山套水库、张楼水库，灵璧县的洪山水库、灵山水库、卧龙李水库、茅山水库、九顶水库、马山水库等。

二、水产养殖基本情况

据渔业统计，2008~2010年宿州市淡水养殖产量分别为29 061吨、30 465吨、33 101吨；养殖面积分别为1 540公顷、2 306公顷、2 737公顷。近年来，宿州市狠抓村塘改造，并利用低洼地与宿州境内泗许、合徐及高铁修建取土形成的池塘，改造开发成连片精养鱼塘；同时注重发展大中型水面养鱼，特别是塌陷区的养殖和河道等水面的网箱养鱼业得到了快速发展。随着精养鱼塘的开挖，水产养殖面积得以扩大，水产养殖业已成为宿州市部分水产重点乡镇和新汴河、浍河、沱河和黄河故道等沿岸农民的重要收入来源。

宿州市淡水养殖主产区主要集中在市辖区、泗县和萧县。2008~2010年各县（区）平均淡水养殖产量以市辖区最高，年平均产量为12 493吨；其次为泗县，为7 402吨；其余依次为萧县、灵璧县、砀山县，分别为4 667吨、4 314吨、1 803吨。宿州市各县（区）淡水养殖产量构成如图2-12-1所示。

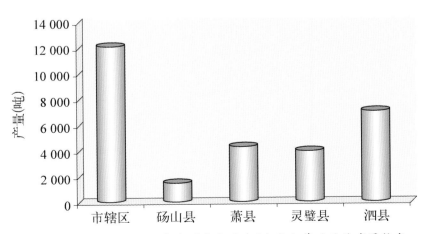

图2-12-1　2008~2010年宿州市各县（区）淡水养殖平均产量构成

三、水产养殖特点

1. 主要水产养殖类型与方式

宿州市淡水养殖主要有池塘养殖、湖泊养殖、水库养殖、河沟养殖、稻田养殖等类型。

（1）池塘养殖：2010年养殖面积为1 710公顷，平均单产水平约为14 654千克/公顷。

（2）湖泊养殖：2010年养殖面积为129公顷，平均单产水平约为8 457千克/公顷。

（3）水库养殖：2010年养殖面积为145公顷，平均单产水平约为8 724千克/公顷。

（4）河沟养殖：2010年养殖面积为753公顷，平均单产水平约为7 259千克/公顷。

（5）稻田养殖：2010年养殖面积为229公顷，平均单产水平约为961千克/公顷。

2. 主要养殖品种结构

宿州市水产养殖品种除了传统的青鱼、草鱼、鲢、鳙、鲤鱼、鲫鱼和鳊鱼等常见鱼类外，近年来还发展了湘云鲫、湘云鲤、异育银鲫、沟鲶、黑鱼、黄颡鱼、鳜鱼等名优鱼类的养殖，黄鳝、泥鳅、青虾、龙虾、河蟹及甲鱼等特种水产品养殖，以及淡水白鲳、罗非鱼、革胡子鲶和南美白对虾等外来品种养殖，其中甲鱼、河蟹、泥鳅、鳜鱼已成为宿州市的特色养殖。宿州市各养殖品种的产量结构如图2-12-2所示。

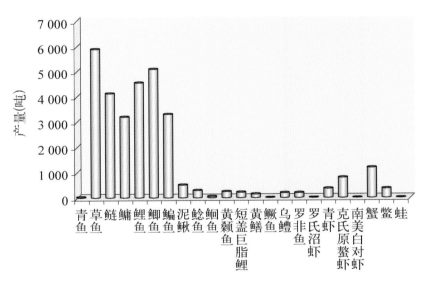

图2-12-2　2010年宿州市主要淡水养殖品种产量结构

3. 特色养殖

甲鱼工厂化养殖：2003年，灵璧县长集特种水产养殖场开始实施工厂化甲鱼养殖技术，随后先后涌现出长集、朱仙庄、北关渔场、泗县渔场和萧县晁代顺渔场及许岗北矿渔场等工厂化甲鱼养殖厂。2009年，灵璧县特种水产养殖场的甲鱼养殖已达年产50 000余只，产值200余万元，其养殖方式也由人工养殖转变为温室越冬、外塘培育的半自然养殖。

四、养殖水体资源遥感监测

宿州市水产养殖水体资源遥感监测结果如表2-12-1所示。

表2-12-1　宿州市水产养殖水体资源

地　区	内陆池塘（公顷）	水库、山塘（公顷）	大水面（公顷）	区县合计（公顷）	总计（公顷）
市辖区	460	474	763	1 697	
萧　县	635	134	42	811	
泗　县	359	199		558	4 308
砀山县	307	225	294	826	
灵璧县	77	339		416	

五、20公顷以上成片养殖池塘分布

宿州市20公顷以上成片养殖池塘分布如表2-12-2所示。

表2-12-2　宿州市20公顷以上成片池塘分布情况

地　区	数量（片）	面积（公顷）	全市总计（公顷）
市辖区	1	26	
萧　县			
泗　县	2	62	88
砀山县			
灵璧县			

图 2-12-3　池塘养殖

图 2-12-4　大水面网箱养鱼

图 2-12-5　河道围栏网养殖

图 2-12-6　煤矿塌陷区大水面养殖

萧县CBERS02B影像图

0　　5　　10千米

155

萧县水产养殖水体资源分布图

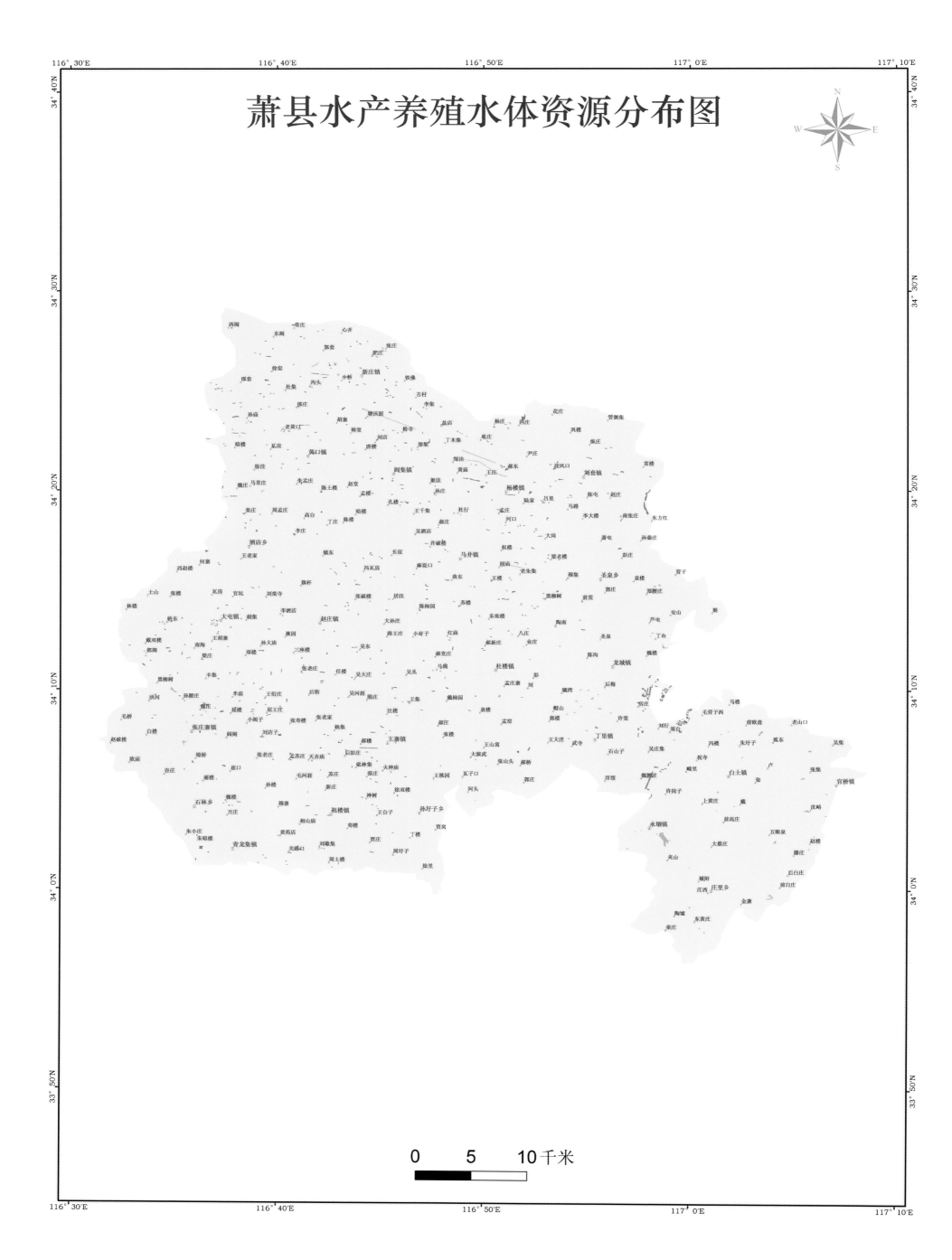

0   5   10千米

泗县CBERS02B影像图

0   5   10千米

泗县水产养殖水体资源分布图

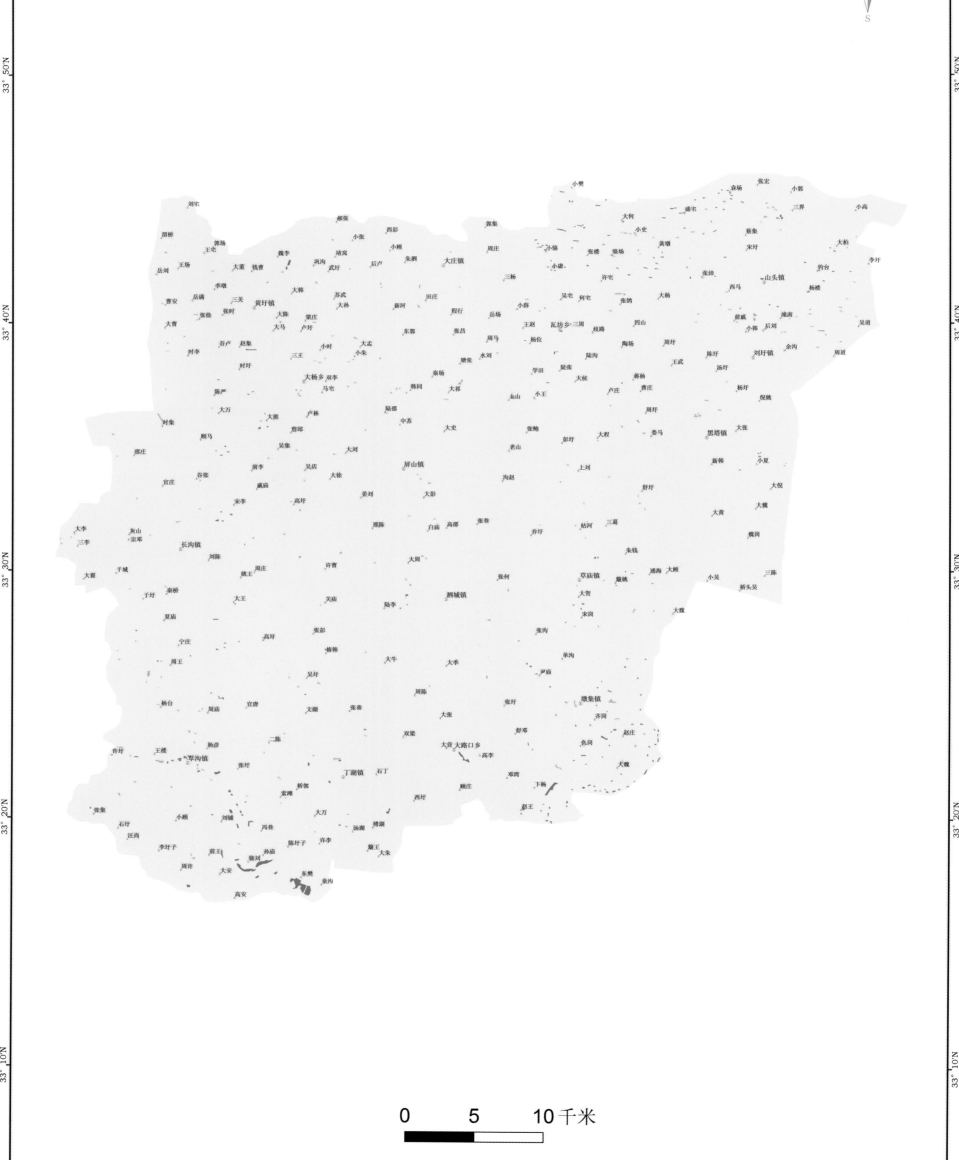

0　　5　　10千米

第十三节 六安市

一、自然水资源条件

六安市位于安徽省西部，属北亚热带向暖温带转换的过渡带，季风显著，四季分明，气候温和，雨量充沛，光照充足，无霜期长，多年平均降水量1 100毫米。全市下辖霍邱县、寿县、舒城县、霍山县、金寨县及金安区、裕安区、叶集改革实验区、经济技术开发区，共5个县和4个区，总面积17 976平方千米。六安市西北属淮河流域，东南属长江流域。境内有史河、淠河、沣河、淮河、东肥河、杭埠河、丰乐河"七河"，瓦埠湖、城东湖、城西湖、安丰塘"五湖"，白莲崖、佛子岭、磨子潭、梅山、响洪甸、万佛湖"六库"，沣西、沣东、淮东、瓦西、瓦东、舒庐等"七渠"沟通淠史杭水系；还有以1 137座中小型水库为主、支斗毛渠为辅的沟塘堰坝，以及连片精养池塘和农村小沟小荡，纵横交错，星罗棋布。此外，境内大中型水域的周边有6.67余万公顷易渔荒滩洼地。六安市是我国南北鱼类区系分布的汇集地带，境内水域辽阔，类型多样，土质肥沃，植被繁茂，饵料生物丰富，具有发展渔业生产的优越条件，适宜发展水产养殖。

二、水产养殖基本情况

据渔业统计，2008~2010年六安市淡水养殖产量分别为174 132吨、187 708吨、196 244吨；养殖面积分别为62 766公顷、65 634公顷、67 908公顷。

六安市淡水养殖主产区主要集中在寿县、霍邱县和舒城县。2008~2010年各县（区）平均淡水养殖产量以寿县最高，为64 620吨；其次为霍邱县，为54 766吨；其余依次为市辖区、舒城县、金寨县、霍山县，分别为30 172吨、26 943吨、6 133吨、3 393吨。六安市各县（区）淡水养殖产量构成如图2-13-1所示。

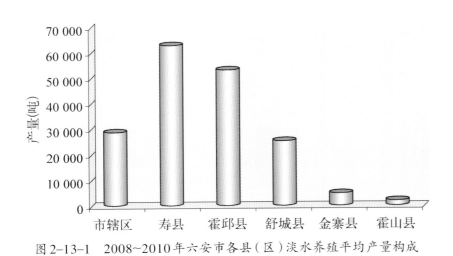

图2-13-1 2008~2010年六安市各县（区）淡水养殖平均产量构成

三、水产养殖特点

1. 主要养殖类型与方式

六安市淡水养殖为池塘养殖、湖泊养殖、水库养殖、河沟养殖等类型。

（1）池塘养殖：2010年养殖面积为30 056公顷，平均单产水平约为4 336千克/公顷。

（2）湖泊养殖：2010年养殖面积为15 181公顷，平均单产水平约为1 760千克/公顷。

（3）水库养殖：2010年养殖面积为19 575公顷，平均单产水平约为1 514千克/公顷。

（4）河沟养殖：2010年养殖面积为2 356公顷，平均单产水平约为1 233千克/公顷。

（5）稻田养殖：2010年养殖面积为3 032公顷，平均单产水平约为1 676千克/公顷。

2. 主要养殖品种

六安市主要养殖品种有青鱼、草鱼、鲢、鳙、鲤鱼、鲫鱼、鳊鱼、泥鳅、鮰鱼、黄颡鱼、短盖巨脂鲤、黄鳝、鳜鱼、银鱼、乌鳢、鳗鲡等。六安市各养殖品种的产量结构如图2-13-2所示。

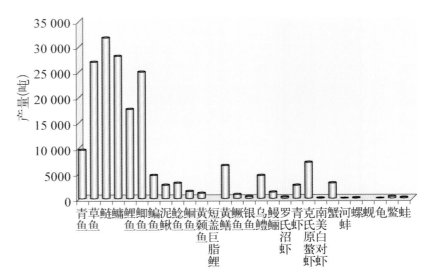

图2-13-2 2010年六安市主要淡水养殖品种产量结构

四、养殖水体资源遥感监测

六安市水产养殖水体资源遥感监测结果如表2-13-1所示。

表2-13-1 六安市水产养殖水体资源

地 区	内陆池塘（公顷）	水库、山塘（公顷）	大水面（公顷）	区县合计（公顷）	总计（公顷）
市辖区	1 643	4 763	88	6 494	85 765
寿 县	5 877	2 952	17 152	25 981	
霍山县	204	230	2 315	2 749	
霍邱县	13 104	4 877	15 763	33 744	
舒城县	488	566	4 073	5 127	
金寨县		512	11 158	11 670	

五、20公顷以上成片养殖池塘分布

六安市20公顷以上成片养殖池塘分布如表2-13-2所示。

表 2-13-2　六安市 20 公顷以上成片池塘分布情况

地　区	数量（片）	面积（公顷）	全市总计（公顷）
市辖区	7	269	
寿　县	34	2 282	
霍山县	3	87	10 759
霍邱县	34	8 098	
舒城县	1	23	
金寨县			

六安市CBERS02B影像图

霍邱县

寿县

六安市辖区

金寨县

霍山县

舒城县

0 15 30千米

165

六安市水产养殖水体资源结构图

霍邱县

寿县

六安市辖区

金寨县

霍山县

舒城县

0   15   30千米

166

六安市辖区CBERS02B影像图

六安市辖区水产养殖水体资源分布图

116°0′E 116°20′E 116°40′E

32°0′N

31°40′N

31°20′N

0   10   20千米

寿县CBERS02B影像图

0 5 10千米

169

寿县水产养殖水体资源分布图

0　　5　　10 千米

霍山县CBERS02B影像图

0　　　5　　　10千米

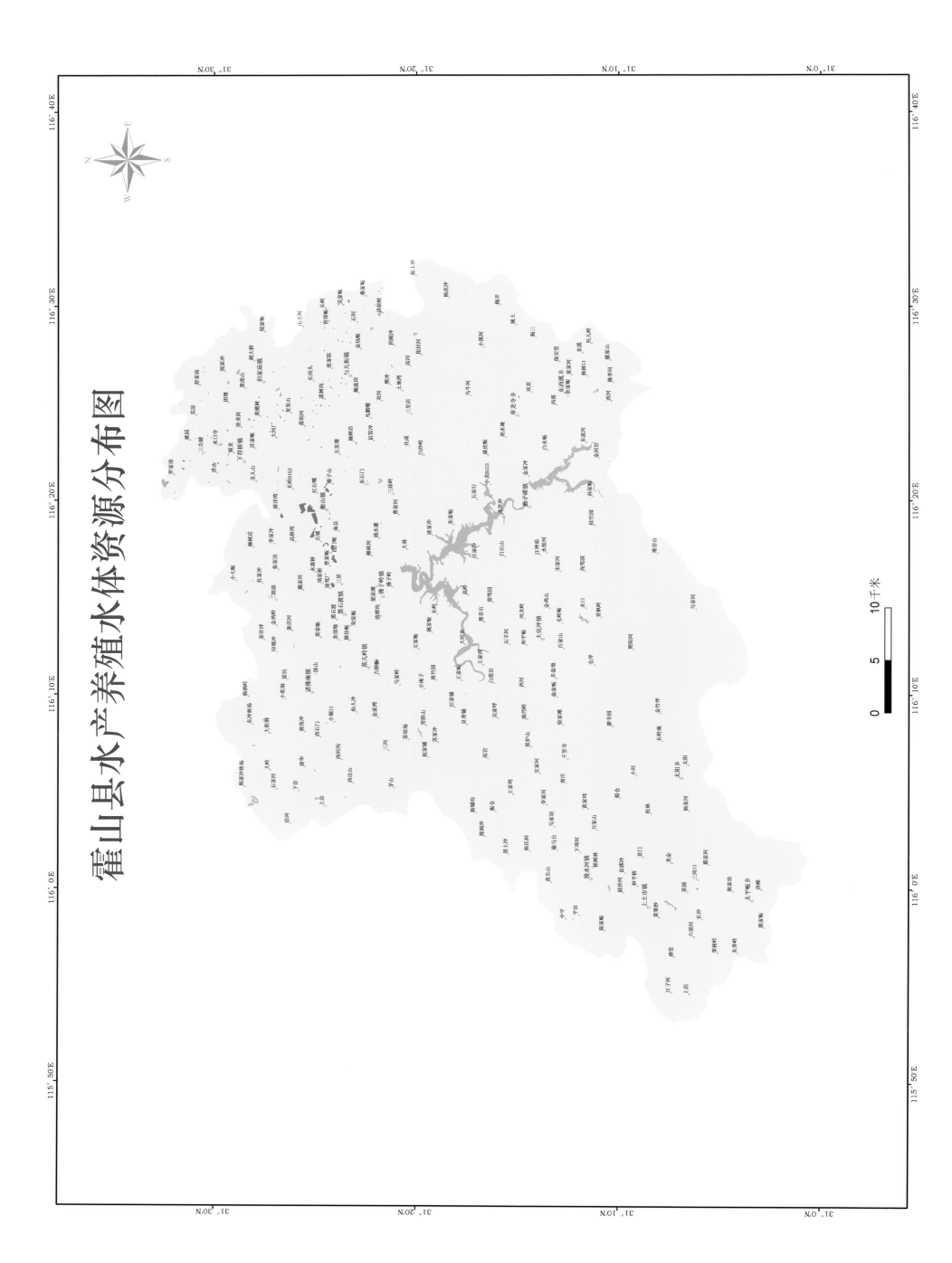

霍山县水产养殖水体资源分布图

霍邱县CBERS02B影像图

0　　5　　10千米

霍邱县水产养殖水体资源分布图

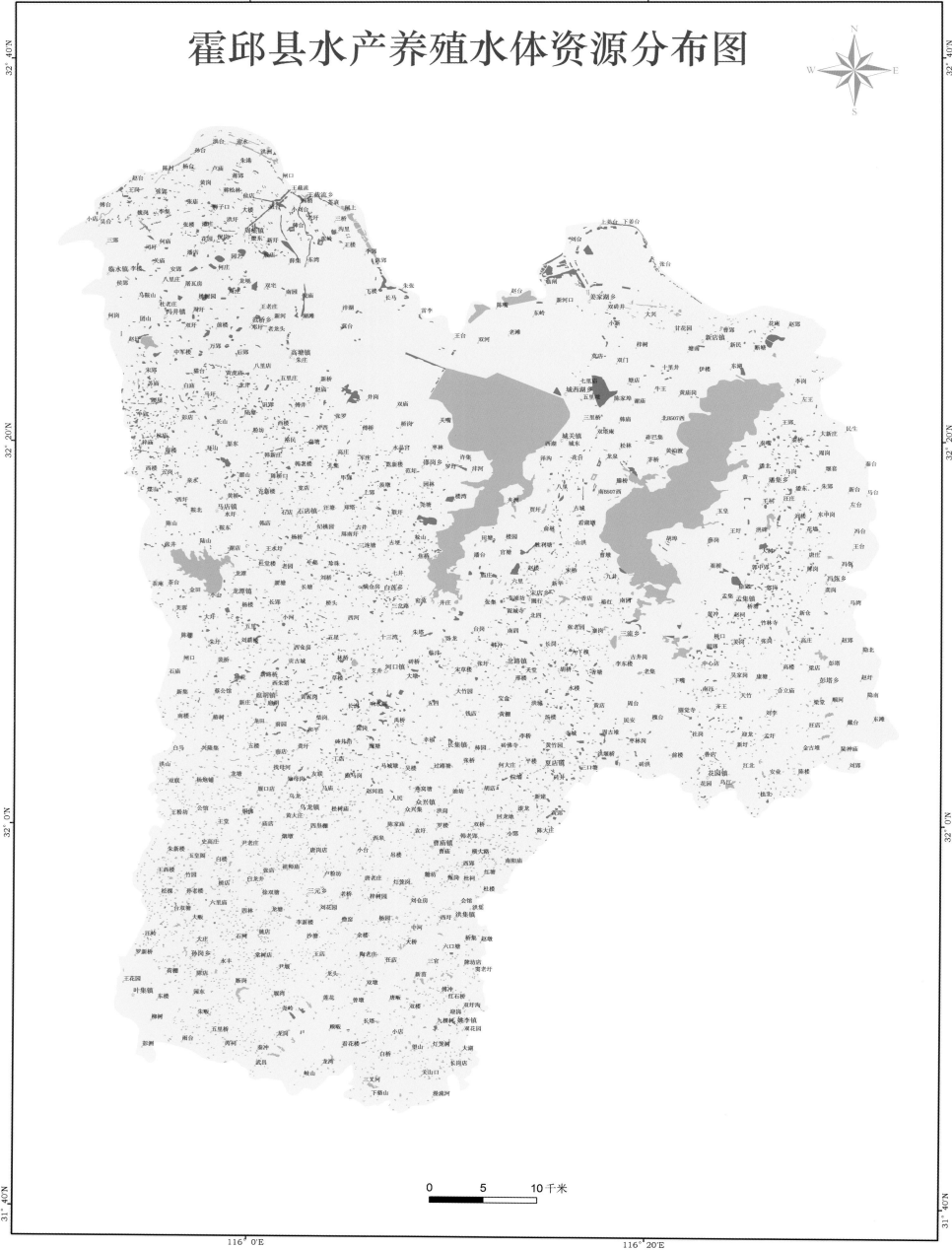

舒城县CBERS02B影像图

舒城县水产养殖水体资源分布图

0　　　5　　　10千米

176

金寨县CBERS02B影像图

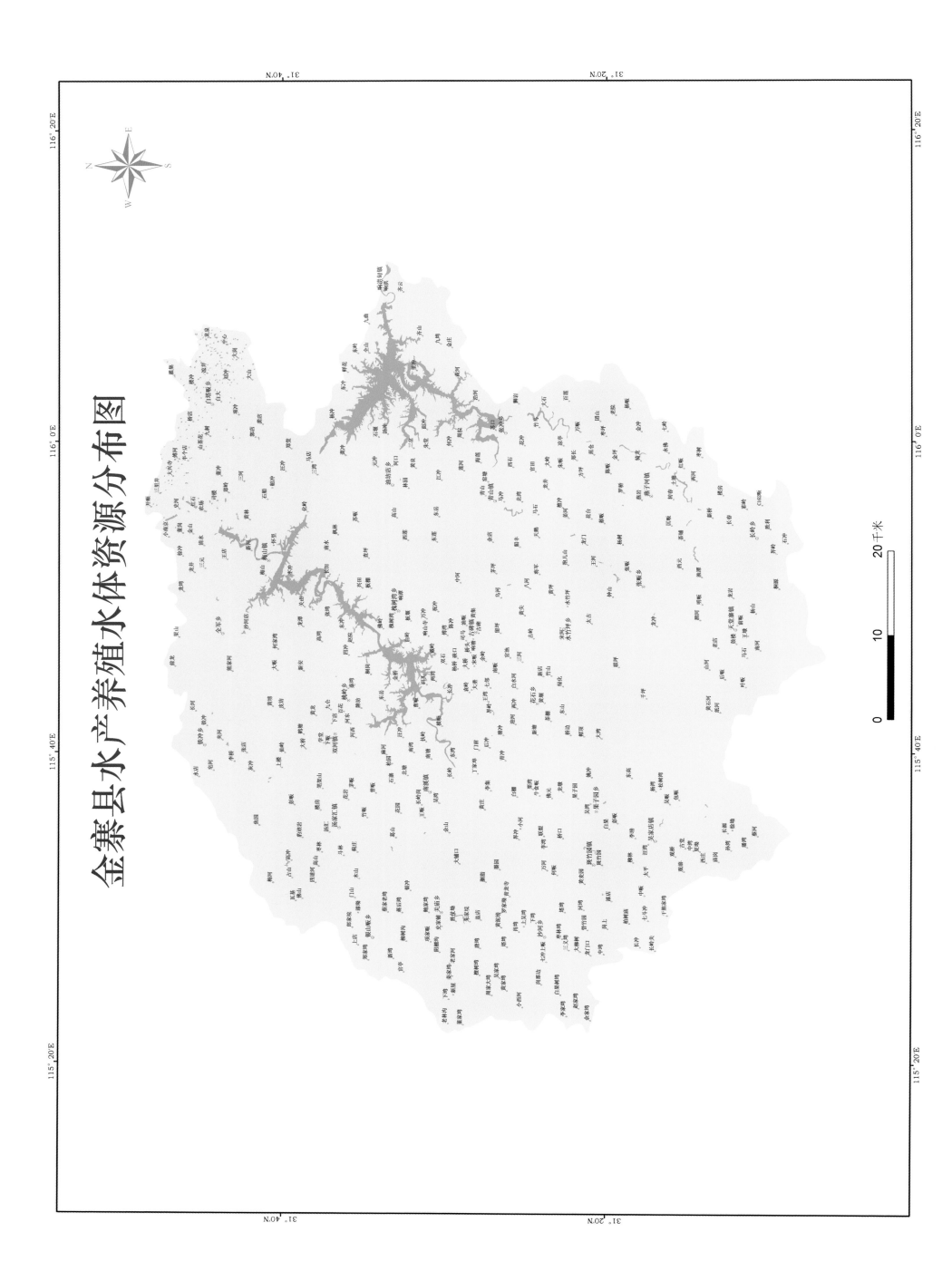

金寨县水产养殖水体资源分布图

178

第十四节　亳州市

一、自然水资源条件

亳州市位于安徽省西北部,黄淮平原南端,属温带季风气候,有明显的过渡气候性特征,主要表现为季风性明显,气候温和,光照充足,雨量适中,无霜期长,四季分明,春温多变,夏雨集中,秋高气爽,冬长且干,水资源相对贫乏,平均年降水量822毫米。全市下辖涡阳县、蒙城县、利辛县和谯城区,共3个县1个区,总面积8 394平方千米。辖区内河流属淮河水系。主要干流河道有涡河、西淝河、茨淮新河、北淝河、芡河等。其中,涡河境内长173千米,流域面积4 039平方千米;西淝河境内长123.4千米,流域面积1 871平方千米;茨淮新河境内长66千米,流域面积1 401平方千米。据亳州市水域滩涂规划,全市水面有3.27万公顷,其中可利用水面有2.77万公顷,已利用1.39万公顷。因此,亳州市水产业尚有较大的发展潜力。

二、水产养殖基本情况

据渔业统计,2008~2010年亳州市淡水养殖产量分别为31 924吨、33 123吨、36 400吨,养殖面积分别为868公顷、1 163公顷、4 952公顷。近几年,亳州市渔业养殖方式正在逐步调整,并已初步实现几个转变。一是基本实现由零散养殖向规模养殖的转变;二是基本实现由常规品种养殖向名、特、优品种养殖的转变;三是基本实现由自然养殖向人工精养的转变;四是基本实现由传统养殖向安全健康养殖的转变。

亳州市淡水养殖产区广泛分布于全市各县(区)。2008~2010年各县(区)淡水养殖产量以利辛县最高,年平均产量为9 256吨;其余依次为涡阳县、蒙城县、市辖区,分别为8 707吨、8 219吨、7 634吨。亳州市各县(区)淡水养殖产量构成如图2-14-1所示。

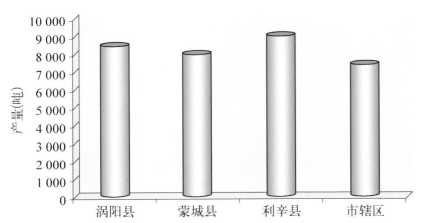

图2-14-1　2008~2010年亳州市各县(区)淡水养殖平均产量构成

三、水产养殖特点

1. 主要养殖类型与方式

亳州市水产养殖主要包括池塘养殖、河沟栏网养殖和网箱养殖等类型与方式。

(1)池塘养殖:2010年养殖面积为2 345公顷,平均单产水平约为8 856千克/公顷。

(2)河沟栏网养殖:2010年养殖面积为2 597公顷,平均单产水平约为5 683千克/公顷。

(3)网箱养殖:2010年养殖面积为272 666平方米,平均单产水平约为11.4千克/立方米水体。

2. 主要养殖品种结构

亳州市淡水养殖的主要品种有鲢、草鱼、鳙、鲤鱼、鲫鱼、鳊鱼等,其淡水养殖品种的产量结构如图2-14-2所示。

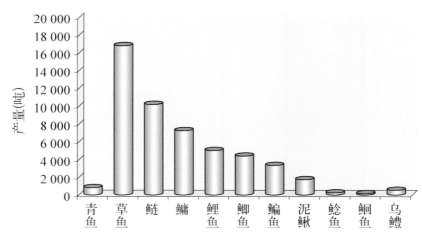

图2-14-2　2010年亳州市主要淡水养殖品种产量结构

3. 特色养殖

(1)河道、网箱养殖:亳州市素有"百里围网、百里网箱、百亩连片精养塘"之美誉。近年来,渔业部门结合渔业"水产跨越工程",因势利导,鼓励渔民在涡河、西淝河、茨淮新河等河流沿河大力发展网箱养殖。网箱养殖已成为亳州市渔民增收的重要来源之一。

(2)大水面河蟹养殖:近年来亳州市充分利用河道水质清新、水草茂盛,生物饵料丰富的优势,加大招商引资力度,鼓励客商到亳州发展大水面河蟹养殖,先后吸引江苏、淮南等地客商前来投资兴业,目前已发展大水面河蟹养殖3 333余公顷,使得全市50%以上的河沟得以充分利用。

四、养殖水体资源遥感监测

亳州市水产养殖水体资源遥感监测结果如表2-14-1所示。

表2-14-1　亳州市水产养殖水体资源

地　区	内陆池塘 (公顷)	水库、山塘 (公顷)	大水面 (公顷)	区县合计 (公顷)	总计 (公顷)
市辖区	104	4		108	
利辛县	29	22		51	
涡阳县	13			13	503
蒙城县	180	151		331	

五、20公顷以上成片养殖池塘分布

亳州市未监测到20公顷以上成片养殖池塘分布。

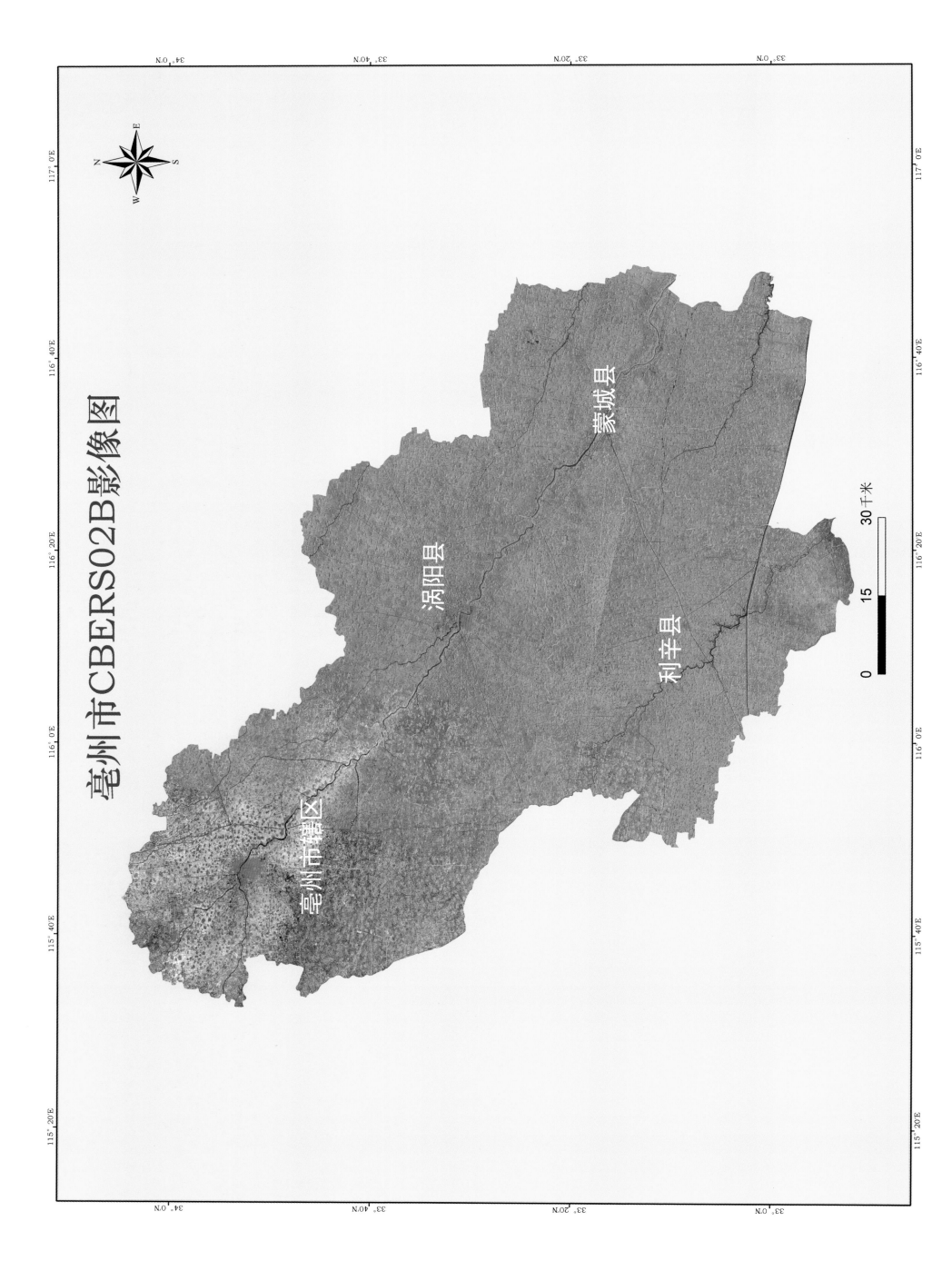

亳州市CBERS02B影像图

蒙城县

涡阳县

利辛县

亳州市辖区

亳州

0   15   30千米

180

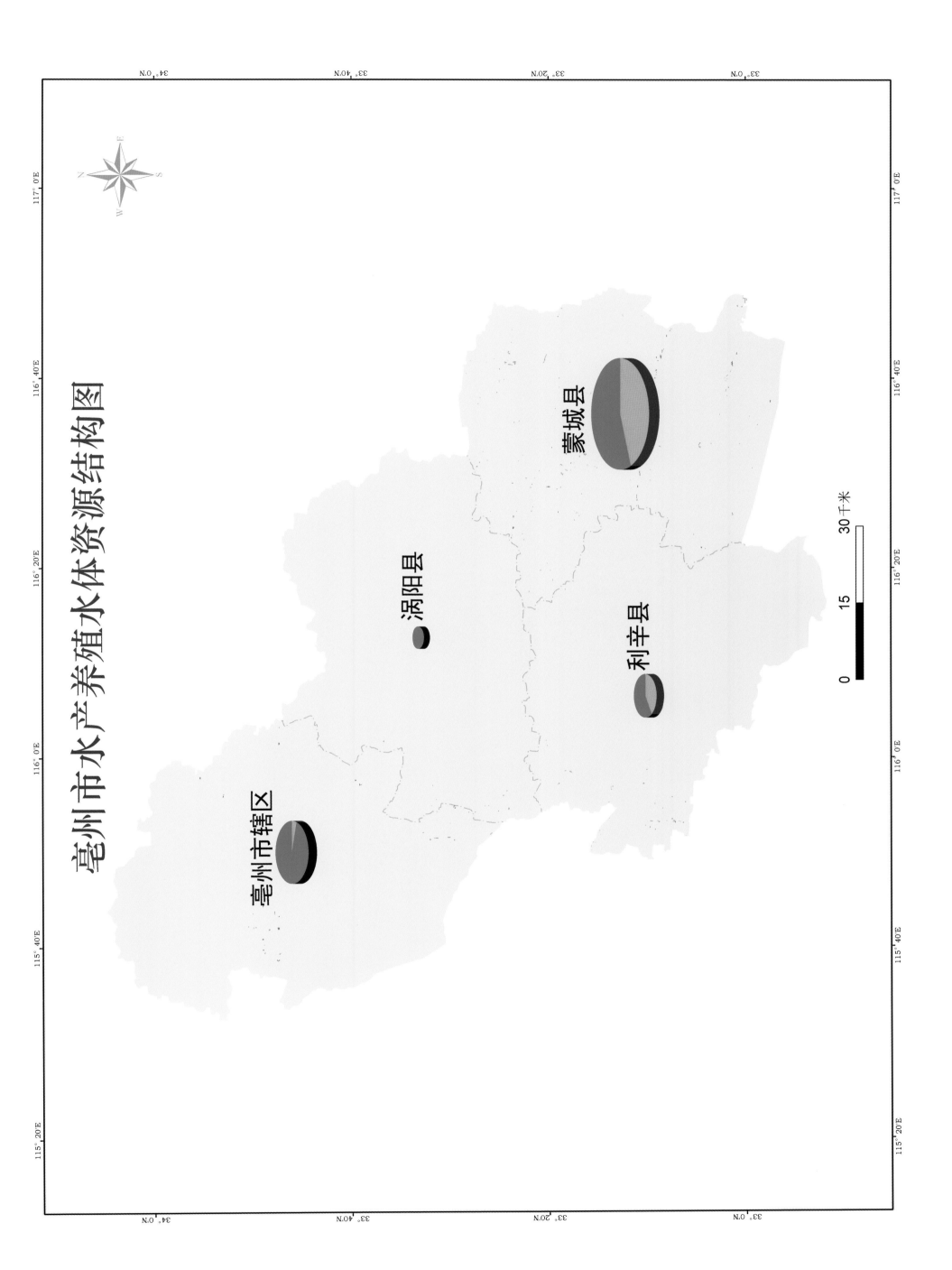

亳州市水产养殖水体资源结构图

蒙城县

涡阳县

利辛县

亳州市辖区

0   15   30 千米

亳州市辖区CBERS02B影像图

亳州市辖区水产养殖水体资源分布图

0　　5　　10千米

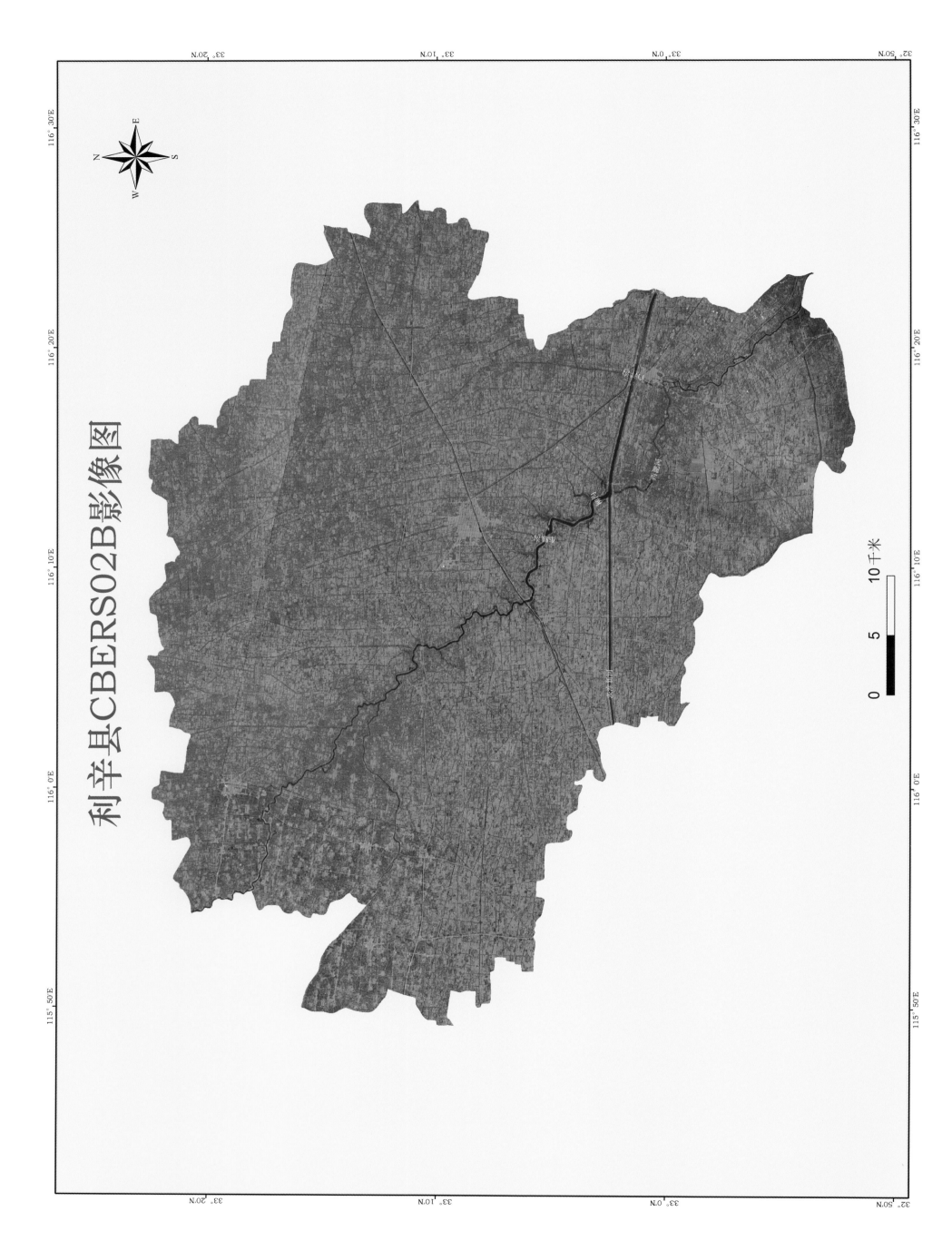

利辛县CBERS02B影像图

10千米

5

0

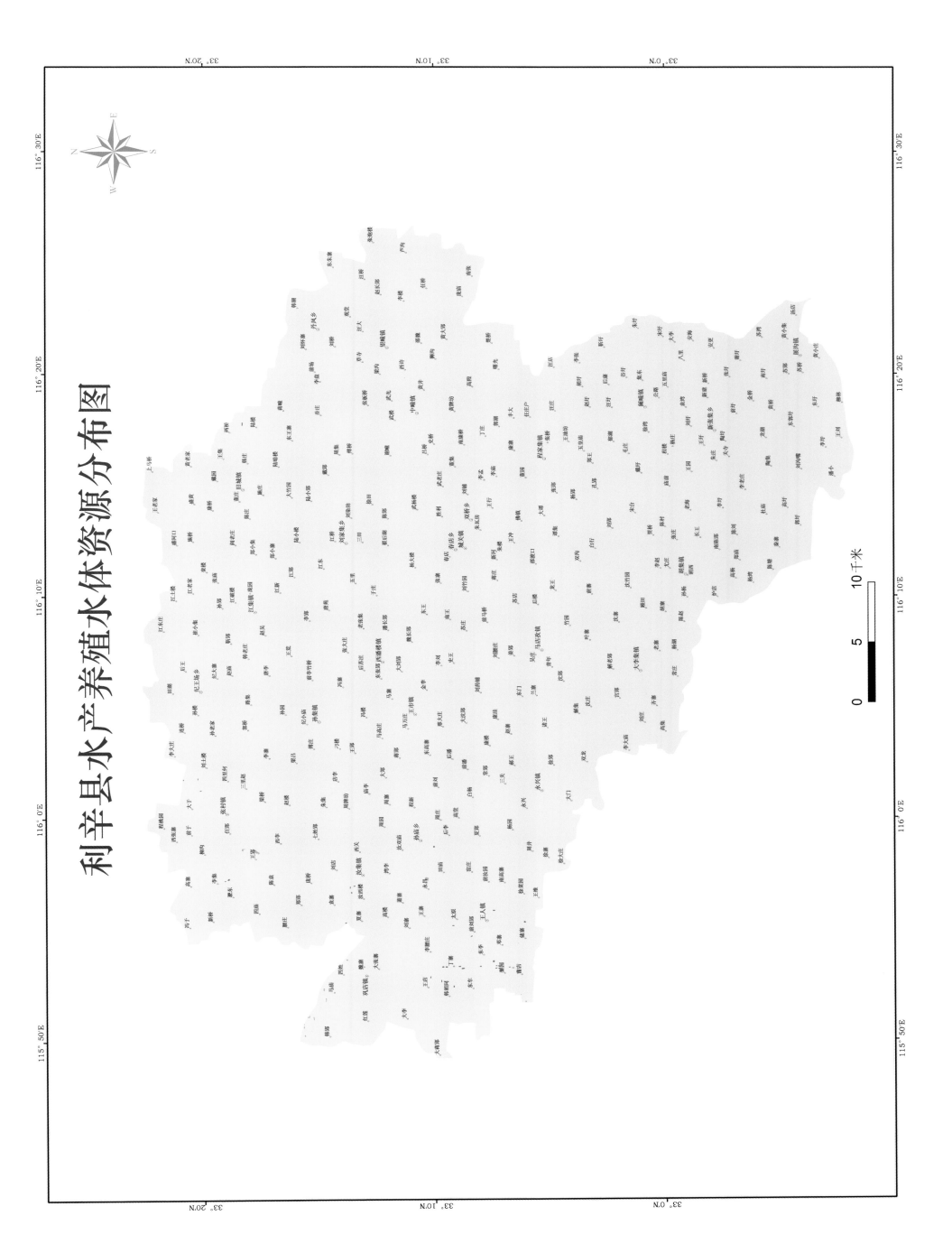

利辛县水产养殖水体资源分布图

185

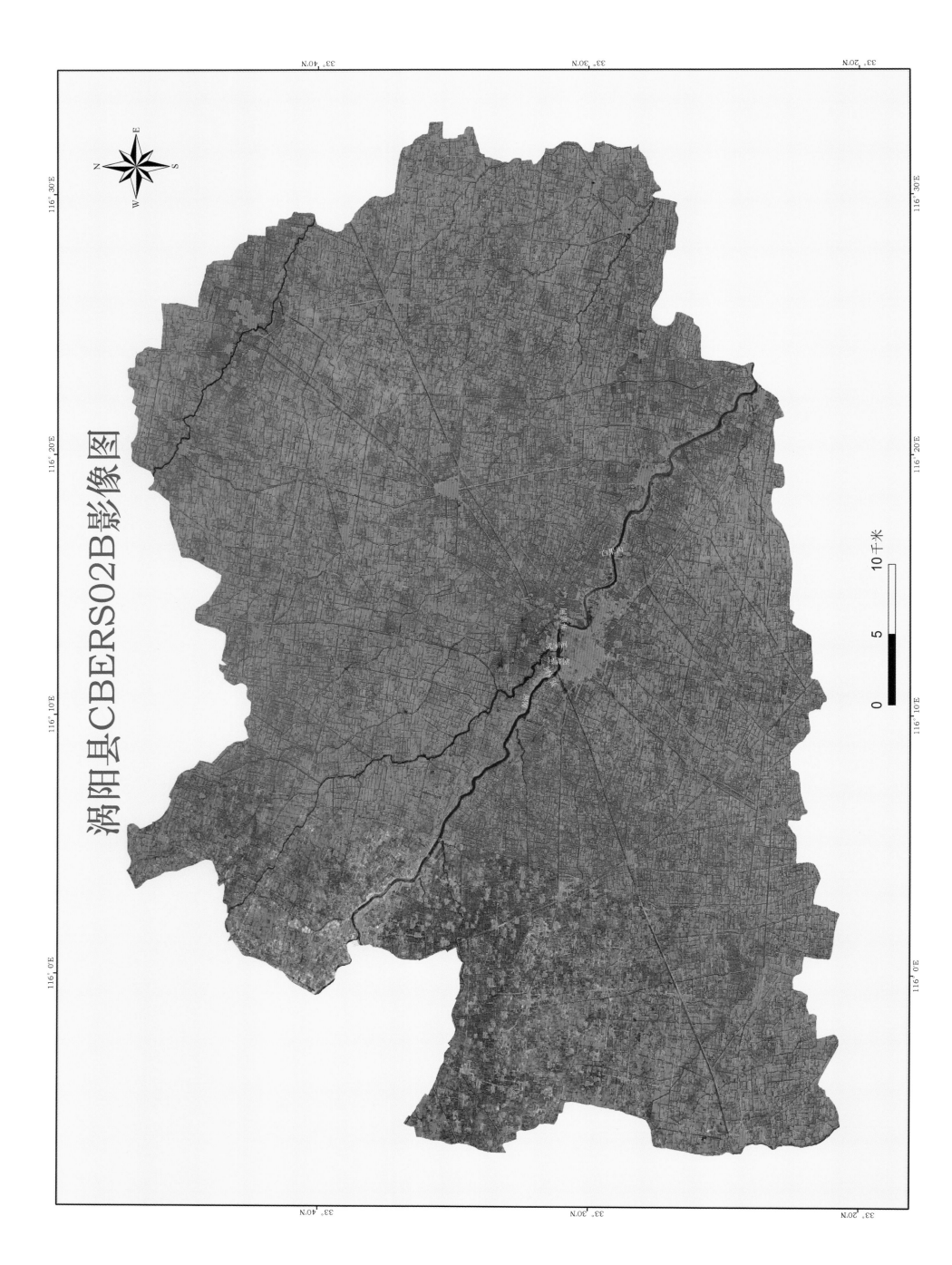

涡阳县CBERS02B影像图

涡阳县水产养殖水体资源分布图

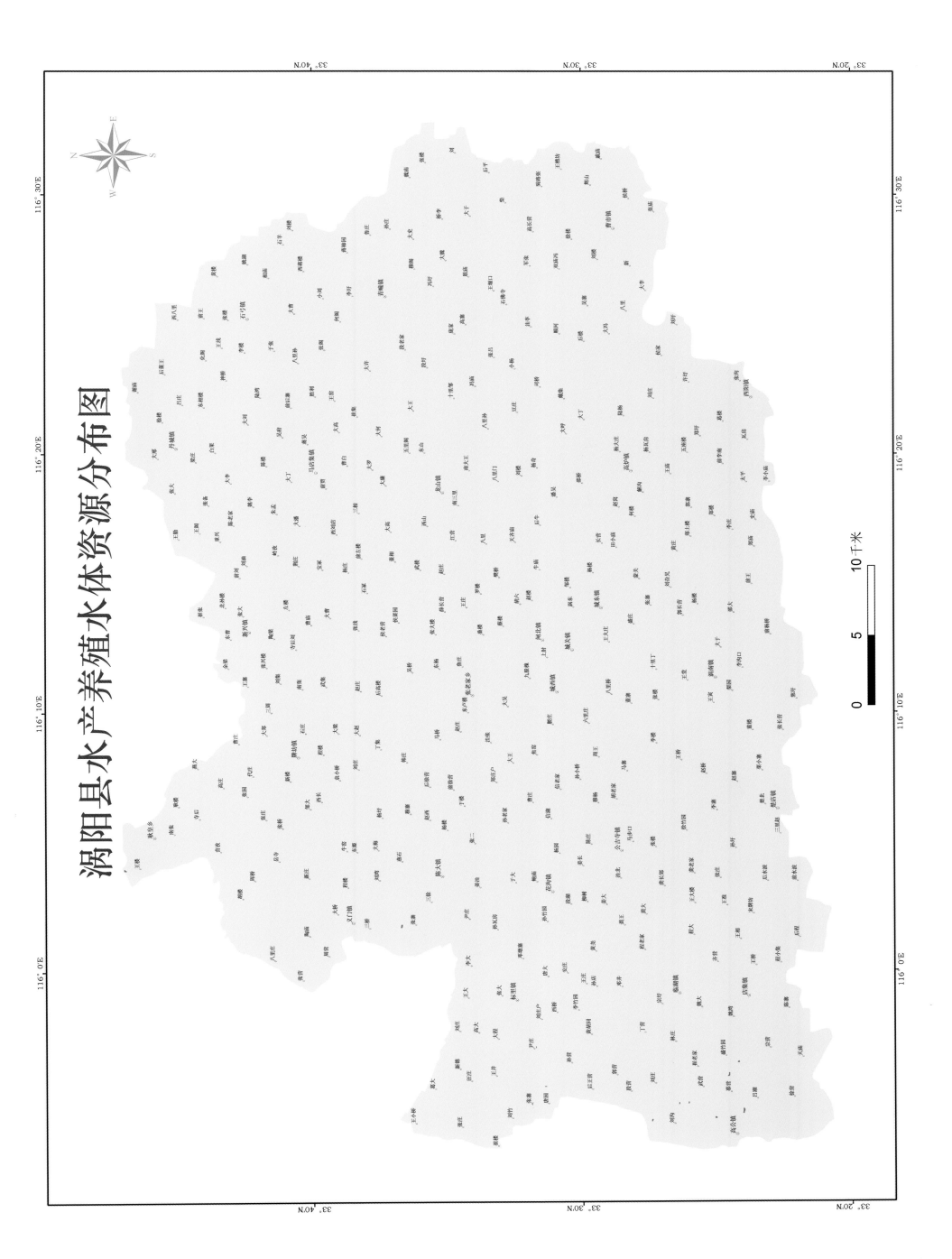

蒙城县CBERS02B影像图

116°20'E 116°30'E 116°40'E 116°50'E

33°30'N
33°20'N
33°10'N
33°0'N
32°50'N

N
W   E
S

0   5   10千米

蒙城县水产养殖水体资源分布图

116°20'E 116°30'E 116°40'E 116°50'E

33°30'N
33°20'N
33°10'N
33°0'N
32°50'N

0 5 10千米

第十五节　池州市

一、自然水资源条件

池州市位于安徽省西南部,属暖湿性亚热带季风气候,四季分明,雨量充沛,光照充足,无霜期长,年平均降水量为1 556.9毫米。全市下辖贵池区、东至县、石台县、青阳县和九华山风景区以及国家级池州经济技术开发区,总面积8 272平方千米。境内有三大水系10条河流,长江水系有尧渡河、黄湓河、秋浦河、白洋河、大通河、九华河,其中池州长江段为145千米;青弋江水系有清溪河、陵阳河、喇叭河;鄱阳湖水系有龙泉河。流域面积在500平方千米以上的河流有7条,河长618千米,其中秋浦河为境内流域中最长的河流,流域面积3 019平方千米,河长149千米。这些河流的上游支流呈树状分布,是重要天然捕捞场所,盛产多种经济鱼类及其苗种。境内主要湖泊有升金湖、十八索、黄泥湖、平天湖、天生湖、小七里湖、太白湖等千亩以上湖泊20多个,总水面积144.14平方千米,是主要渔业水域。境内水库有369座,其中中型水库有2座,小(一)型水库有47座,小(二)型水库有320座,渔用统计面积约为20平方千米。

池州境内水域中常见的鱼类品种有30余种,水生植物有60余种,贝类有60余种,爬行动物有3种。

二、水产养殖基本情况

据渔业统计,2008~2010年池州市淡水养殖产量分别为91 299吨、95 347吨、98 955吨,养殖面积分别为27 383公顷、27 535公顷、27 685公顷。

池州市淡水养殖主产区主要集中在市辖区、东至县和青阳县。2008~2010年各县(区)淡水养殖产量以市辖区为最高,年平均产量为45 298吨;其余依次为东至县和青阳县,分别为38 984吨和10 800吨。池州市各县(区)淡水养殖产量构成如图2-15-1所示。

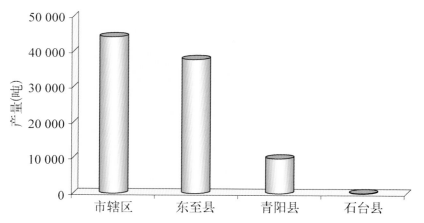

图2-15-1　2008~2010年池州市各县(区)淡水养殖平均产量构成

三、水产养殖特点

1. 主要水产养殖类型与方式

池州市水产养殖主要为湖泊养殖、池塘养殖、稻田养殖、水库养殖等类型。

(1)湖泊养殖:2010年养殖面积为17 593公顷,平均单产水平约为2 218千克/公顷。

(2)池塘养殖:2010年养殖面积为5 445公顷,平均单产水平约为7 968千克/公顷。

(3)稻田养殖:2010年养殖面积为4 242公顷,平均单产水平约为1 301千克/公顷。

(4)水库养殖:2010年养殖面积为1 819公顷,平均单产水平约为1 572千克/公顷。

2. 主要养殖品种

池州市淡水养殖的主要品种有鲢、鳙、草鱼、鲫鱼、鳊鱼、克氏原螯虾、鲤鱼等。池州市淡水养殖品种的产量结构如图2-15-2所示。

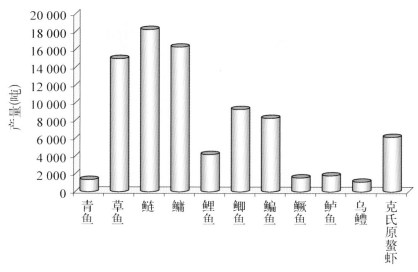

图2-15-2　2010年池州市主要淡水养殖品种产量结构

四、养殖水体资源遥感监测

池州市水产养殖水体资源遥感监测结果如表2-15-1所示。

表2-15-1　池州市水产养殖水体资源

地　区	内陆池塘(公顷)	水库、山塘(公顷)	大水面(公顷)	区县合计(公顷)	总计(公顷)
市辖区	2 889	2054	3 948	8 891	
东至县	4 927	1 727	6 500	13 154	23 034
石台县		52		52	
青阳县	254	526	157	937	

五、20公顷以上成片养殖池塘分布

池州市20公顷以上成片养殖池塘分布如表2-15-2所示。

表2-15-2　池州市20公顷以上成片池塘分布情况

地　区	数量(片)	面积(公顷)	全市总计(公顷)
市辖区	18	1 985	
东至县	14	4 375	6 477
石台县			
青阳县	3	117	

池州市CBERSO2B影像图

青阳县

池州市辖区

石台县

东至县

0 10 20千米

191

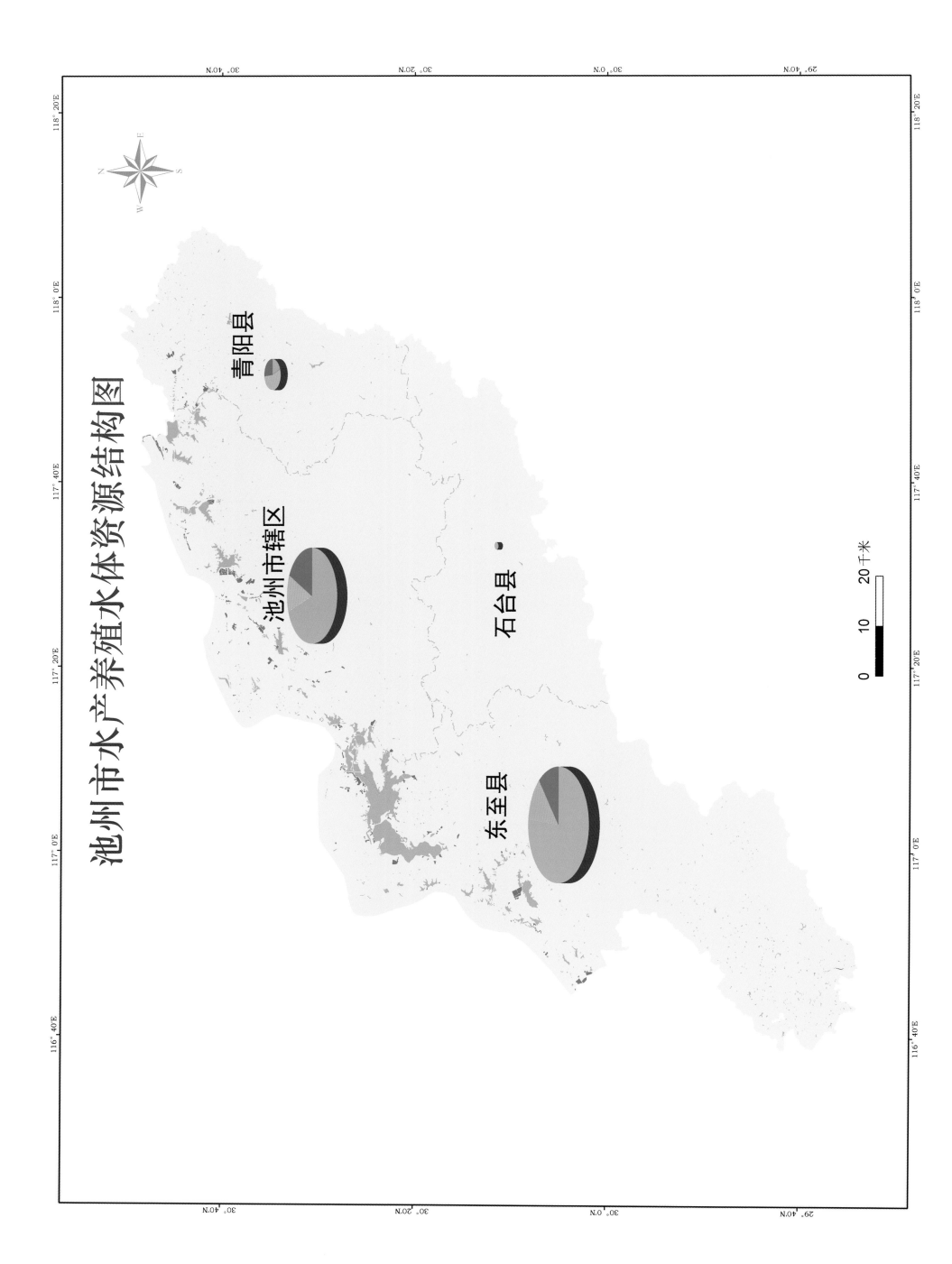

池州市水产养殖水体资源结构图

青阳县

池州市辖区

石台县

东至县

0　10　20千米

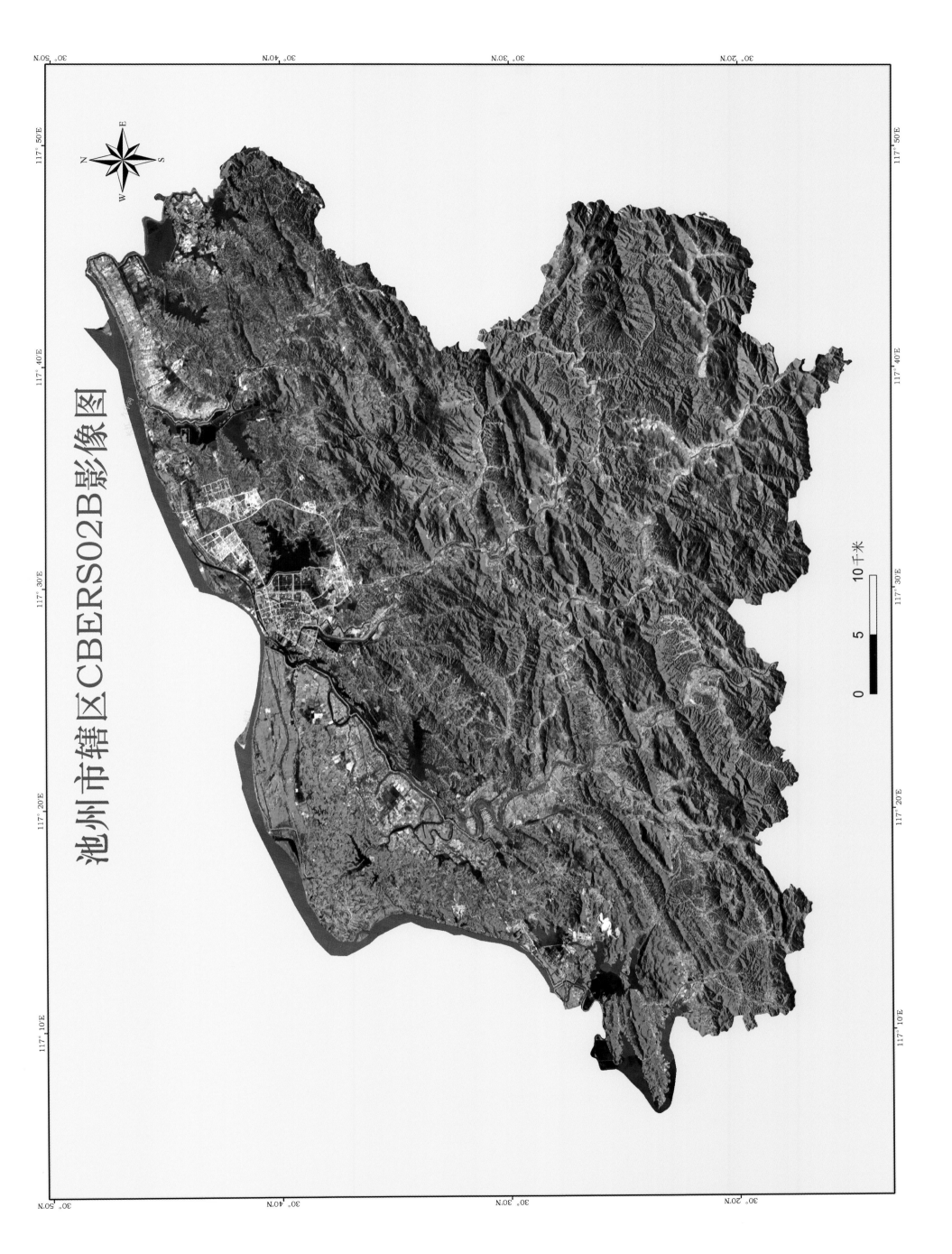

池州市辖区CBERS02B影像图

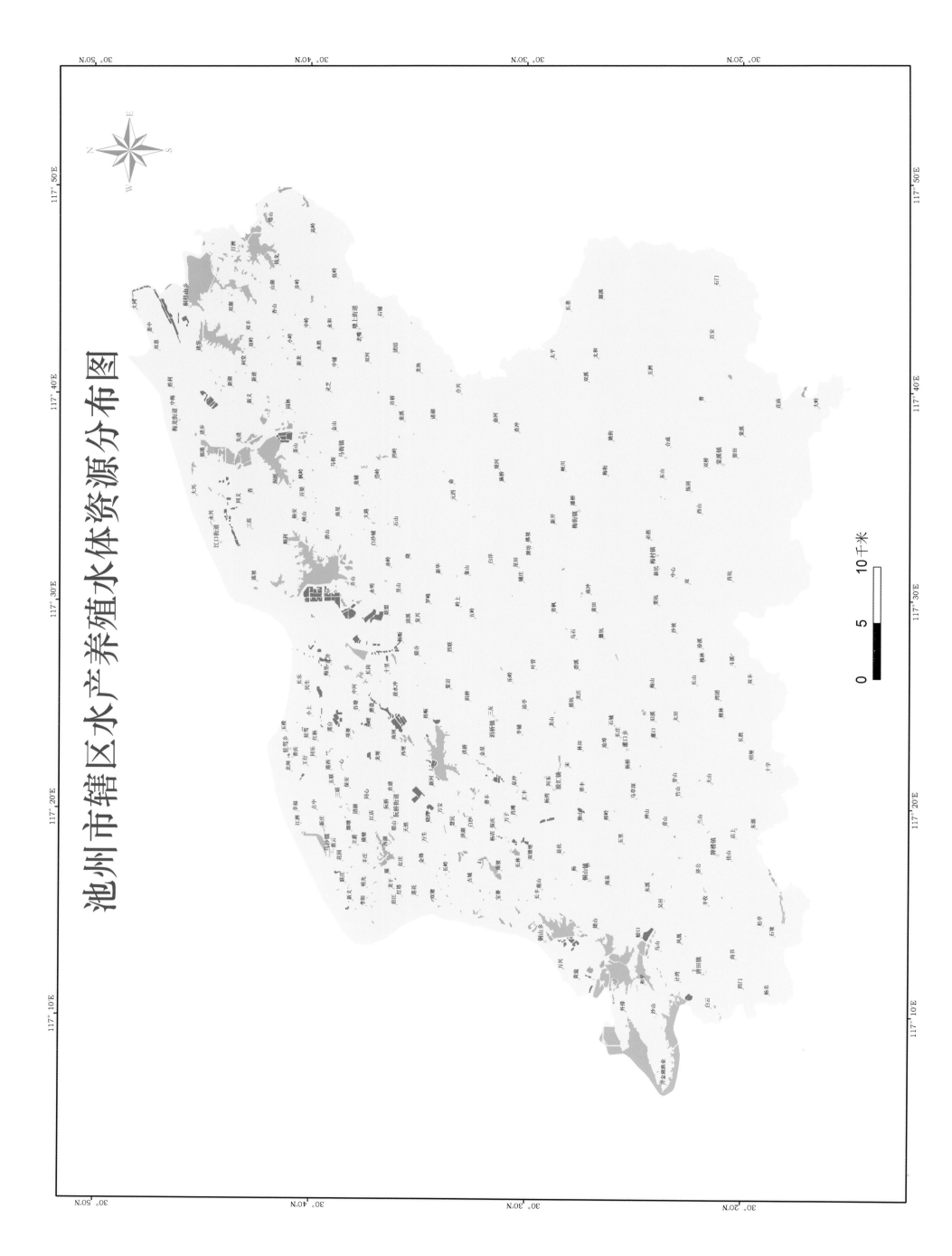

池州市辖区水产养殖水体资源分布图

194

东至县CBERS02B影像图

0　　5　　10千米

东至县水产养殖水体资源分布图

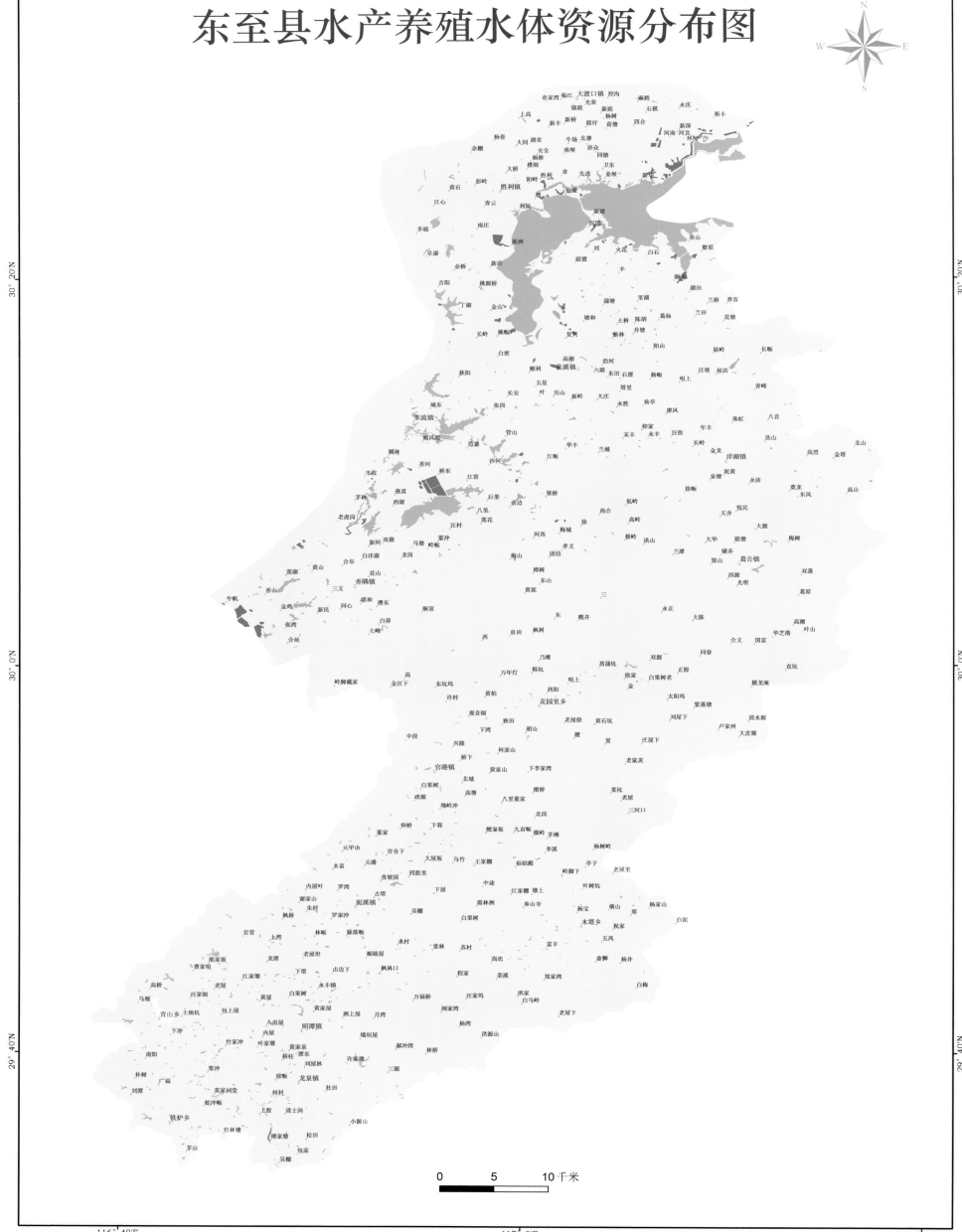

0   5   10千米

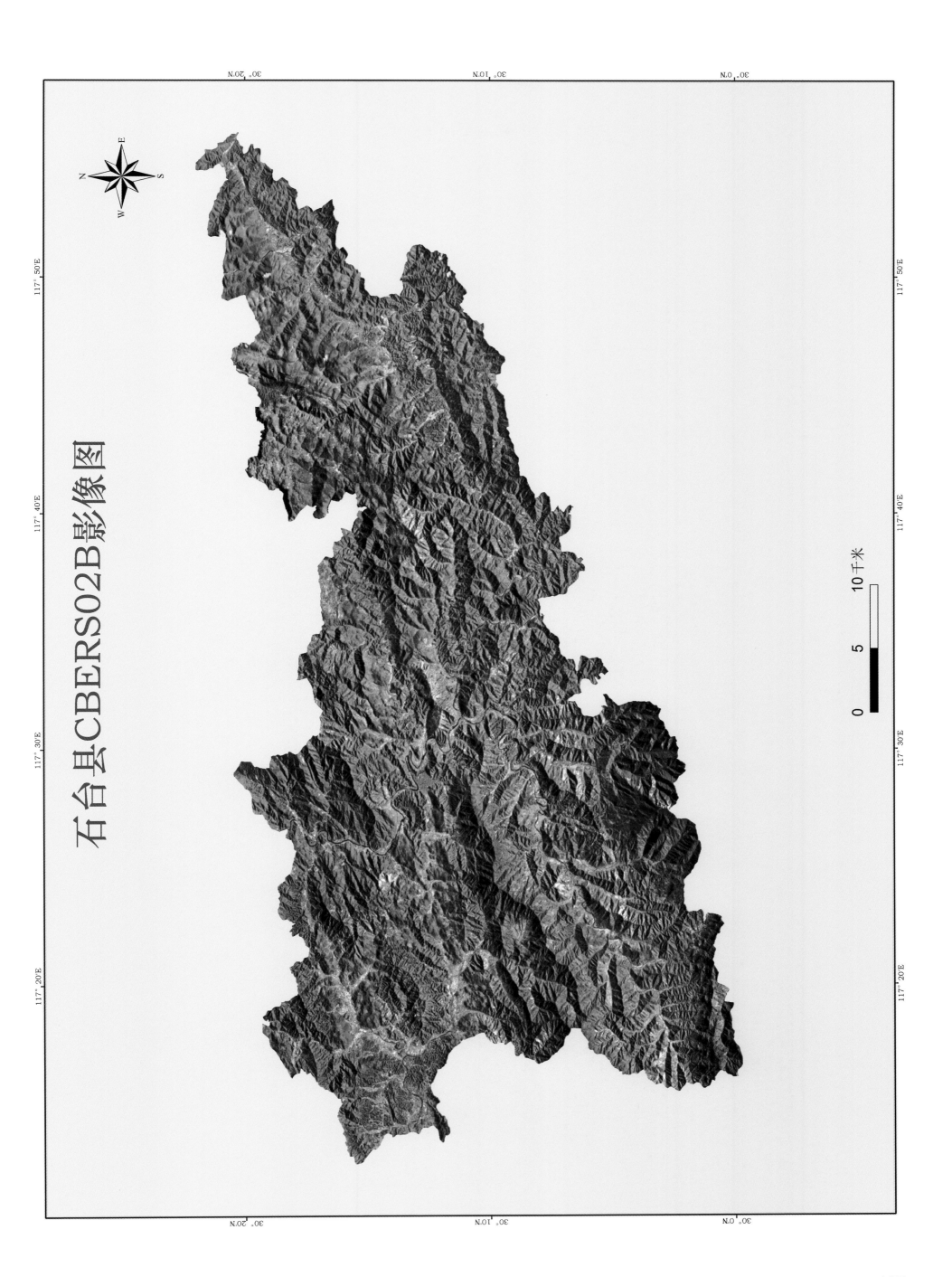

石台县CBERS02B影像图

10千米

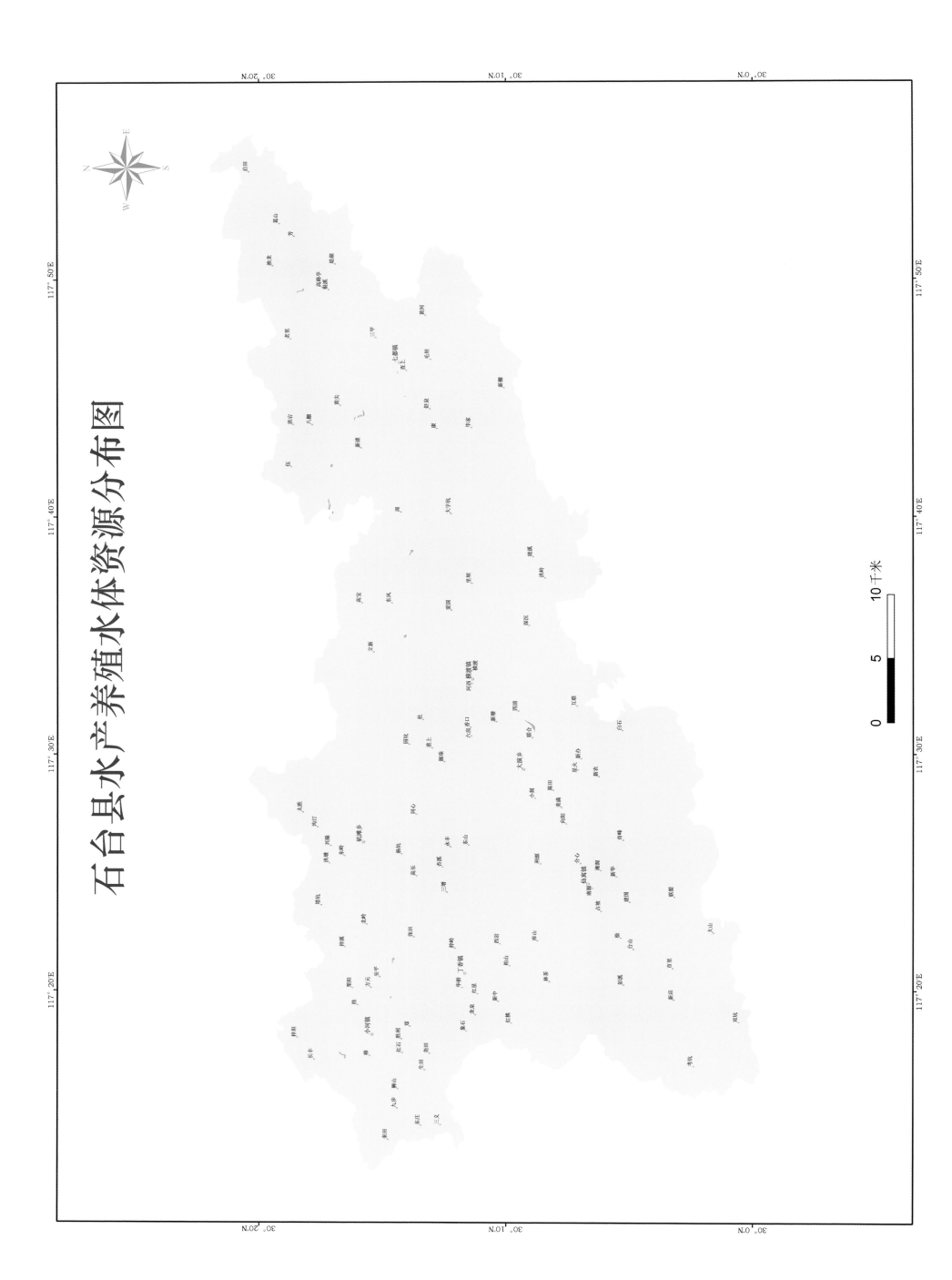

石台县水产养殖水体资源分布图

青阳县CBERS02B影像图

青阳县水产养殖水体资源分布图

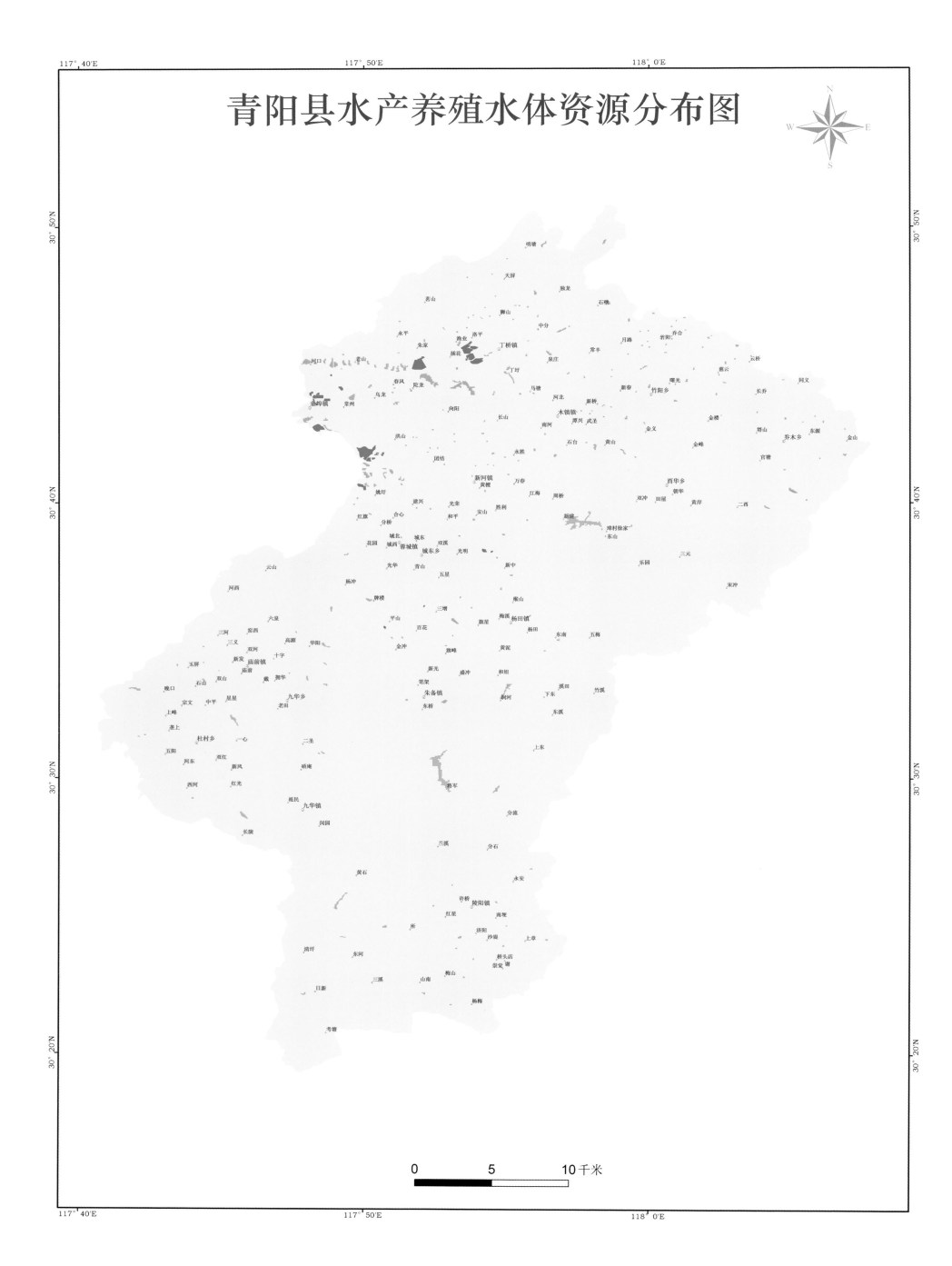

0　　5　　10千米

第十六节 宣城市

一、自然水资源条件

宣城市位于安徽省东南部,属亚热带湿润季风气候类型,四季分明,气候湿润,雨量充沛,无霜期长,年降水量在1 200~1 500毫米之间。全市下辖7个县(市、区),总面积12 323平方千米。

1. 河流

宣城境内河流主要是水阳江和青弋江两大水系,均属长江流域。其中水阳江在宣城市境内流域面积为7 451.1平方千米,河流长160千米,主要支流有桐汭河、无量溪、新郎川河、老郎川河、毕桥河、汪联河、双桥河、东津河、中津河、西津河等;青弋江在宣城市境内流域面积2 600.9平方千米,河流长96千米,主要支流有徽水河、孤峰河、琴溪河、包河河、茂林河、高桥河、周寒河、大马河等。此外,绩溪县登源河长55千米,扬之河、大源河各长40千米,流域面积582.5平方千米,均为新安江流域。

2. 湖泊

宣城市境内湖泊主要是南漪湖和固城湖的一部分。其中,南漪湖位于宣州区和郎溪县北部圩区,水位12米时,湖水面积201.5平方千米,容积9.88亿立方米;固城湖界江苏省高淳县和本市宣州区之间,宣州区境内15平方千米。

3. 水库

宣城市境内有大型水库1座,为港口湾水库,位于宁国市,又称青龙湖,总库容9.41亿立方米。中小型水库有326座,其中中型有5座,分别为卢村水库、张家湾水库、塘埂头水库、龙须湖水库、天子门水库;小(一)型水库有42座,小(二)型水库有279座。

二、水产养殖基本情况

据渔业统计,2008~2010年宣城市的淡水养殖产量分别为7.43万吨、8.11万吨和8.15万吨,养殖面积分别为2.29万公顷、2.60万公顷和3.09万公顷。

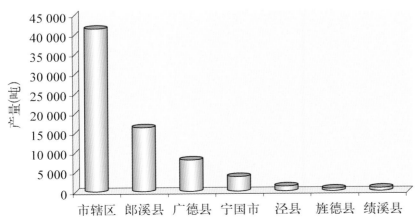

图2-16-1 2008~2010年宣城市各县(市、区)淡水养殖平均产量构成

宣城市淡水养殖主要集中在市辖区、郎溪县和广德县。2008~2010年各县(市、区)淡水养殖年均产量以市辖区最高,年平均产量为4.22万吨;其次为郎溪县,为1.73万吨;其余依次为广德县、宁国市、泾县、绩溪县和旌德县,分别为0.92万吨、0.47万吨、0.22万吨、0.18万吨和0.15万吨。宣城市各县(市、区)水产养殖产量构成如图2-16-1所示。

三、水产养殖特点

1. 主要水产养殖类型与方式

宣城市水产养殖主要有池塘养殖、河沟养殖、大水面(湖泊、水库)养殖、土池养殖等类型。

(1)池塘养殖:2010年池塘养殖面积为12 065公顷,平均单产水平约为3 800千克/公顷。

(2)河沟养殖:2010年河沟养殖面积为5 312公顷,平均单产水平约为2 270千克/公顷。

(3)大水面(湖泊、水库)养殖:2010年大水面养殖面积为11 164公顷,平均单产水平约为1 080千克/公顷。

(4)稻田养殖:2010年稻田养殖面积为7 040公顷,平均单产水平约为1 000千克/公顷。

2. 主要养殖品种结构

宣城市主要养殖品种有鲢、草鱼、鳙、鲫鱼、河蟹、鳊鱼等,此外常见养殖品种还有青虾、青鱼、鲤鱼、沙塘鳢、甲鱼、乌龟、美国青蛙、黄颡鱼、泥鳅、黄鳝、乌鳢、鳜鱼、光唇鱼、光倒刺鲃、翘嘴红鲌、团头鲂、鲶鱼、南美白对虾、克氏原螯虾、珍珠、河蚌、螺蛳、蟾蜍、棘胸蛙、大鲵等。宣城市各水产养殖品种产量结构如图2-16-2所示。

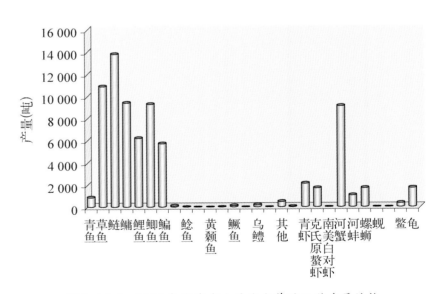

图2-16-2 2010年宣城市主要淡水养殖品种产量结构

3. 特色养殖

(1)幼蟹培育:幼蟹培育产量和面积居全国之首,宣州区水阳镇幼蟹培育面积2 333.34公顷,产量超过10亿只,获"中国幼蟹之乡"称号。

(2)河蟹养殖:南漪湖及周边朱桥、狸桥、水阳等乡镇,固城湖边的狸桥镇,河蟹养殖面积达6 667公顷以上,河蟹品质优良,养殖效益较高,是当地的支柱产业。

四、养殖水体资源遥感监测

宣城市水产养殖水体资源遥感监测结果如表2-16-1所示。

表2-16-1 宣城市水产养殖水体资源

地 区	内陆池塘（公顷）	水库、山塘（公顷）	大水面（公顷）	区县合计（公顷）	总计（公顷）
市辖区	17 602	890	152	18 644	
宁国市	56	206	1 983	2 245	
广德县	77	1 371	792	2 240	
郎溪县	6 118	1 464	991	8 573	32 374
泾 县	28	365		393	
旌德县		181		181	
绩溪县		98		98	

五、20公顷以上成片养殖池塘分布

宣城市20公顷以上成片养殖池塘分布如表2-16-2所示。

表2-16-2 宣城市20公顷以上成片池塘分布情况

地 区	数量（片）	面积（公顷）	全市总计（公顷）
市辖区	44	16 729	
宁国市			
广德县			
郎溪县	23	5 434	22 163
泾 县			
旌德县			
绩溪县			

图2-16-3 水库网箱养殖

图2-16-4 圩区大沟养殖

宣城市CBERS02B影像图

广德县

郎溪县

宣城市辖区

泾县

宁国市

旌德县

（属旌德县）

绩溪县

N
E
W
S

0　15　30千米

203

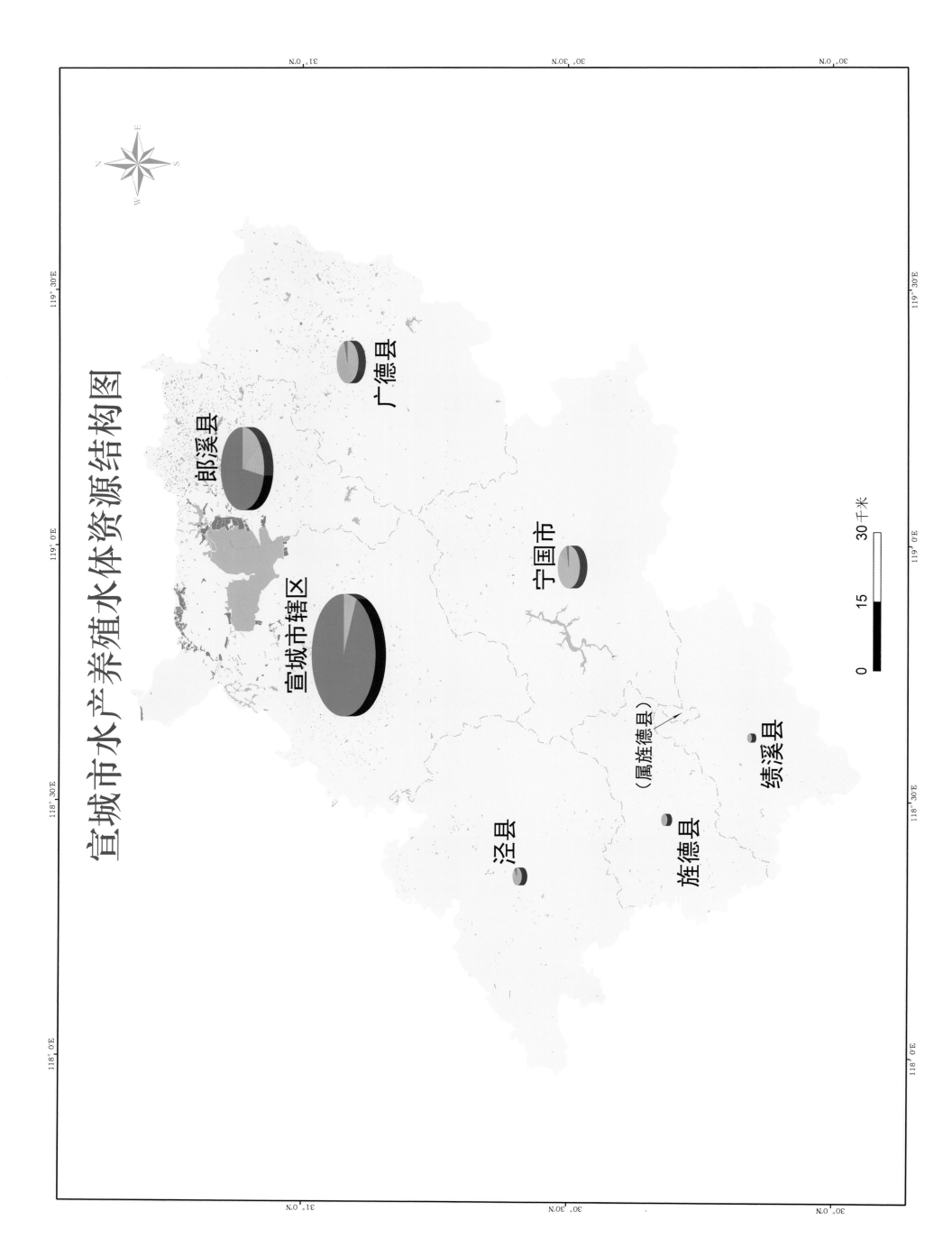

宣城市水产养殖水体资源结构图

广德县

郎溪县

宣城市辖区

宁国市

泾县

旌德县

（属旌德县）

绩溪县

0   15   30千米

204

宣城市辖区CBERS02B影像图

宣城市辖区水产养殖水体资源分布图

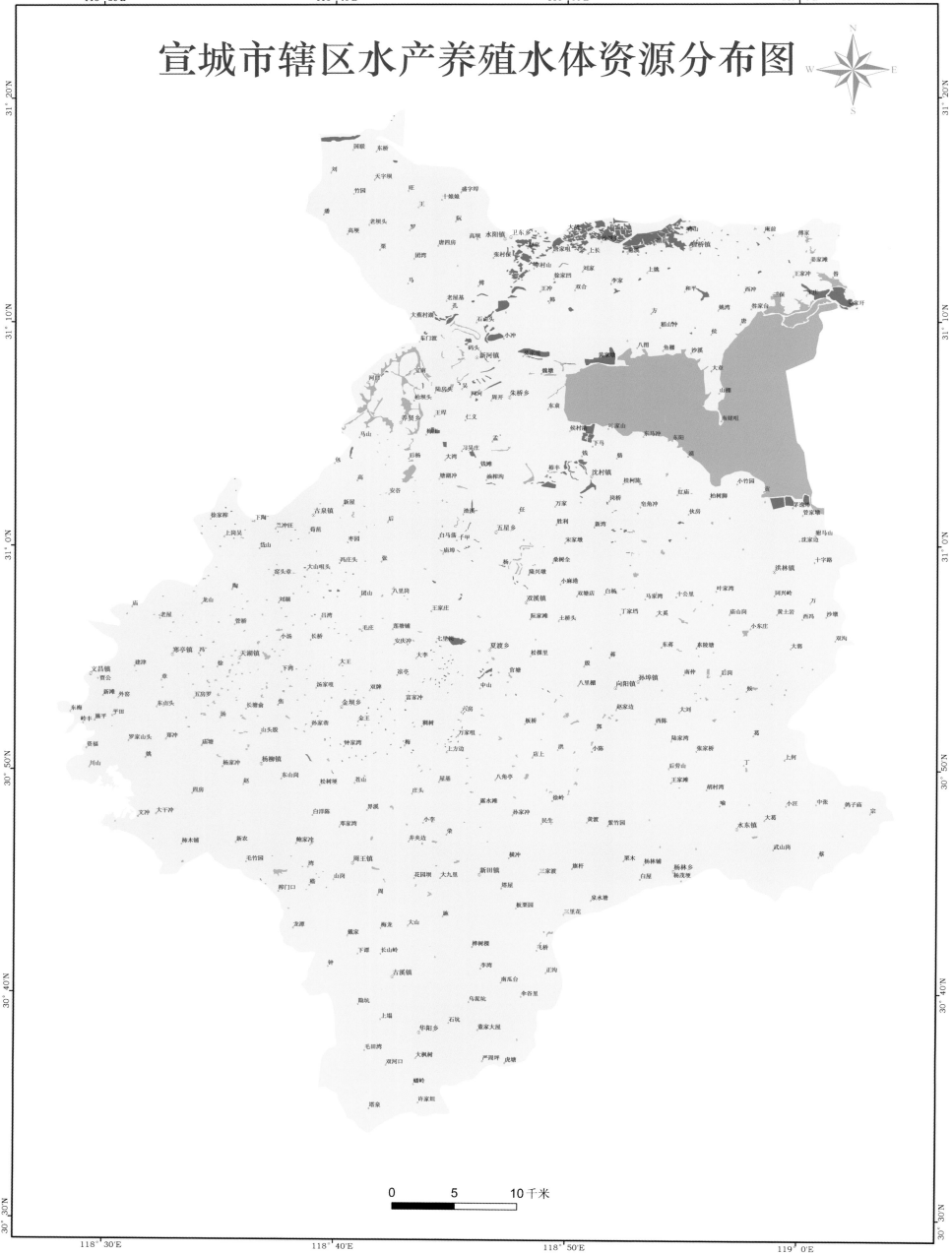

0 5 10千米

宁国市CBERSO2B影像图

10千米

207

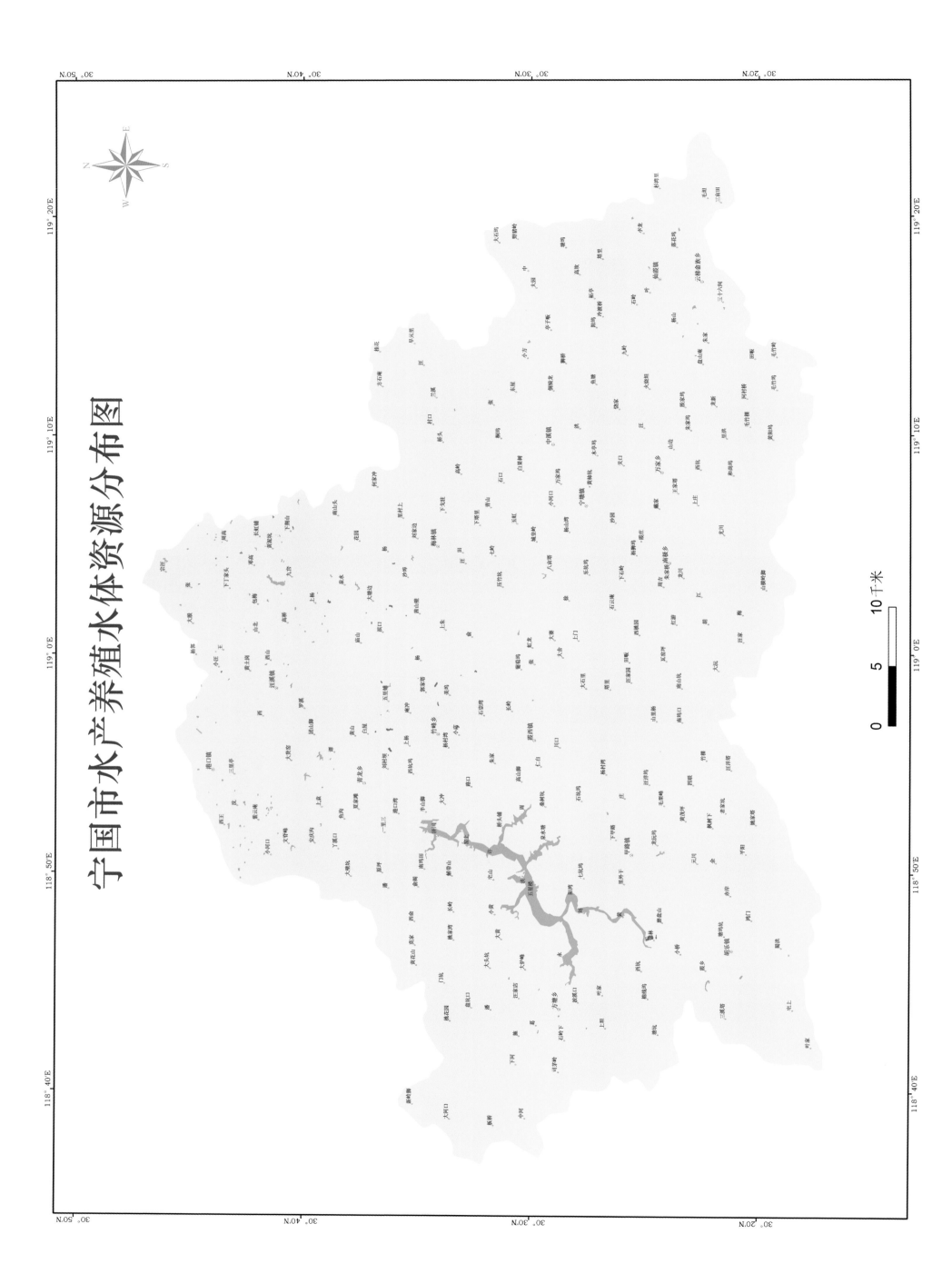

宁国市水产养殖水体资源分布图

208

广德县CBERS02B影像图

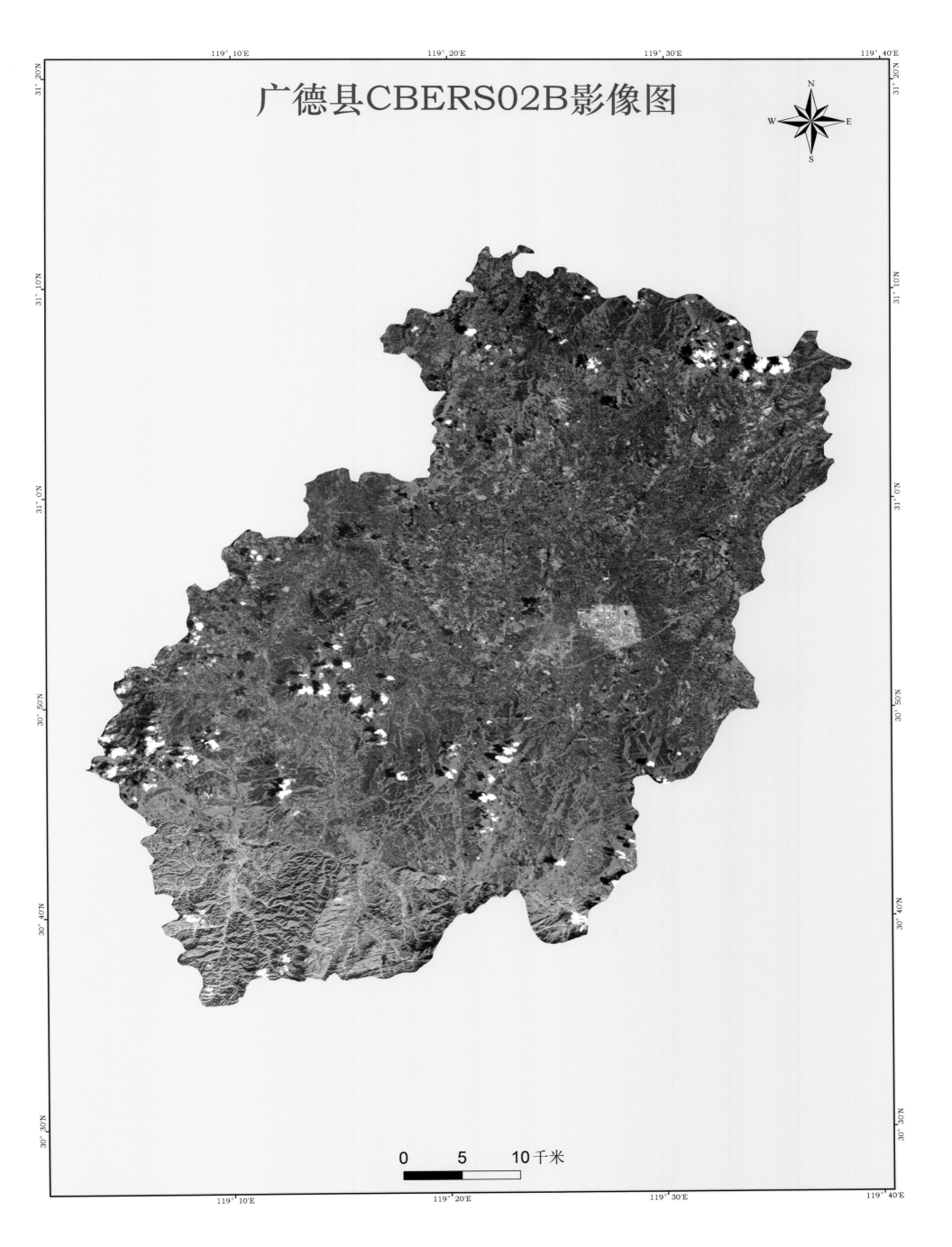

0   5   10千米

广德县水产养殖水体资源分布图

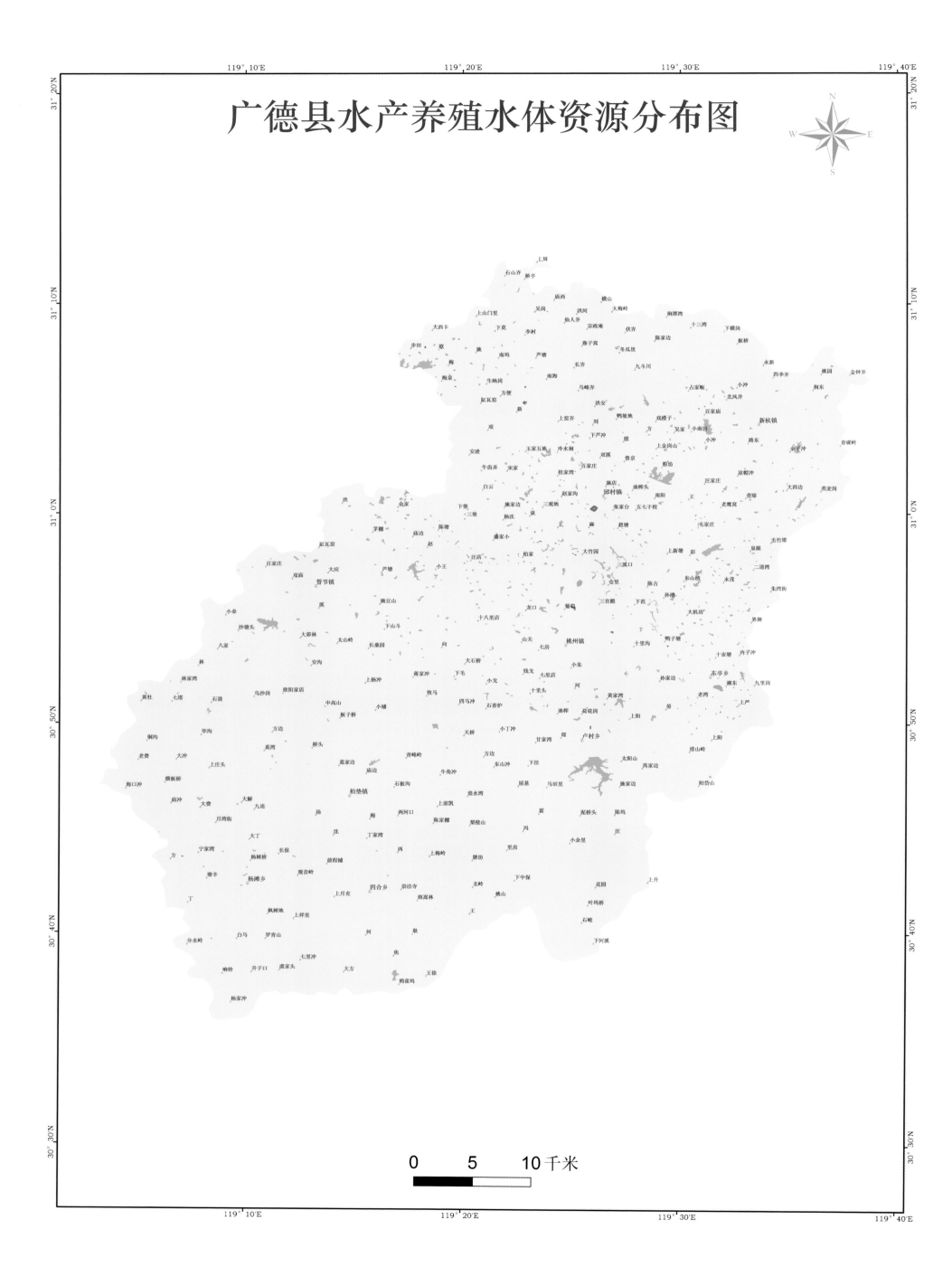

0 5 10千米

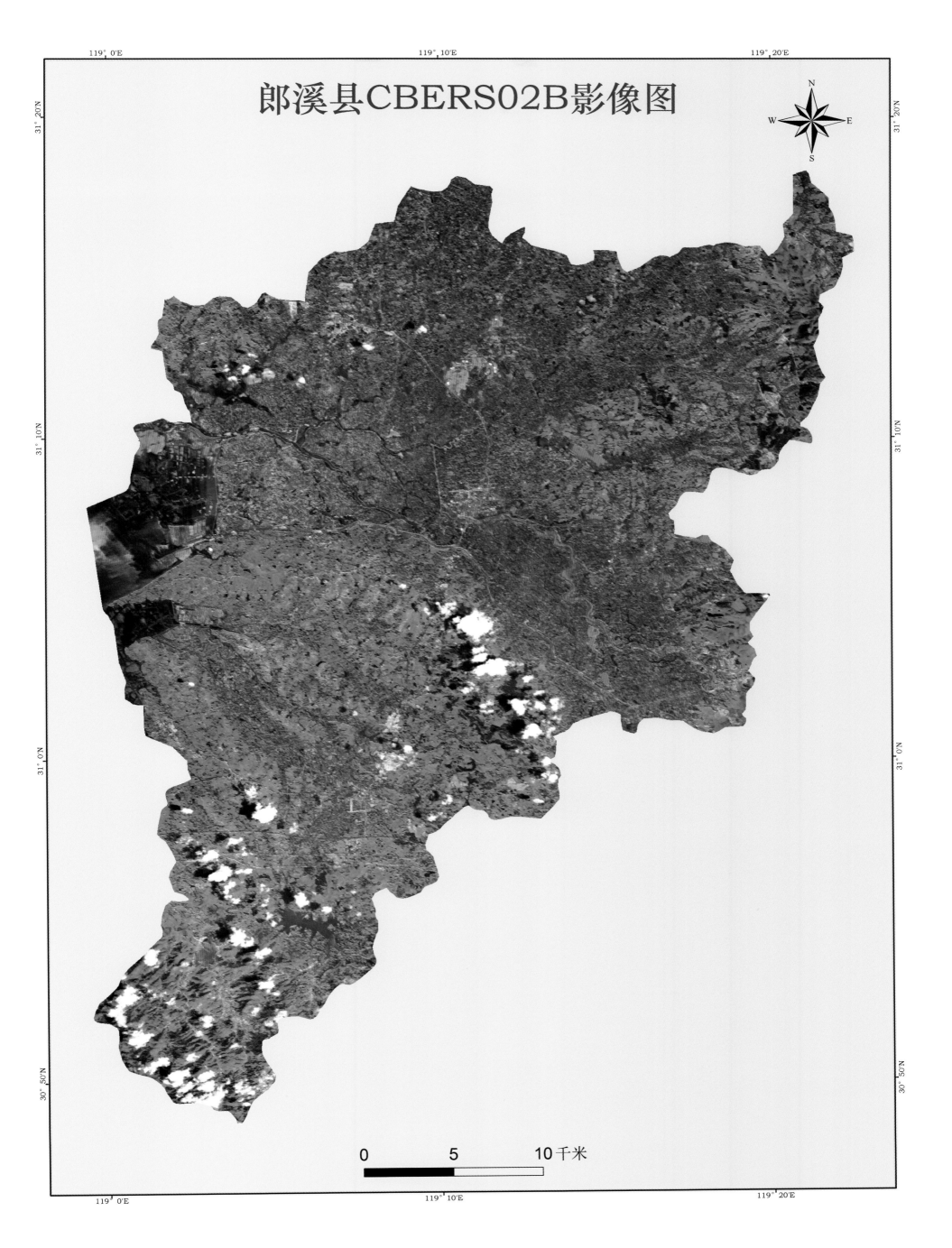

郎溪县CBERS02B影像图

0   5   10千米

郎溪县水产养殖水体资源分布图

0 5 10千米

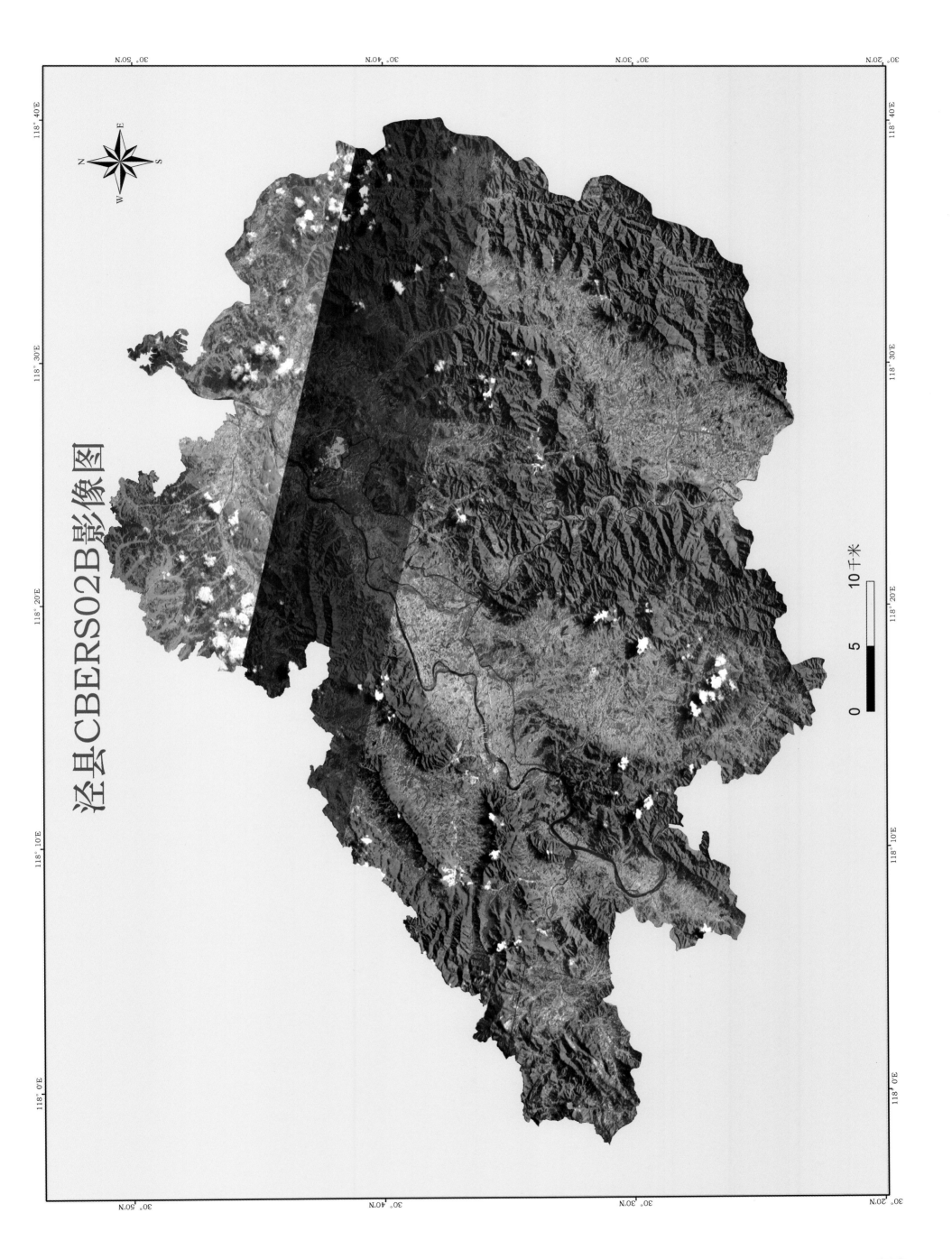

泾县CBERS02B影像图

0　　5　　10千米

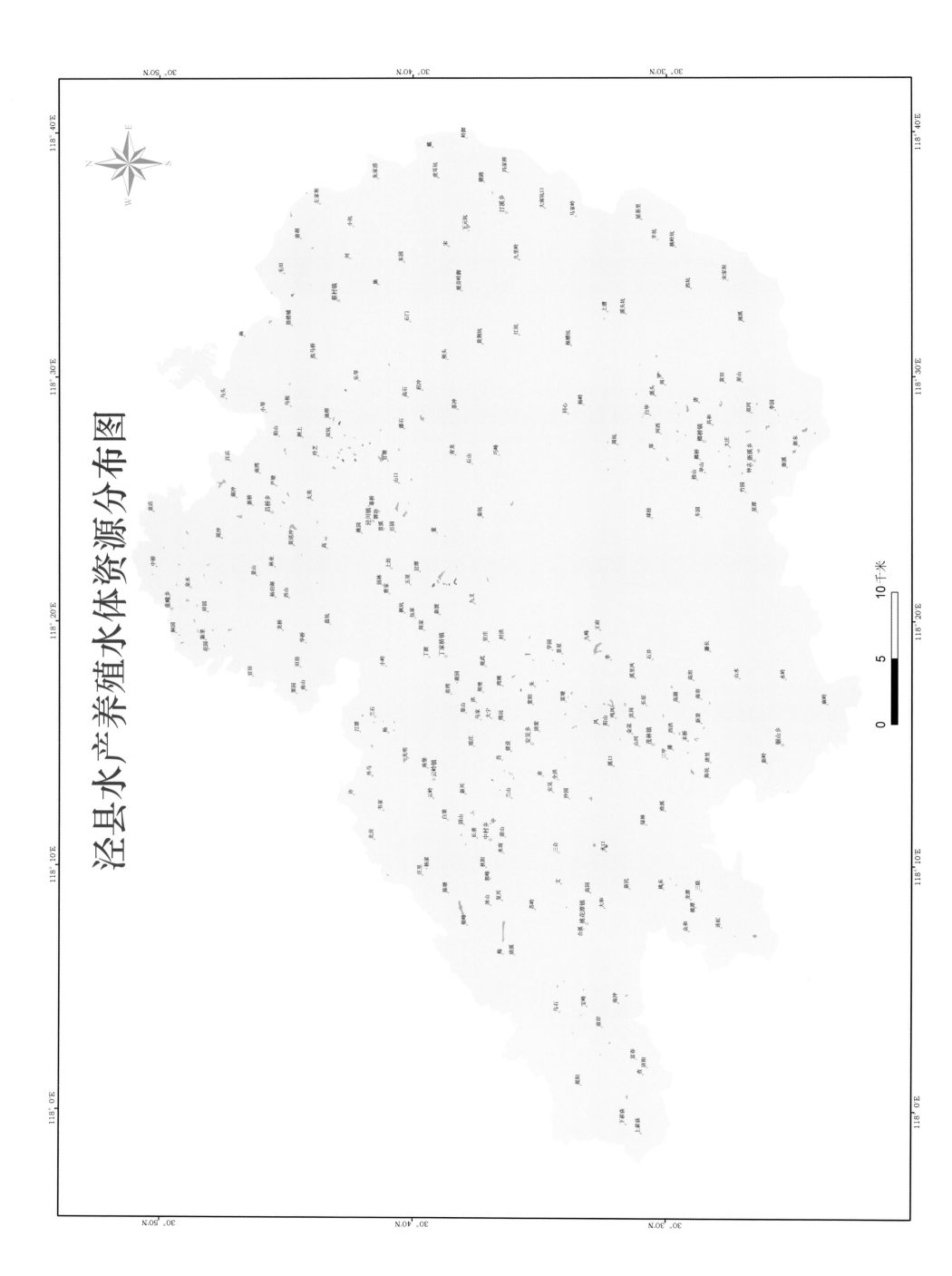

泾县水产养殖水体资源分布图

10千米

绩溪县CBERS02B影像图

118°20'E 118°30'E 118°40'E 118°50'E

30°20'N 30°10'N 30°0'N

0   5   10千米

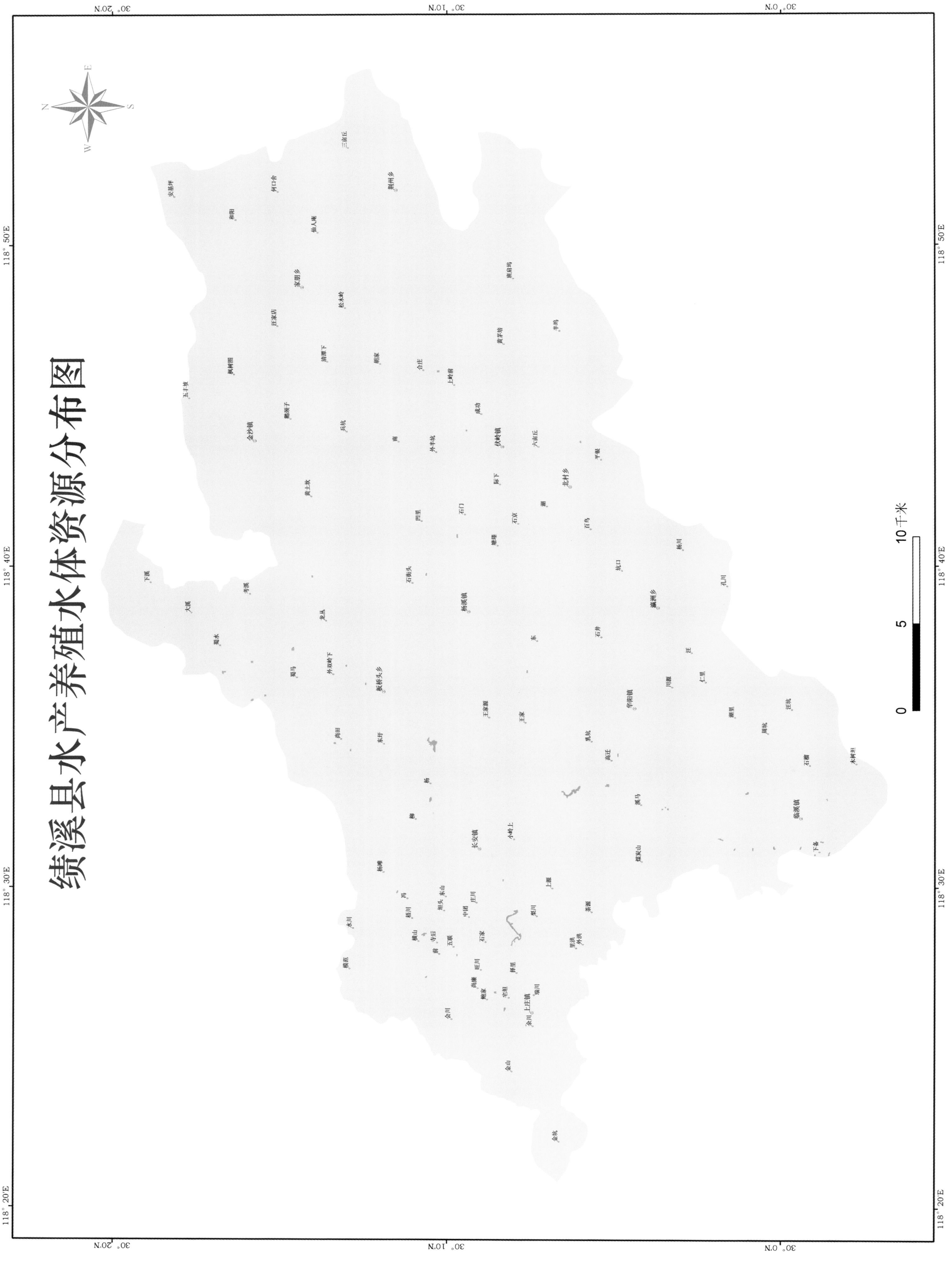

绩溪县水产养殖水体资源分布图

118°20'E 118°30'E 118°40'E 118°50'E

30°20'N 30°10'N 30°0'N

0 5 10千米

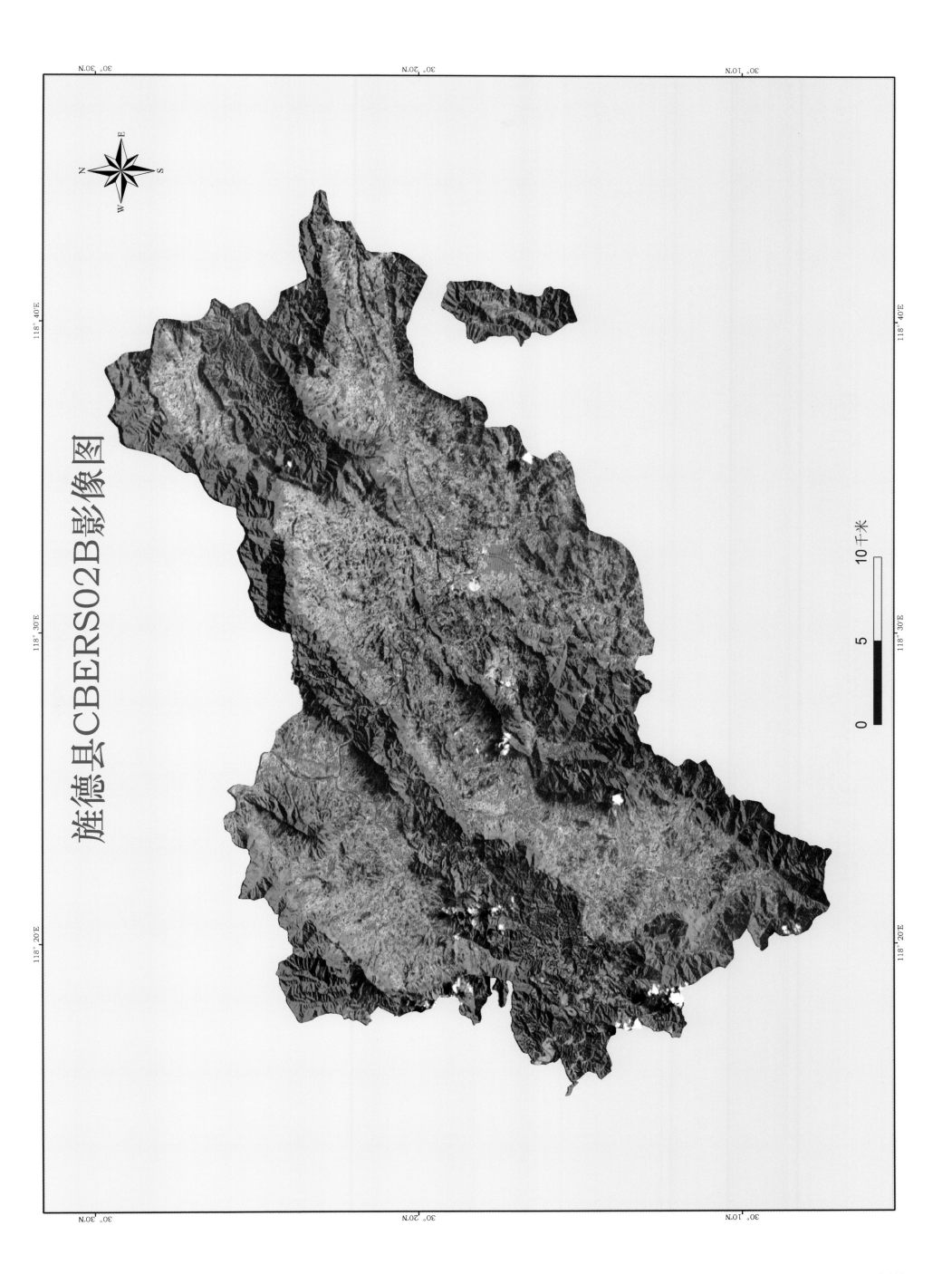

旌德县CBERS02B影像图

10千米

5

0

旌德县水产养殖水体资源分布图

0   5   10千米

第十七节　巢湖市

一、自然水资源条件

巢湖市位于安徽省中部、江淮丘陵南部，属北亚热带湿润季风气候，雨量适中，光照充足，四季分明，年降水量为1 032~1 205毫米。全市下辖市辖区和庐江县、无为县、和县、含山县4个县，总面积9 423平方千米。巢湖市濒临长江，环抱五大淡水湖之一的巢湖，湖岸线176千米，东西长55千米，南北宽21千米，水位12米时，面积800平方千米，容积48亿立方米。巢湖周围有大小支流34条，主要为杭埠河、丰乐河、派河、南淝河、烔炀河、柘皋河、白山河和兆河等，呈向心辐射状汇入巢湖，并经裕溪河流入长江。全流域面积32 345平方千米，多年平均径流量约30亿立方米。由于水源丰富，水系发达，境内池塘、湖泊星罗棋布，江河、沟渠纵横交错，因此水生生物资源和饵料生物资源十分丰富，素有"皖中鱼米之乡"之称。巢湖渔业区域优势十分明显，是全国著名的淡水鱼主产区，以河蟹、青虾、甲鱼、珍珠、鳜鱼为主的特色产品养殖已形成巢湖的区域优势，特产有鲥鱼、银鱼、螃蟹、秀丽白虾和刀鱼等，其中银鱼、秀丽白虾、螃蟹被誉为"巢湖三珍"。

二、水产养殖基本情况

据渔业统计，2008~2010年巢湖市淡水养殖产量分别为128 767吨、135 350吨和142 653吨，养殖面积分别为3.74万公顷、3.89万公顷和4.33万公顷。

巢湖市水产养殖主产区主要集中在无为县和庐江县，2008~2010年各县（区）平均淡水养殖产量以无为县为最高，年平均产量为48 211吨；其次为庐江县，为34 630吨；再次为市辖区、和县，分别为20 819、18 939吨；含山县年平均产量为12 991吨。巢湖市各县（区）淡水养殖产量构成如图2-17-1所示。

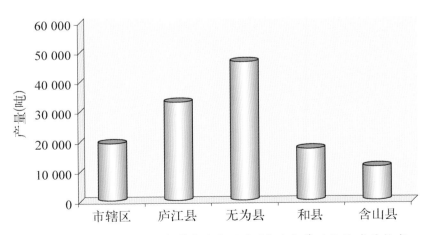

图2-17-1　2008~2010年巢湖市各县（区）淡水养殖平均产量构成

三、水产养殖特点

1. 主要水产养殖类型与方式

巢湖市水产养殖主要有池塘养殖、湖泊养殖、水库养殖和河沟养殖等类型。

（1）池塘养殖：2010年养殖面积为26 227公顷，平均单产水平约为3 945千克/公顷。

（2）湖泊养殖：2010年养殖面积为5 778公顷，平均单产水平约为1 995千克/公顷。

（3）水库养殖：2010年养殖面积为3 744公顷，平均单产水平约为2 220千克/公顷。

（4）河沟养殖：2010年养殖面积为5 679公顷，平均单产水平约为1 300千克/公顷。

2. 主要养殖品种结构

巢湖市主要养殖品种有草鱼、鲢、鳙、鲫鱼、黄鳝、鲤鱼、青鱼、克氏原螯虾等，其各养殖品种的产量结构如图2-17-2所示。

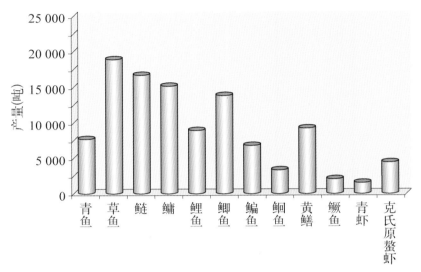

图2-17-2　2010年巢湖市主要淡水养殖品种产量结构

四、养殖水体资源遥感监测

巢湖市水产养殖水体资源遥感监测结果如表2-17-1所示。

表2-17-1　巢湖市水产养殖水体资源

地区	淡水池塘（公顷）	水库、山塘（公顷）	大水面（公顷）	区县合计（公顷）	总计（公顷）
市辖区	3 407	915	47 012	51 334	
含山县	940	557	850	2 347	
无为县	12 775	825	1 578	15 178	91 660
庐江县	6 701	3 548	8 497	18 746	
和县	2 964	618	473	4 055	

五、20公顷以上成片淡水池塘分布

巢湖市20公顷以上成片养殖池塘分布如表2-17-2所示。

表2-17-2　巢湖市20公顷以上成片池塘分布情况

地区	数量（片）	面积（公顷）	全市总计（公顷）
市辖区	6	207	
含山县	4	97	
无为县	105	7 604	11 024
庐江县	13	1 644	
和县	32	1 472	

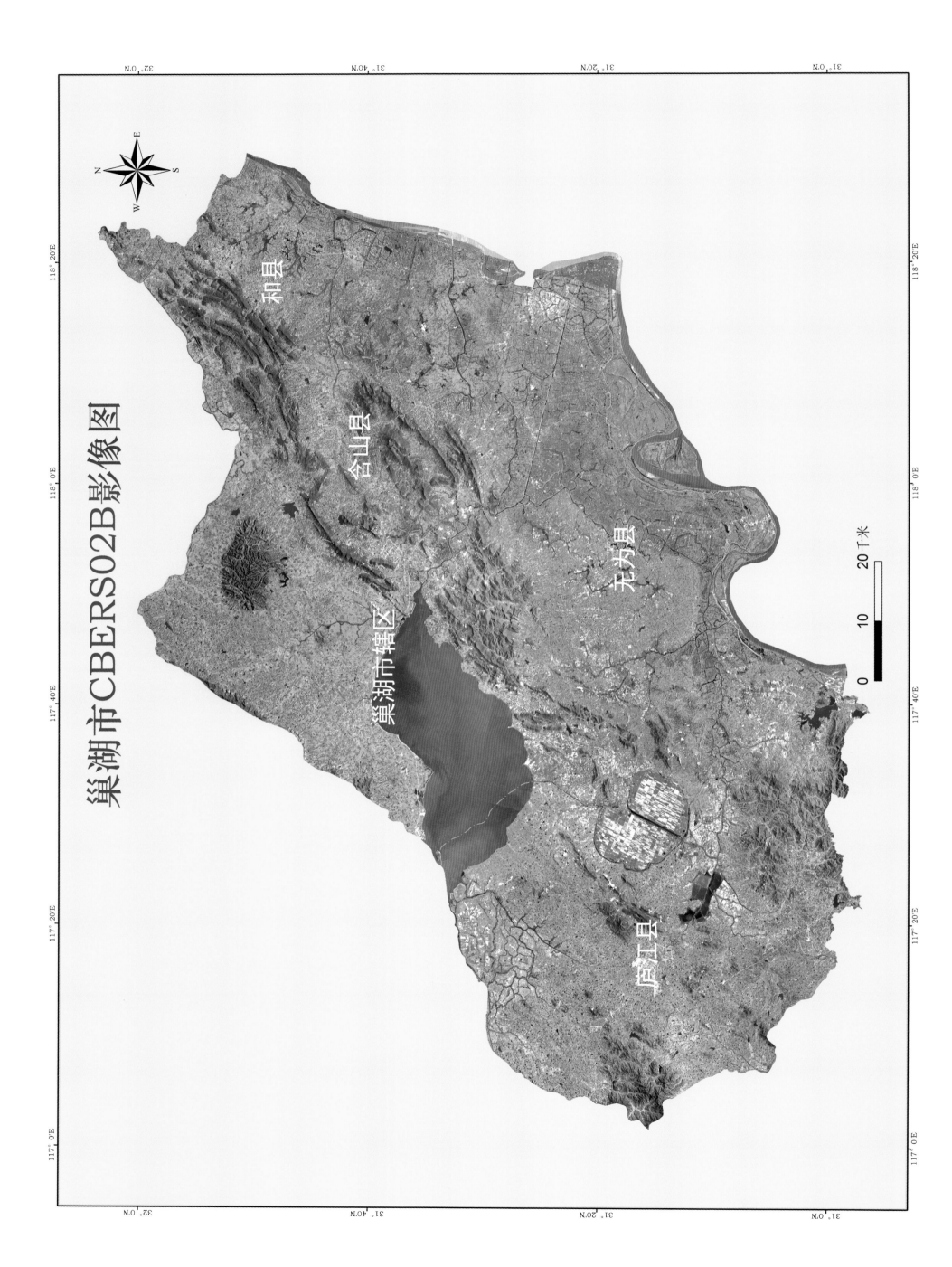

巢湖市CBERS02B影像图

和县

含山县

无为县

巢湖市辖区

庐江县

0　　10　　20千米

220

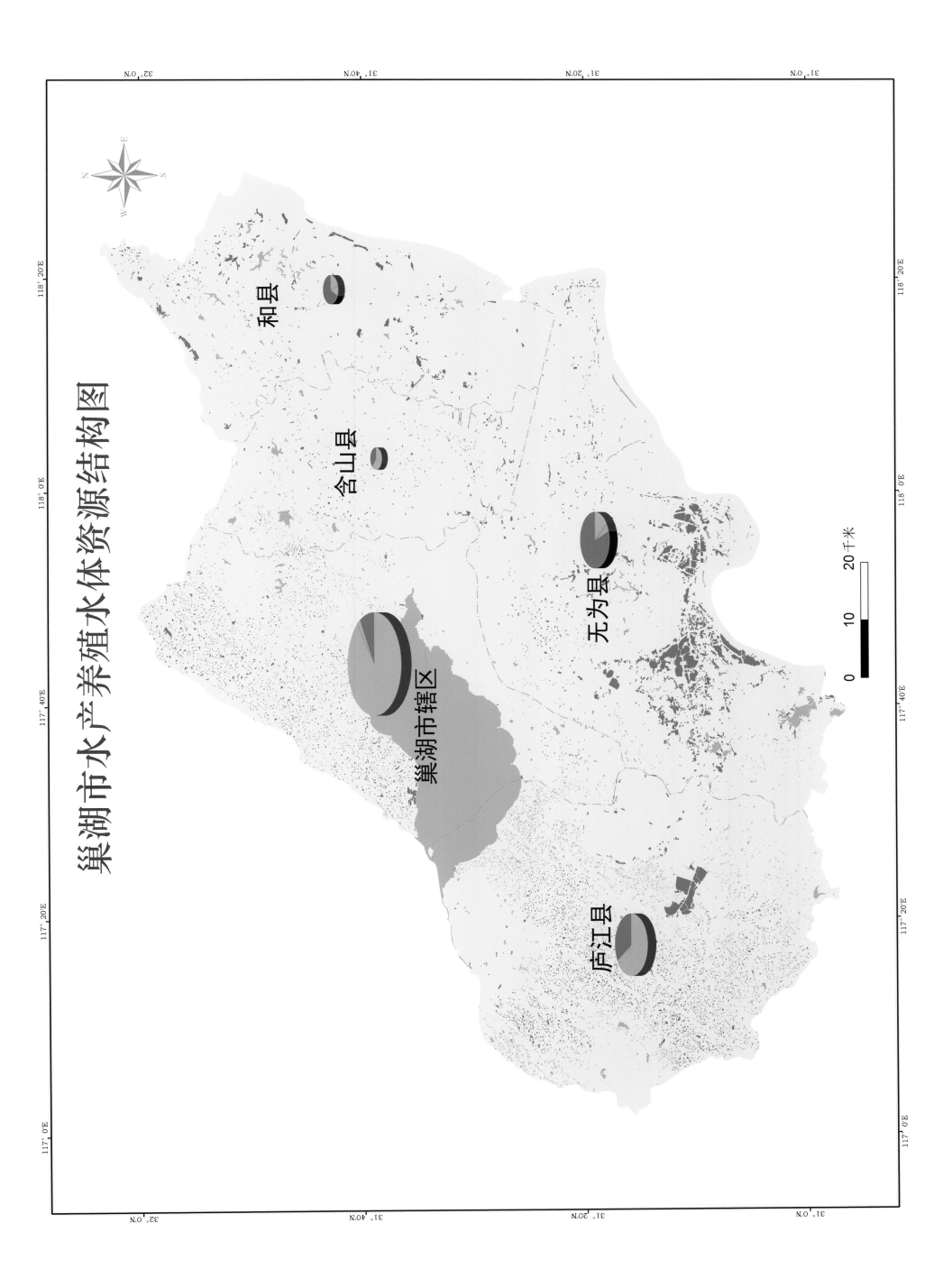

巢湖市水产养殖水体资源结构图

和县

含山县

无为县

巢湖市辖区

庐江县

0   10   20 千米

221

巢湖市辖区CBERS02B影像图

0 5 10千米

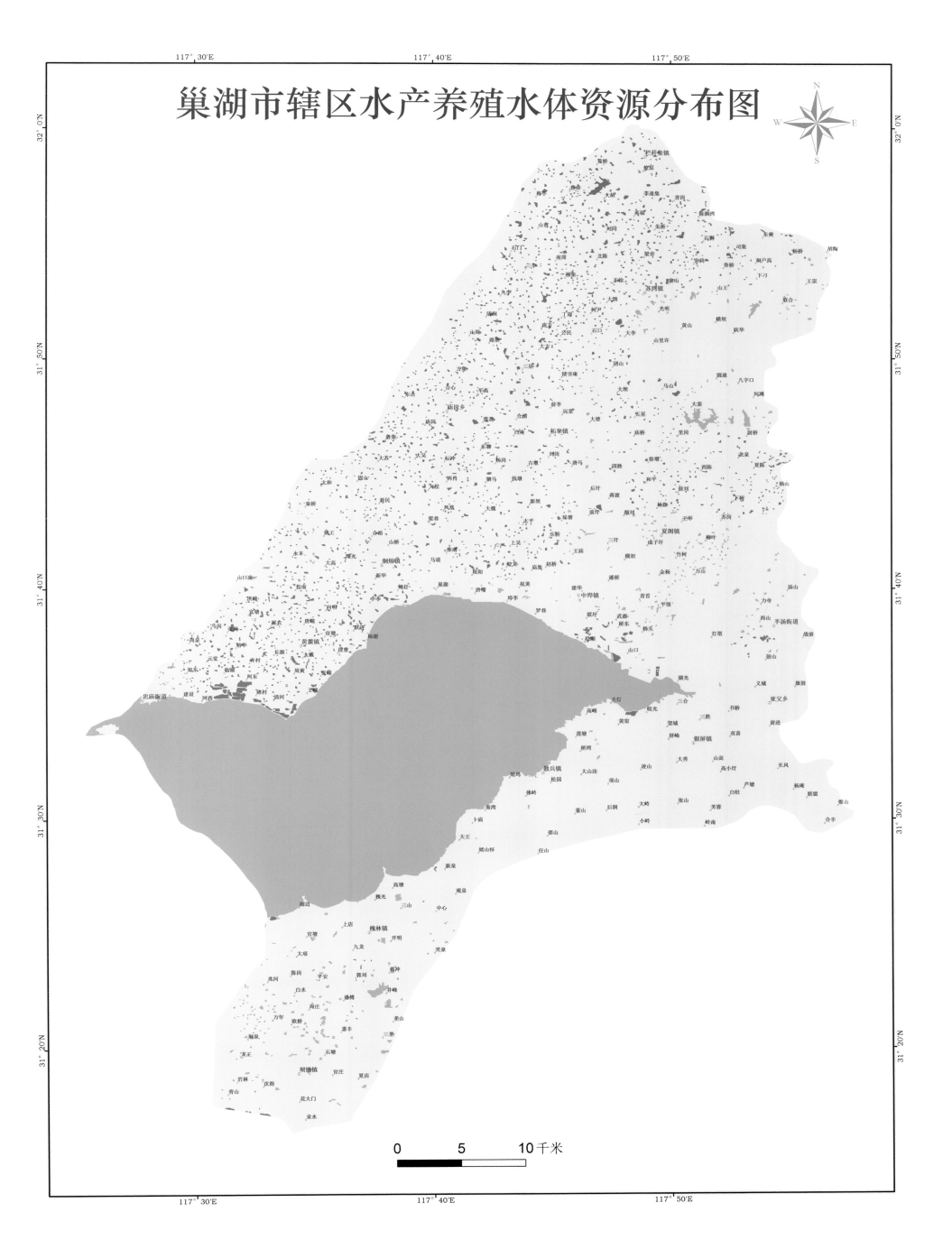

巢湖市辖区水产养殖水体资源分布图

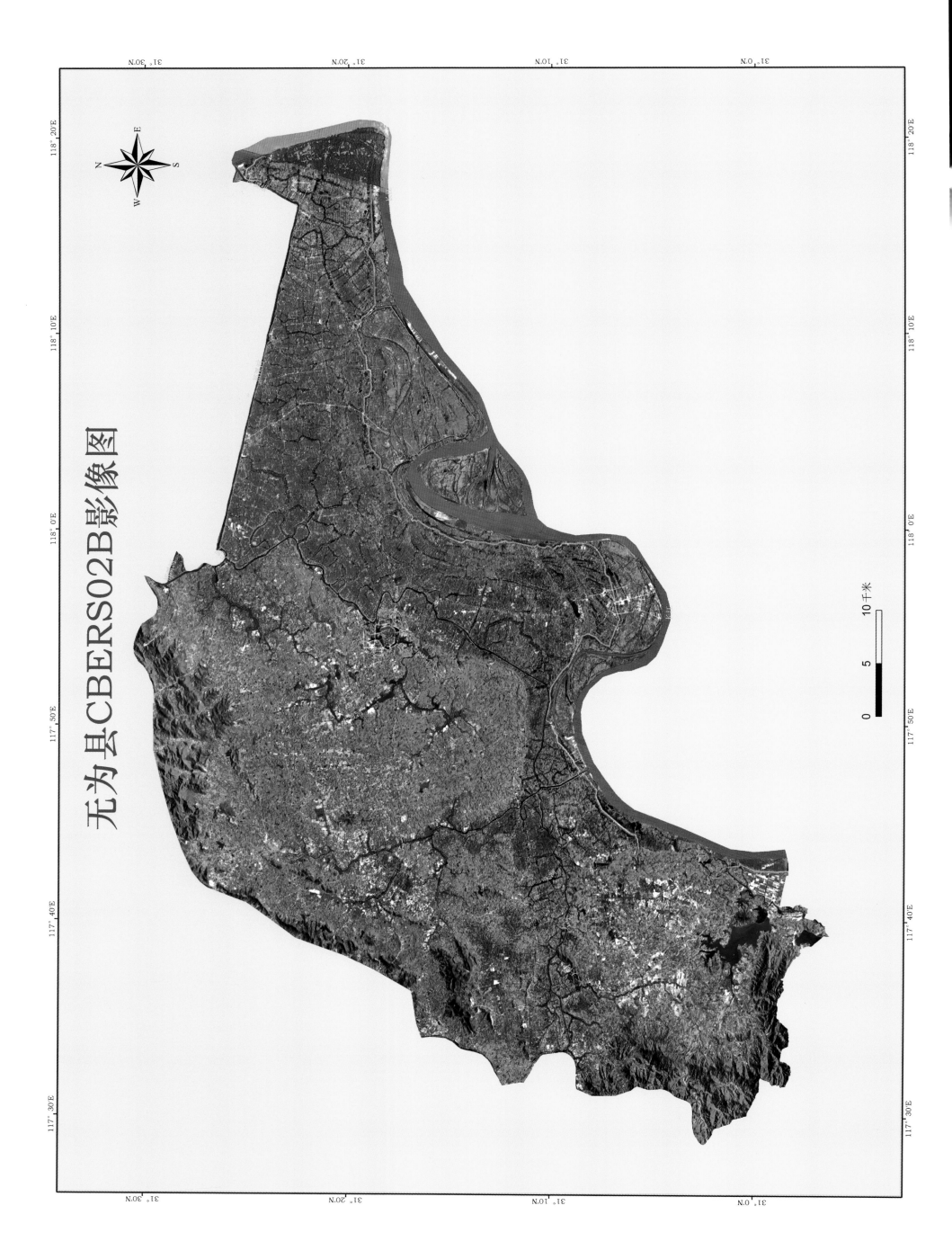

无为县CBERS02B影像图

224

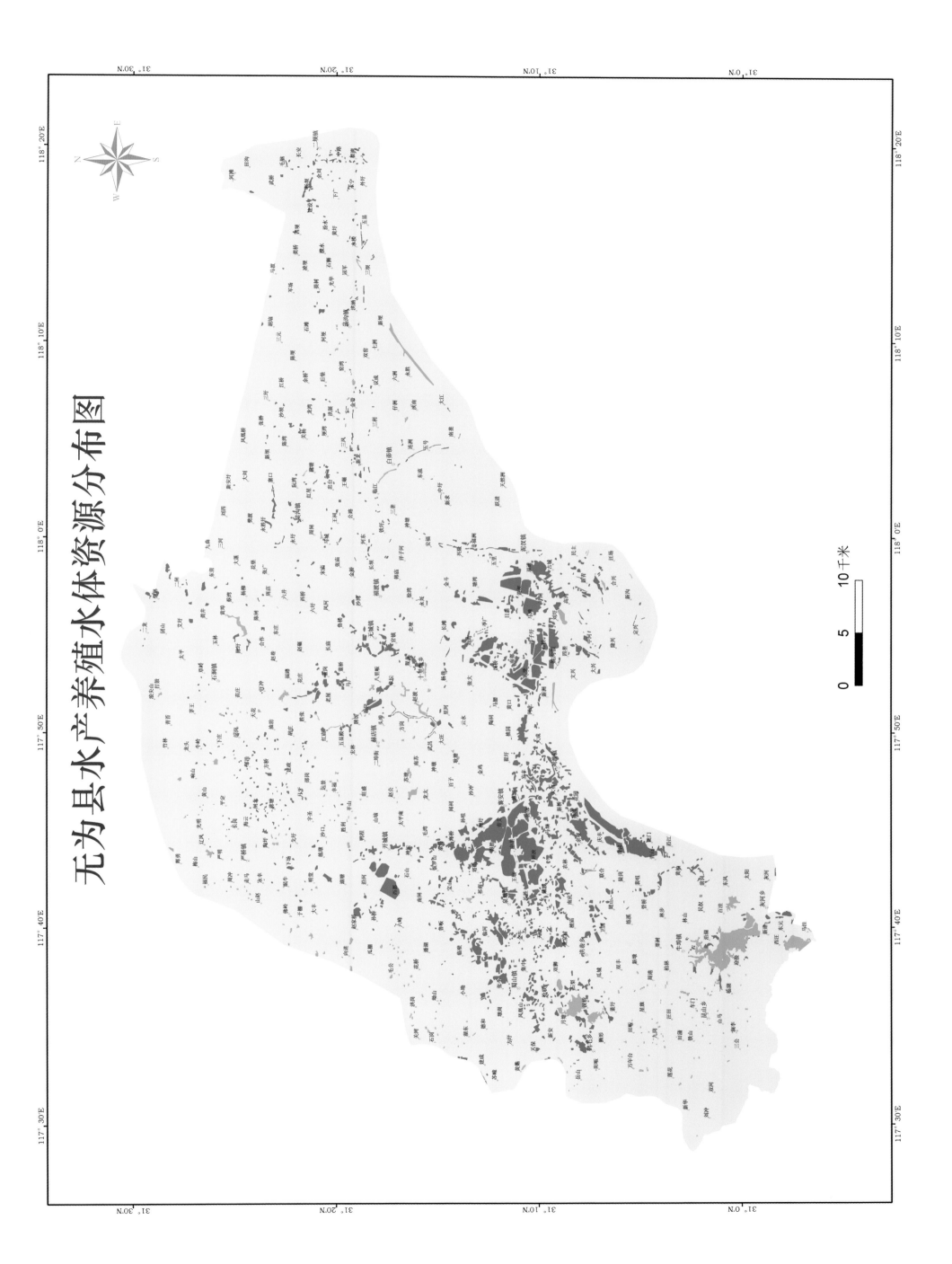

无为县水产养殖水体资源分布图

0　5　10千米

225

庐江县CBERS02B影像图

0　　5　　10千米

庐江县水产养殖水体资源分布图

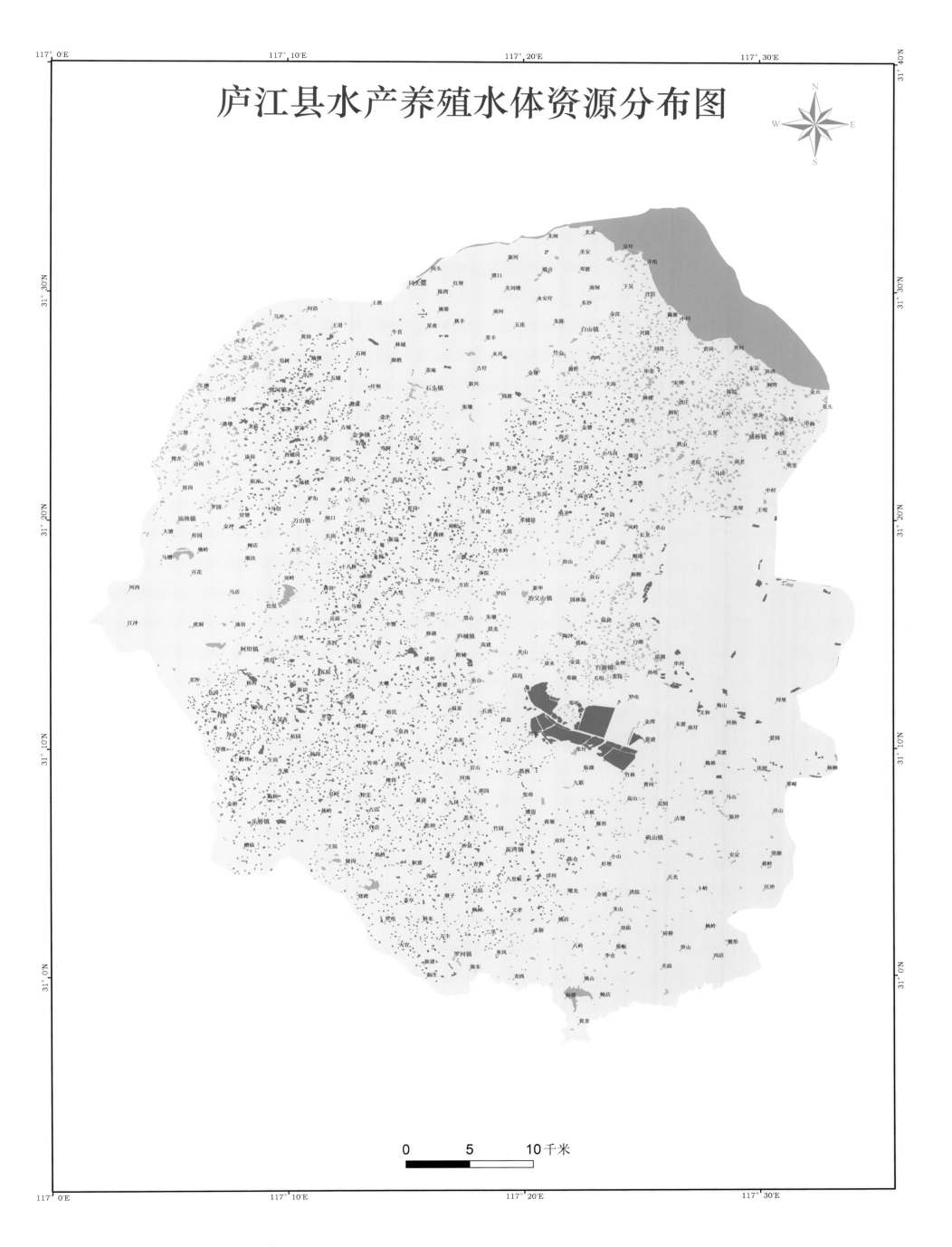

0 5 10千米

含山县CBERS02B影像图

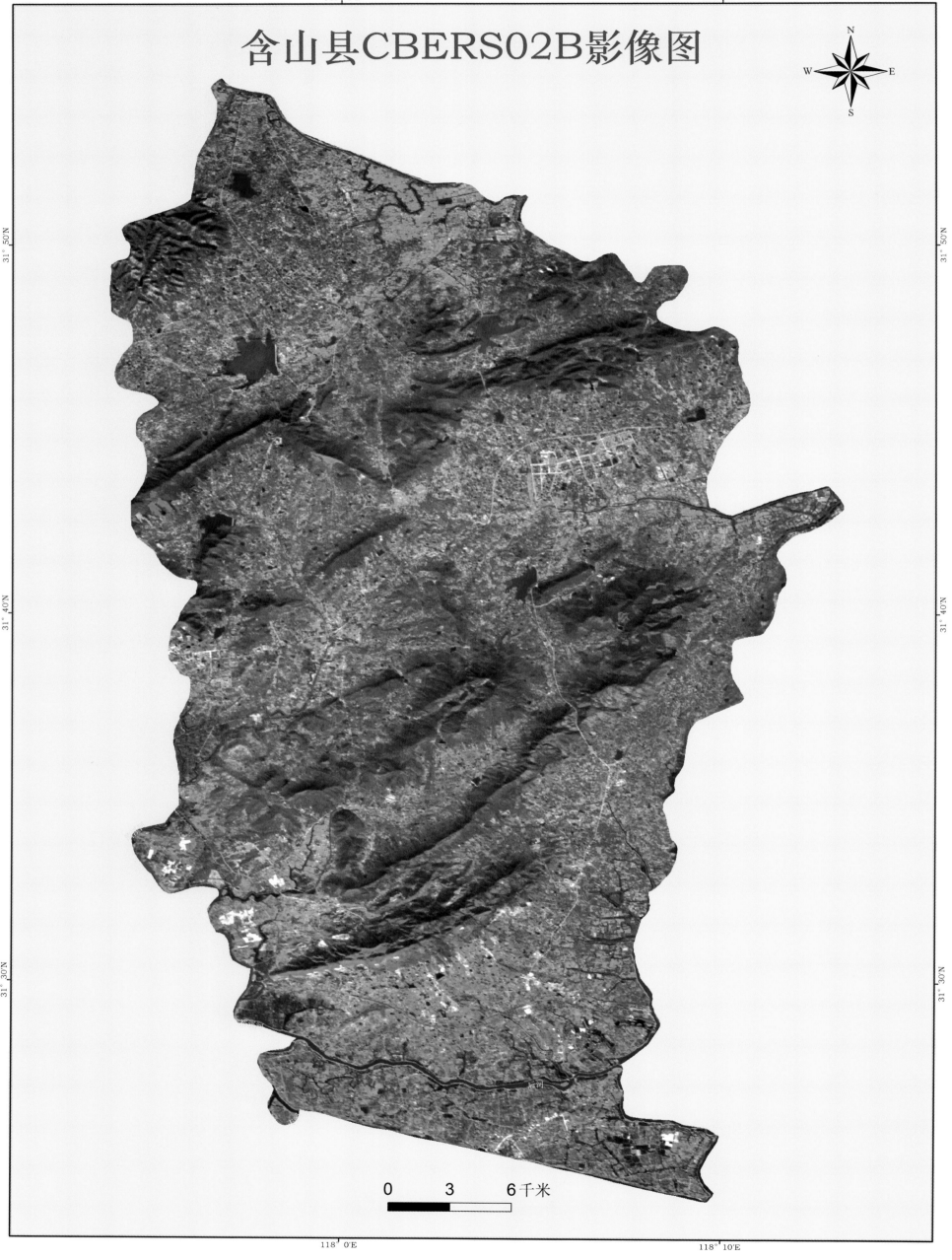

含山县水产养殖水体资源分布图

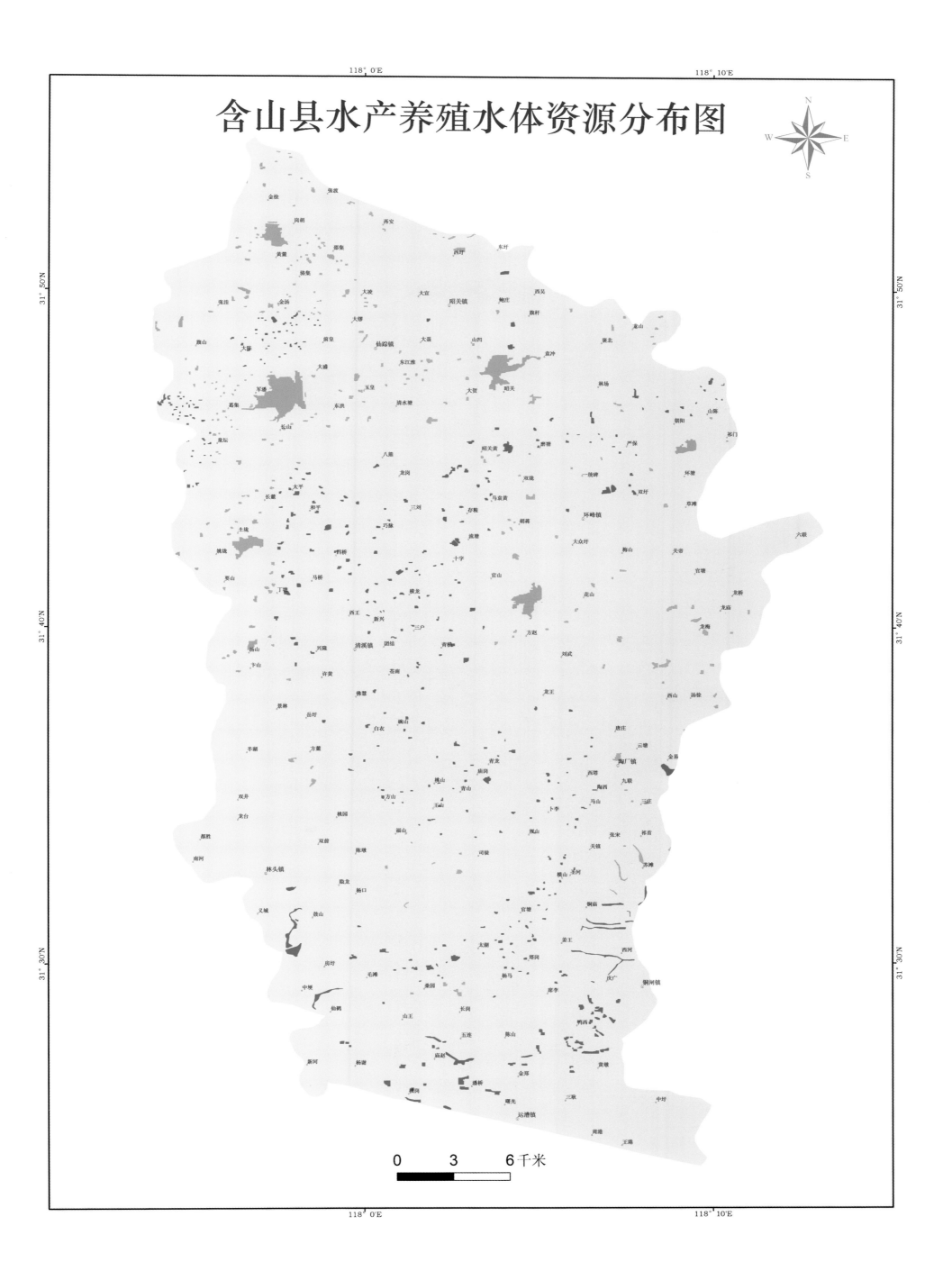

0   3   6千米

和县CBERS02B影像图

和县水产养殖水体资源分布图

118°10′E 118°20′E 118°30′E

32°0′N

31°50′N

31°40′N

31°30′N

31°20′N

先峰
新桥　中山
裕民　绰庙乡
润墼
新农　幸福二　幸福一
金城　利泉
李渡　石杨镇　团结
三好　红旗
小街　施庄　八禁　关仕
陶店　如山　七联　龙山二　星火
安郭　青阳　高关　龙山三
港口　菩厚镇　区联　龙泉　香泉镇　龙山一　星火二　石山　百姓　四联
万庄　万元　五月　五联　晓山　龙塘　泉水　张集　东湖　宝塔　颜周　乌江镇
高祖　双山　泉水　和平　七河　杨庄　松棵　建设　驻马
枣林　花园　龙心　长岗　新建　工农　孙老　人和　周雅　民主
风台　乌松　白云　马庄　朱姜　宋桥　麻陈
青春　海桥　新民　西埠镇　沙桥　金鸡　一联
狐山　拦龙　刘黄　洪巍　邵李　白桥　新圩　黄坝
张铁　筑城　坝杨　胜利　双严　公路　和谋　双桥
智果　三联　汪桥　龙塔　共义　城北　刘境
张桥　金桥　大祁　新圩　城西　历阳镇　金河
基陶　张镲　望江　桃花　天河
枣林　娘娘庙　复兴　威镇　高庄　太平　果湖　新河
普桥　陈埭　沈圩　清佛　三桥　黄墩
继光　刘祥　龙华　陶李　庙镇
考塘　丰山　宫塘　新庙　新陶　罗昌　东埠
南义　大任　文明　菱湖　郑蒲
长建　张圩　盛旺　先丰　娘桥镇
西陈　东堡　周鲁　乔山　六联　东江
新百　孙口　黄蒲　大许　隐驾　六梁
毛巷　前塘　鲁垡　周徒　施庄　孙家圩
王村　新建　柯　后港　黄桥　白桥镇　张旗
新塘　汤城　大兴　周贵壮　大赵　西梁
纱圩　太基　丰圩　孙庄　周王　兴隆　马杨
三墩　灯塔　大葛　民安　黄山寺　陈桥
淮南　黄山寺
三义　八角　强赵　沈巷镇　大丁　杨湾
四连　双城　铁塔　裕珠
双桥　彭马
新坝　姜桥　黄桥　焦桥
夫庙　双管　庙镇

0　5　10千米

231